# 泵产品技术数据实用手册

主　编　牟介刚　谷云庆

副主编　吴登昊　董钦敏　徐定华
　　　　徐　岩　任　芸　赵见高
　　　　柴立平　唐建兴

机械工业出版社

泵具有转速高、体积小、质量小、效率高、结构简单、性能平稳、容易操作和便于维护等特点，广泛应用于制造业的各个领域。本书主要介绍了泵产品性能指标分析及试验方法，泵效率性能指标、汽蚀性能指标、振动性能指标、噪声性能指标和泵用铸件质量的分析与评价，以及泵产品主要性能参数。本书不仅囊括了泵产品关键技术评价方法，还给出了计算细节。

本书难易程度适中，适用读者广泛，可作为泵行业初学者的入门参考，也可供从事泵研究、设计、制造、试验、使用等方面工作的技术人员参考。

## 图书在版编目（CIP）数据

泵产品技术数据实用手册 / 牟介刚，谷云庆主编 . —北京：机械工业出版社，2022.11
ISBN 978-7-111-72163-5

Ⅰ.①泵…　Ⅱ.①牟…②谷…　Ⅲ.①泵－技术手册　Ⅳ.①TH3-62

中国版本图书馆 CIP 数据核字（2022）第 228369 号

机械工业出版社（北京市百万庄大街 22 号　邮政编码 100037）
策划编辑：王永新　沈　红　责任编辑：王永新
责任校对：樊钟英　梁　静　封面设计：王　旭
责任印制：李　昂
北京中科印刷有限公司印刷
2023 年 3 月第 1 版第 1 次印刷
169mm×239mm · 16.75 印张 · 2 插页 · 340 千字
标准书号：ISBN 978-7-111-72163-5
定价：89.00 元

电话服务　　　　　　　　　网络服务
客服电话：010-88361066　机　工　官　网：www.cmpbook.com
　　　　　010-88379833　机　工　官　博：weibo.com/cmp1952
　　　　　010-68326294　金　书　网：www.golden-book.com
**封底无防伪标均为盗版**　机工教育服务网：www.cmpedu.com

# 前　言 ▼

　　泵具有转速高、体积小、质量小、效率高、结构简单、性能平稳、容易操作和便于维护等特点，广泛应用于制造业的各个领域。泵产品的设计制造不仅涉及专业技术，还涉及许多方面的技术评价方法及产品性能要求，例如，泵试验方法及结构分析、泵效率评价、汽蚀余量评价等。这些评价方法对产品的质量、生产成本、技术水平、运行可靠性、使用寿命等方面都有着非常重要的影响，将这些技术评价方法与泵产品的设计制造完美地结合起来，是一件非常具有实际意义的工作。因此，进一步深入研究分析泵产品技术水平，对泵行业相关技术的提高具有非常重要的指导意义。

　　本书主要介绍了泵产品性能指标分析及试验方法，泵效率性能指标、汽蚀性能指标、振动性能指标、噪声性能指标和泵用铸件质量的分析与评价，以及泵产品主要性能参数。本书不仅囊括了泵产品关键技术评价方法，还给出了计算细节。

　　本书难易程度适中，适用读者广泛，可作为泵行业初学者的入门读本，也可作为从事泵研究、设计、制造、试验、使用等方面工作的技术人员的参考资料，还可作为流体机械及相关学科本科生、研究生的教材。

　　本书的出版获得了浙江省科技计划项目（2021C01052）资助、浙江省自然科学基金项目（LY22E050015、LY21E060004）资助、浙江省基础公益研究计划项目（LGG21E090002、LGG21E090003、LGG22E090001）资助、国家市场监督管理总局科技计划项目（2020MK192）资助、中国计量大学重点教材建设项目资助、中国计量大学 2021 年校级研究生课程思政建设项目（2021YJSKC15）资助、2021 年第二批产学合作协同育人项目（202102108017）资助。此外，本书还得到了"智能流体装备及其数字测控技术浙江省工程研究中心""石油和化工行业流体装备智能测控技术重点实验室"的大力支持。

　　本书由牟介刚和谷云庆任主编，吴登昊、董钦敏、徐定华、徐岩、任芸、赵见高、柴立平、唐建兴任副主编，参加编写的人员还有周佩剑、徐茂森、杨雪龙、孙跃林、赵见芳、张军军、何晨栋、马龙彪，在此表示感谢。

　　由于编者水平有限，书中难免有错误和不当之处，敬请读者批评指正。

编　者

2022 年 8 月

# ▼ 目 录

# ▼ 第1章
# 产品性能指标分析及试验方法

## 1.1 泵的类型与应用

### 1. 泵的定义

泵是把原动机的机械能转换成液体能量的机器。泵用来增加液体的位能、压能、动能（高速液流），原动机通过泵轴带动叶轮旋转对液体做功使其能量增加，从而使需要的液体由吸水池经泵的过流部件输送到要求的高处或要求压力的地方。

### 2. 泵的分类

1) 泵的种类很多，按其作用原理可分为如下三大类。

① 叶片泵。叶片泵也叫动力式泵，这种泵是连续地给液体施加能量，如离心泵、混流泵、轴流泵等。

② 容积泵。容积泵是通过封闭而充满液体容积的周期性变化，不连续地给液体施加能量，如活塞泵、齿轮泵、螺杆泵等。

③ 其他类型泵。其他类型泵的作用原理各异，如射流泵、水锤泵、电磁泵等。

泵的详细分类见表 1-1。

表 1-1 泵的详细分类

| | | |
|---|---|---|
| 叶片泵 | 离心泵 | 单级（单吸、双吸、自吸、非自吸） |
| | | 多级（节段式、蜗壳式、双筒式） |
| | 混流泵 | 蜗壳泵、导叶式（固定叶片、可调叶片） |
| | 轴流泵 | 固定叶片、可调叶片 |
| | 旋涡泵 | 单吸、双吸、自吸、非自吸 |
| 容积泵 | 往复泵 | 活塞泵（柱塞泵）[蒸汽双作用（单缸、双缸）] |
| | | 电动式[单作用，双作用（单缸、多缸）] |
| | | 隔膜式（单缸、多缸） |
| | 转子泵 | 螺杆式（单、双、三螺杆）、齿轮式（内齿含、外齿含） |
| | | 环流活塞式（内环流、外环流）、滑片式、凸轮式、轴向柱式、径向柱式 |
| 其他类型泵 | | 射流泵、气体扬水泵、水锤泵、水轮泵、电磁泵等 |

2) 按泵轴方向分为：①卧式泵；②立式泵；③斜式泵。

3) 按壳体剖分形式分为：①径向剖分式泵（节段式、侧盖式）；②轴向部分式泵。

4) 按级数分为：①单级泵；②多级泵。

5）按吸入形式分：①单吸泵；②双吸泵。

6）按支承形式分为：①中心支承式泵；②管道式泵；③共座式泵；④分座式泵；⑤可移式泵。

7）按照驱动方式分为：①直接连接式泵；②齿轮连接式泵；③液力耦合器转动泵；④带传动泵；⑤共轴式泵。

**3. 泵的选取**

各类泵的特性比较见表1-2。各种类型泵的适用范围是不同的，常用泵的适用范

表 1-2　各类泵的特性比较

| 指标 | | 叶片泵 | | | 容积泵 | |
|---|---|---|---|---|---|---|
| | | 离心泵 | 轴流泵 | 旋涡泵 | 往复泵 | 转子泵 |
| 流量 | 均匀性 | 均匀 | | | 不均匀 | 比较均匀 |
| | 稳定性 | 不恒定，随管路情况变化而变化 | | | 恒定 | |
| | 范围 /（m³/h） | 5～20000 | 150～245000 | 0.4～10 | 0～600 | 1～600 |
| 扬程 | 特点 | 对应一定流量，只能达到一定的扬程 | | | 对应一定流量可达到不同扬程，由管路系统确定 | |
| | 范围 /m | 8～2800 | 2～20 | 8～150 | | |
| 效率 | 特点 | 在设计点最高，偏离越远，效率越低 | | | 扬程高时，效率降低较小 | 扬程高时，效率降低较大 |
| | 范围（最高点） | 0.5～0.8 | 0.7～0.9 | 0.25～0.5 | 0.7～0.85 | 0.6～0.8 |
| 结构特点 | | 结构简单，造价低，体积小，质量小，安装检修方便 | | | 结构复杂，振动大，体积大，造价高 | 同离心泵 |
| 操作与维修 | 流量调节方法 | 出口节流或改变转速 | 出口节流或改变叶片安装角度 | 不能用出口阀调节，只能用旁路调节 | 同旋涡泵，另外还可调节转速和行程 | |
| | 自吸作用 | 一般没有 | 没有 | 部分型号有 | 有 | |
| | 起动 | 出口阀关闭 | 出口阀全开 | | 出口阀全开 | |
| | 维修 | 简便 | | | 麻烦 | 简便 |
| 适用范围 | | 黏度较低的各种介质 | 特别适用于大流量、低扬程、黏度较低的各种介质 | 特别适用于小流量、较高压量的低黏度的清洁介质 | 适用于高压力、小流量的清洁介质（含悬浮液或要求完全无泄漏可以隔膜泵） | 适用于中低压力、中小流量，尤其适用于黏性高的介质 |
| 特性曲线形状（P功率，H扬程，Q流量） | | | | | | |

围如图 1-1 所示。由图 1-1 可以看出，各类叶片泵的适用范围是相当广泛的。往复泵的适用范围侧重于高扬程、小流量；轴流泵和混流泵的适用范围侧重于低扬程、大流量；离心泵的适用范围则介于两者之间。

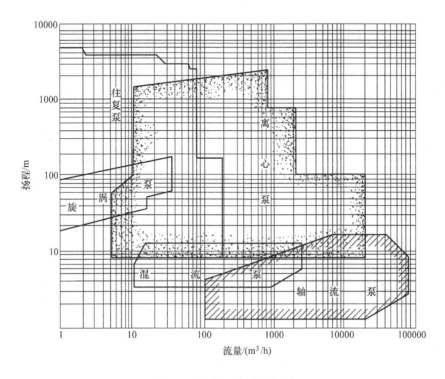

**图 1-1　常用泵的适用范围**

离心泵所占的区域最大，工作区间最广。流量为 5 ~ 20000$m^3$/h，扬程为 8 ~ 2800m。泵行业中习惯用 $Q$ 代表流量，$H$ 代表扬程，因此，本书中按照行业惯例使用。在此性能范围内，离心泵具有转速高、体积小、质量小、效率高、流量大、结构简单、性能平稳、容易操作和维修等优点。国内外生产实践表明离心泵是泵类产品中品种、系列和规格最多的，产值最高的，应用最广的。

因此，本书主要针对离心泵。在离心泵中，起主导作用的是叶轮，叶轮中的叶片强迫液体旋转，液体在离心力作用下向四周甩出这种情况，和转动的雨伞上的水滴向四周甩出去的道理一样。泵内的液体甩出去后，新的液体在大气压力下进到泵内，如此连续不断地从进口处向出口处供水。泵在起动前，应先灌满水，如不灌满水，叶轮只能带动空气旋转。因空气的单位体积质量很小，叶轮产生的离心力甚小，无力把泵内和排水管路中的空气排出，因不能在泵内造成一定真空，水也就吸不上来。

# 1.2 试验准备及实施

泵的试验按试验的性质分为验收试验、出厂试验（产品质量检查性试验）。按试验的内容分为运行试验、性能试验、汽蚀试验、四象限试验、水泵模型及装置模型试验等。

## 1.2.1 试验的组织

离心泵试验在组织过程中包括试验的地点、液体、时间、人员，以及试验报告内容的确定。

**1. 试验的地点**

水力性能试验应在制造商的工厂或在制造商和用户共同确定的一个场所进行。

**2. 试验的液体**

对输送非清洁冷水液体的泵，可以用清洁冷水来进行泵的性能试验，然后换算到相应液体的性能。

**3. 试验的时间**

试验的时间应由制造商与用户共同商定。

**4. 试验的人员**

试验人员应具有足够的能力和经验，能正确安装和操作各种仪器设备，包括检测泵的正常状态，测试仪器设备的检定、安装、测量、分析计算，并对测试结果进行判断和解释。

**5. 试验报告**

试验报告需要填写的内容应包含以下几个方面：

1）试验的地点和日期。

2）制造商名称，泵的型号、编号，（可能的话）还有制造年份。

3）保证的特性、水力性能试验时的运转条件。

4）泵的驱动机规格。

5）试验方法及所使用的测量仪表设备（包括校准数据）的说明。

6）测量仪表的读数。

7）结论，试验结果与保证工作水力性能的比较。

## 1.2.2 试验设备

在确定测量方法的同时确定所需的测量和记录用的仪器仪表。仪表设备应定期校准。仪表的校准率取决于使用率和设备的设计，根据经验，表1-3给出了仪表校准时间间隔。如果仪表被滥用或超载荷，应在使用前进行校准。

表 1-3　仪表校准时间间隔　　　　　　（单位：年）

| 设备 | 间隔周期 | 设备 | 间隔周期 |
|---|---|---|---|
| 流量 | | 输入功率 | |
| 称重容器 | 1 | 测功计 | 0.5 |
| 容积罐 | 10 | 转矩计 | 1 |
| 文丘里管，喷嘴 | ① | 经校准的电动机 | NR③ |
| 孔板，堰 | | 瓦特计 | 1 |
| 涡轮流量计 | 1② | 齿轮式 | 10 |
| 电磁流量计 | 1 | 扬程 | |
| 超声波流量计 | 0.5 | | |
| 流速计 | 2 | 弹簧式压力表 | 0.33 |
| 泵转速 | | 静重压力计 | NR |
| 转速计 | 3 | 压力计 | NR |
| 电子转速计（齿型） | NR③ | 传感器 | 0.33 |
| 磁性的频率响应装置 | 10 | 温度 | |
| 光学的频率响应装置 | 10 | 电子式 | 2 |
| 转矩计频率响应装置 | 5 | 水银式 | 5 |

① 不要求，除非怀疑关键尺寸有改变。

② 轴助（电子处理器）。主要部分宜每 5 年重新校准一次。

③ 除非电子故障或机械故障。

## 1.2.3　试验条件

### 1. 试验要求

当需要检查的工作点只有一个时，试验应记录多组数据测量点，这些点应均匀密集地分布在工作点附近，如：$0.9Q_{sp} \sim 1.1Q_{sp}$（$Q_{sp}$ 为规定流量）之间。

当需要确定整个工作范围内的水力性能时，记录的测量点应当足够多且分布适当，以确定其水力性能。

试验的持续时间应足够长，确保超过测量仪表的响应时间，以及使得每一运转工况点的相对稳定性。

### 2. 试验液体

输送非清洁冷水液体的泵，可以用清洁冷水来进行流量、扬程和效率的试验。其被替代的液体的特性见表 1-4。

表 1-4　液体的特性

| 液体的特性 | 单位 | 最小值 | 最大值 |
|---|---|---|---|
| 运动黏度 | $m^2/s$ | 不限 | $10 \times 10^{-6}$ |
| 密度 | $kg/m^3$ | 450 | 2000 |
| 不吸水的游离固体含量 | $kg/m^3$ | — | 5.0 |

输送不符合上述规定特性的液体的泵试验，应按专门协议进行；否则可能会对结果有所影响。

### 3. 试验时的转速

因受试验条件限制，试验转速可能与规定转速不一致。可以通过比例定律，将试验性能换算到规定转速的性能，但不能相差太大；否则会带来较大的误差。

除非有其他规定，一般在规定转速的50% ~ 120%的试验转速下进行流量、扬程和输入功率的测定试验。

对于汽蚀余量（NPSH）试验，如果流量是为对应试验转速下最高效率点流量的50% ~ 120%，试验转速应为规定转速的80% ~ 120%。

### 4. 运转条件的稳定性

如果所有涉及的量（流量、扬程、转矩、输入功率和转速）的平均值均不随时间而变化，即称该试验条件为稳定条件。实际上，如果对一试验工况点在10s内（至少10s）观察到的每一量的变化不超过表1-5中给出的值，并且其波动值又小于表1-6中给出的允许值，可认为试验条件是稳定的。

为此，需要进行稳定性检查：满足要求为稳定条件，否则为不稳定条件。

**表1-5 允许波动幅度，以测量值的平均值的百分数表示**

| 测量值 | 允许波动幅度（%） | | |
|---|---|---|---|
| | 精密级 | 1级 | 2级 |
| 流量、扬程、转矩、输入功率 | ±3 | ±3 | ±6 |
| 转速 | ±1 | ±1 | ±2 |

注：如果使用压差装置测量流量，测量的压差的允许波动幅度，精密级和1级应为±6%，2级应为±12%。在分别测量入口总压力和出口总压力的情况下，最大允许波动幅度应根据扬程进行计算。

**表1-6 同一量重复测量结果之间的变化限度（基于95%置信限度）**

| 条件 | 读数组数 | 每一量的量大读数和量小读数之间相对平均值的允许差异（%） | | | | | |
|---|---|---|---|---|---|---|---|
| | | 流量、扬程、转矩、输入功率 | | | 转速 | | |
| | | 精密级 | 1级 | 2级 | 精密级 | 1级 | 2级 |
| 稳定 | 1 | — | 0.6 | 1.2 | — | 0.2 | 0.4 |
| | 3 | 0.8 | 0.8 | 1.8 | 0.25 | 0.3 | 0.6 |
| | 5 | 1.6 | 1.6 | 3.5 | 0.5 | 0.5 | 1.0 |
| | 7 | 2.2 | 2.2 | 4.5 | 0.7 | 0.7 | 1.4 |
| | 9 | 2.8 | 2.8 | 5.8 | 0.8 | 0.8 | 1.6 |
| | 13 | — | 2.9 | 5.9 | — | 0.9 | 1.8 |
| | >20 | — | 3.0 | 6.0 | — | 1.0 | 2.0 |

## 1.3 试验结果分析

GB/T 3216—2016 规定了泵的水力性能验收试验方法。试验结果分析就是分析试验所得到的相关试验数据，首先将试验所得的数据按规定条件进行换算，然后考虑试验数据估算出的总的不确定度，最后比较确定是否满足水力性能规范。

### 1.3.1 试验结果换算

试验转速因电动机型号、规格和生产厂家不同，以及因电网工频的波动而变动。如果要使试验转速与规定转速不一致，只有采取变频方式。而要达到这种要求，除特殊情况外，一般是没有必要的。如果试验转速与规定转速 $n_{sp}$ 的差异不超过 1.2.3 中 3. 所规定试验转速，以及试验液体与规定液体的差异不超过表 1-4 规定的范围，可以将与规定转速不同的转速下得到的所有试验数据换算为以规定转速 $n_{sp}$ 为基准的数据。

流量 $Q$、扬程 $H$、输入功率 $P$ 和效率 $\eta$ 的测量数据可以按式（1-1）～式（1-4）进行换算：

$$Q_T = Q\frac{n_{sp}}{n} \tag{1-1}$$

$$H_T = H\left(\frac{n_{sp}}{n}\right) \tag{1-2}$$

$$P_T = P\left(\frac{n_{sp}}{n}\right) \times \frac{\rho_{sp}}{\rho} \tag{1-3}$$

$$\eta_T = \eta \tag{1-4}$$

式中，$\rho$ 是密度（kg/m³）；角标 T 表示为转换成规定转速下的量；角标 sp 表示为规定下的量。

对于 NPSH 的测量结果可按式（1-5）进行换算：

$$(NPSH)_T = (NPSH)\left(\frac{n_{sp}}{n}\right)^x \tag{1-5}$$

式中，$x$ 为未知数。

如果流量为对应试验转速下最高效率点流量的 70% ～ 120%，试验转速与规定转速差异允许在 ±20% 范围以内，并且叶轮入口处液体的物理状态又没有影响泵正常工作的难以处理的气体析出，则作为汽蚀余量 NPSH 的一级近似可以使用 $x = 2$。

在整体电动机 - 泵机组的情况下，或当保证是对规定频率和电压而非规定转速而言时，流量、扬程、输入功率和效率数据仍符合上述的换算规律，只需将规定转速

$n_{sp}$ 换成规定频率 $f_{sp}$，转速 $n$ 换成频率 $f$ 即可。然而，这样的换算只限于试验时选定的频率的改变不超过 1% 这种情况。如果试验使用的电压与作为保证特性基准的电压的上差或下差不超过 5%，其他工作数据无须改变。

如果是变速驱动的泵，未能满足保证转速或超过保证转速时，只要未超过连续运转的最大允许转速，即可按另一转速重新计算试验点。如无专门协议规定，可以取最大允许转速等于 $1.02 n_{sp}$。在这种情况下，不需要做新的试验。

在与规定 $NPSH_A$（有效汽蚀余量）不相同的 $NPSH_A$ 下进行试验时，若已经查明没有发生汽蚀，则在对转速（按照给定的允许范围内）做了修正之后，低 $NPSH_A$ 下测得到的泵水力性能可以代表高 $NPSH_A$ 下的水力性能。

## 1.3.2 测量不确定度

即使使用的测量方法、所用的仪表及分析方法完全可行并符合试验的要求，但每一测量值也仍不可避免地存在不确定度。

### 1. 随机不确定度的评定

随机不确定度（由随机效应引起的测量不确定度）用不确定度 A 类评定的方法，也就是用对观测列进行统计分析的方法进行评定。与系统不确定度不同，随机不确定度可以通过在同样条件下增加同一量的测量次数来降低。

测量不确定度随机部分的评定通过观测值的平均值和标准偏差计算得出。对于读数的不确定度，用流量 $Q$、扬程 $H$ 和功率 $P$ 的实际测量读数代替 $x$。

每一个试验点应至少取 3 组读数。随机不确定度 $e_R$ 计算如下。

如果 $n$ 表示读数的次数，那么一组重复测量观测值 $x_i$（$i = 1$，2，…，$n$）的算术平均值 $\bar{x}$ 为

$$\bar{x} = \frac{1}{n} \sum x_i \tag{1-6}$$

利用贝塞尔公式观测值的标准偏差从式（1-7）导出

$$s = \sqrt{\frac{1}{n-1} \sum (x_i - \bar{x})^2} \tag{1-7}$$

随机效应产生的平均值的相对不确定度值 $e_R$ 从式（1-8）导出

$$e_R = \frac{100ts}{\bar{x}\sqrt{n}} \tag{1-8}$$

式中，$t$ 为表 1-7 中 $n$ 的一个函数。

**小贴士**：如果总的不确定度值 $e$ 不能满足表 1-10 中的准则要求，那么测量的随机不确定度值 $e_R$ 可以通过在同样条件下增加同一量的测量次数来降低。

表 1-7　t 分布数值（基于 95% 置信度）

| n | t | n | t |
|---|---|---|---|
| 3 | 4.30 | 12 | 2.20 |
| 4 | 3.18 | 13 | 2.18 |
| 5 | 2.78 | 14 | 2.16 |
| 6 | 2.57 | 15 | 2.14 |
| 7 | 2.45 | 16 | 2.13 |
| 8 | 2.36 | 17 | 2.12 |
| 9 | 2.31 | 18 | 2.11 |
| 10 | 2.26 | 19 | 2.10 |
| 11 | 2.23 | 20 | 2.09 |

### 2. 系统不确定度的评定

当通过零点调整、校准、仔细地测量尺寸和正确地安装等将已知的所有误差均消除之后，仍然会留有不确定度，它将永远不会消失。即使仍使用同一仪表和同样测量方法，也不能通过重复测量使其降低。这种不确定度就是系统不确定度。系统不确定度（由系统效应引起的测量不确定度），则用不确定度的 B 类评定的方法来进行评定，也就是根据有关信息来评定。

系统不确定度内的评定实际上是以测量标准的校准为基础。表 1-8 给出了系统不确定度 $e_S$ 的允许相对值。

表 1-8　系统不确定度 $e_S$ 的允许相对值

| 测量值 | 最大允许系统不确定度（保证点）（%） | |
|---|---|---|
| | 1 级 | 2 级和 3 级 |
| 流量 | ±1.5 | ±2.5 |
| 压差 | ±1.0 | ±2.5 |
| 出口压力 | ±1.0 | ±2.5 |
| 入口压力 | ±1.0 | ±2.5 |
| NPSH 试验的入口压力 | ±0.5 | ±1.0 |
| 驱动机输入功率 | ±1.0 | ±2.0 |
| 转速 | ±0.35 | ±1.4 |
| 转矩 | ±0.9 | ±2.0 |

### 3. 总体的不确定度

总体的不确定度值由随机不确定度和系统不确定度这两部分组成。这两部分不

确定度通常情况下用"方和根"法进行合成，即 $e$ 的估算公式为

$$e = \sqrt{e_R^2 + e_S^2}$$ （1-9）

表 1-9 给出了总体的不确定度的允许值。

**小贴士**：本书规定的总体不确定度等同于扩展测量不确定度（见 ISO/IEC Guide 99）。

表 1-9 总体的不确定度的允许值

| 量 | 符号 | 精密级（%） | 1 级（%） | 2 级、3 级（%） |
|---|---|---|---|---|
| 流量 | $e_Q$ | ±1.5 | ±2.0 | ±3.5 |
| 转速 | $e_n$ | ±0.2 | ±0.5 | ±2.0 |
| 转矩 | $e_T$ | ±1.0 | ±1.4 | ±3.0 |
| 扬程 | $e_H$ | ±1.0 | ±1.5 | ±3.5 |
| 驱动机输入功率 | $e_{Pgr}$ | ±1.0 | ±1.5 | ±3.5 |
| 泵输入功率<br>（由转矩和转速计算得出） | $e_P$ | ±1.0 | ±1.5 | ±3.5 |
| 泵输入功率<br>（由驱动机输入功率和电动机效率计算得出） | $e_P$ | ±1.3 | ±2.0 | ±4.0 |

#### 4. 效率总体测量不确定度的评定

总效率和泵效率的总体测量不确定度按式（1-10）~式（1-12）计算。

$$e_{\eta gr} = \sqrt{e_Q^2 + e_H^2 + e_{Pgr}^2}$$ （1-10）

如果效率由转矩和转速计算得出

$$e_\eta = \sqrt{e_Q^2 + e_H^2 + e_T^2 + e_n^2}$$ （1-11）

如果效率由泵输入功率计算得出

$$e_\eta = \sqrt{e_Q^2 + e_H^2 + e_P^2}$$ （1-12）

利用表 1-9 中给出的值进行计算即得出表 1-10 所给的结果。

表 1-10 效率总体不确定度最大导出值

| 量 | 符号 | 精密级（%） | 1 级（%） | 2 级和 3 级（%） |
|---|---|---|---|---|
| 总效率（由 $Q$、$H$ 和 $P_{gr}$ 计算得出） | $e_{\eta gr}$ | ±2.0 | ±2.9 | ±6.1 |
| 泵效率（由 $Q$、$H$、$T$ 和 $n$ 计算得出） | $e_\eta$ | ±2.25 | ±2.9 | ±6.1 |
| 泵效率（由 $Q$、$H$、$P_{gr}$ 和 $\eta_{mot}$ 计算得出） | $e_\eta$ | ±2.25 | ±3.2 | ±6.4 |

### 1.3.3 规定特性的获得

换算后的试验结果的不确定度，应使用由试验估算出的总的不确定度或者用预先考虑了试验方法和条件而选取的不确定度。

考虑各坐标的总的不确定度，测得的每一工况点均可以用一个椭圆来表示。椭圆的两条轴代表具有 95% 置信度的总的不确定度。

不确定度的绝对值，泵排出流量为 $\pm e_Q Q$；泵扬程为 $\pm e_H H$；泵输入功率为 $\pm e_P P$；泵效率为 $\pm e_\eta \eta$。其中，$e$ 代表所研究量的相对总不确定度。

在确定了各个测量点的总的不确定度和画出椭圆后，还应做出这些椭圆的上、下包络线（见图1-2）。试验结果即是一条由两条包络线加以限定的测量带。在该测量带范围内的所有点均是等效的。

由于在制造过程中必定会产生偏差，所以每台泵产品均可能发生几何形状和尺寸不符合图样的情况。故在对试验结果与保证值（工作点）进行比较时，应允许有一定的容差存在。应该指出，泵的这些容差只与实际的泵有关，并不涉及试验条件和测量不确定度。

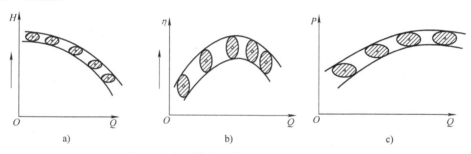

**图1-2 各测量点总的不确定度椭圆包络线**

a) $H(Q)$ 曲线　b) $\eta(Q)$ 曲线　c) $P(Q)$ 曲线

为简化保证值的证实过程，建议引入容差系数，$t_Q$、$t_H$、$t_\eta$ 分别为流量、扬程和泵效率的容差系数。在没有关于应使用什么样的容差系数值的专门协议的情况下，建议使用表1-11给出的数值。其他的容差范围（如果只给出正的容差系数）可以在供货合同中商定。

**表1-11 容差系数值**

| 量 | 符号 | 1级（%） | 2级（%） |
|---|---|---|---|
| 流量 | $t_Q$ | ±4.5 | ±8.0 |
| 扬程 | $t_H$ | ±3.0 | ±5.0 |
| 泵效率 | $t_\eta$ | ±3.0 | ±3.0 |

应按 1.3.1 将测量结果换算到规定转速（或频率）下，然后绘制它们与流量 $Q$ 的关系曲线（与各测量点拟合最佳的曲线代表泵的性能曲线）。给定流量下试验结果与规定的量的比较如图 1-3 所示。图 1-3 中 $t_H$、$t_\eta$、$t_P$ 分别为扬程 $H$、效率 $\eta$、输入功率 $P$ 的商定容差，所定义的测量带相交 / 相切于图 1-3 中的 $AB$ 线，则其特性规范得到满足。

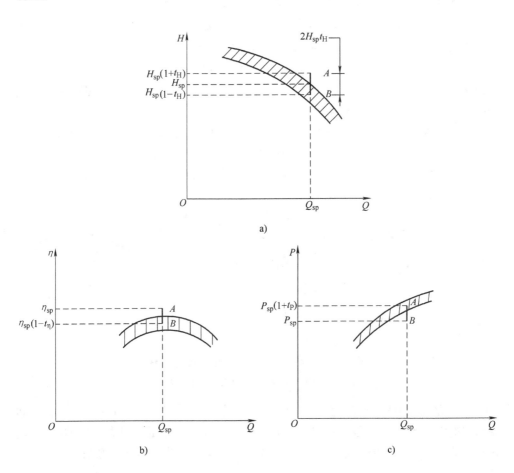

**图 1-3　给定流量下试验结果与规定的量的比较**

a）测得的扬程与给定流量下的规定扬程的比较图　b）测得的效率与给定流量下的规定效率的比较图
c）测得的输入功率与给定流量下的规定输入功率的比较图

根据试验证明，泵的性能特性比规定的性能特性高，超出了上容差（+ 容差）范围时，通常需要通过切削叶轮直径进行修正。如果规定值与测得值相差很小，可应用比例定律估算新的特性，免去进行一系列新的试验。除非叶轮直径切割量超过试验叶轮直径的 5%。

## 1.4 流量的测量方法

流体流过一定面积的截面量称为流量。流量是瞬时流量和累积流量的总称。在一定时间内流体流过一定面积截面的量称为累积流量，也称总量。在某一时刻，流体流过一定面积截面的量称为瞬时流量。在不会产生误解的情况下，瞬时流量也可简称为流量，在泵试验中所测量的是瞬时流量。流量用体积表示时称为体积流量，用质量表示时称为质量流量。

### 1.4.1 流量测量方法及系统不确定度

表 1-12 列出了每种试验情况下可设想的各种测量方法及当测量条件良好且由有经验的人员按照现有国家标准和国际标准使用这些方法时，可期望的精度或系统不确定度。该表中给出的这些不确定度值意味着液流是否稳定且没有泵引起扰动的条件。总的不确定度值只能在试验之后才能加以确定。表 1-12 中述及的这些方法虽然在精度上有明显差别，但它们均具有小于 2% 的估计不确定度（在 95% 置信度以下）。据此试验条件，表 1-12 的方法中任何一种均可用于精密级试验。

表 1-12　流量测量方法及系统不确定度　　　（单位：%）

| 测量方法和标准 | 系统不确定度（95% 置信度以下） | | |
| --- | --- | --- | --- |
| | 实验室模型泵试验 | 实型泵试验 | |
| | | 试验台试验 | 现场试验 |
| 原始（初级）方法　称重法（GB/T 17612） | ±0.1 ~ ±0.3 | ±0.1 ~ ±0.3 | — |
| 　　　　　　　　　容积法（ISO 8316） | ±0.1 ~ ±0.3 | ±0.1 ~ ±0.3 | ±0.5 ~ ±1.5 |
| 压差装置[①]（GB/T 2624 和 GB/T 26801）涡轮流量计[①] | ±0.3 ~ ±0.5 | ±0.3 ~ ±0.5 | ±0.5 ~ ±1 |
| 电磁流量计[①] | ±0.5 ~ ±1 | ±0.5 ~ ±1 | ±1 ~ ±1.5 |
| 标准孔板（GB/T 2624 和 GB/T 26801） | ±1 ~ ±1.5 | ±1 ~ ±1.5 | ±1 ~ ±1.5 |
| 标准文丘里管（GB/T 26801） | ±1 ~ ±2 | ±1 ~ ±2 | ±1 ~ ±2 |

[①] 用一种原始方法校准。

表 1-12 中未列的其他方法也可以使用，但应具备下列条件：

1）流经泵的全部流量也流经仪器装置。

2）系统不确定度应是一种原始方法（基本方法）确定并通过定期校准来核查的。

3）总测量不确定度符合不确定度的最大允许值。

## 1.4.2 原始（初级）测量方法

原始方法可用来校验（标定）其他流量计的装置（又称水流量标准装置），也是一种比较原始的测量方法。即在某一时间间隔内，测量流入称重容器的流体质量或流入容器的流体容积，分别称为称重法或容积法。

### 1. 称重法

称重法如图1-4所示，即测量出充注称重容器这段时间内的流量平均值，此法可以被认为是最精确的流量测量方法。

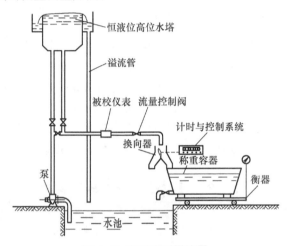

图 1-4　称重法测量流量

称重法一般有静态和动态称重两种方法：

1）"静态称重法"，它主要通过换向器交替地转换液流方向流入称重容器中或流向容器外（水池）。

2）"动态称重法"，这种方法在流动中进行称重，液流始终朝称重容器中流入。

称重法误差来源于称重、液体充注时间测量、考虑温度的流体密度、液流转向（静态法）、称重时的动态现象（动态法）。此外，还应对称重机的读数进行浮力修正，即考虑大气作用在称重的液体上与作用在校准称重机时使用的基准质量上的向上推力有所不同而做的修正。

### 2. 容积法

实际上容积法与称重法相似，称重法注重于液体的质量，容积法注重于液体的体积，只要将称重法的称重容器和衡器换成量筒，如图1-5所示，即对注满标准容积这一段时间内的流量求取平均值，具有与称重法相近的精度。

容积法受到的误差来源于贮液容器校准、液位测量、液体充注时间测量、液流转向（静态法）、动态现象（动态法）。此外，还应检验容器的不漏水性，如有必要应进行泄漏修正。

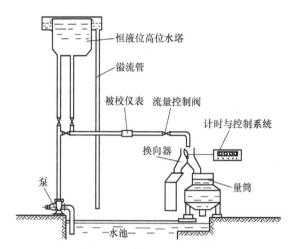

**图 1-5　容积法测量流量**

## 1.4.3　压差装置

压差装置又称节流装置，或称节流式流量计。其流量的测量原理是以伯努利方程和流动流体连续方程为依据。即当流体流经节流件时，在其两侧产生压差，而这一压差与流量的平方成正比。

常用的压差装置（节流装置）有 4 种形式，如图 1-6 所示。

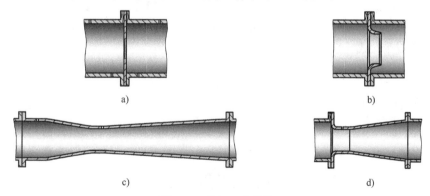

**图 1-6　常用压差装置**

a）孔板（用角接取压，$D$ 和 $D/2$ 取压或者法兰取压）　b）喷嘴（大半径或者"ISA32"）
c）古典文丘里管　d）文丘里喷嘴

ISO 5167-1 给出了孔板、喷嘴和文丘里管的制造、安装和使用的通用要求，同时，ISO 2186 给出了关于压力计连接管路的技术规范。ISO 5167-2 主要描述了孔板，ISO 5167-3 主要描述了喷嘴和文丘里管，ISO 5167-4 主要描述了皮托管。

### 1. 流量的计算方法

流量的计算方法可由伯努利方程推出，得到体积流量 $q_V$ 为

$$q_V = CA_0 \sqrt{\frac{2g}{\rho g}(p_1 - p_2)} \tag{1-13}$$

式中，$C$ 是流量系数，可通过校正试验得出，或根据经验公式及专用设备图表近似计算而得出；$A_0$ 是节开孔的面积（$m^2$）；$p_1$ 是压差装置进口的压力（Pa）；$p_2$ 是压差装置出口的压力（Pa）；$g$ 是重力加速度（$m/s^2$）。

### 2. 压差装置的选择

选择各种压差装置时原则为：要求压差装置产生的压力损失较小时，可采用文丘里喷嘴和文丘里管；测量易磨损、变形、脏污和侵蚀性液体时，喷嘴要比孔板优越；流量值和压差值相同时，喷嘴比孔板的截面比 $m = d^2/D^2$（$d$ 是节流孔的直径，$D$ 是被测流量管道的直径）要小时，喷嘴有较高的测量精度，所需的直管长度也较短；在加工和安装方面，孔板最简单，喷嘴次之，文丘里管最复杂。

为了提高试验工作的效率，应用压差传感器测量压差装置前后的压差，并用计算机进行数据处理。

## 1.4.4　涡轮流量计

涡轮流量计中传感器结构如图 1-7 所示，将涡轮置于摩擦力很小的滑动轴承中，由永久磁铁和感应线圈组成的带放大的磁电装置（又称前置放大器）装在传感器的壳体上。其工作原理为，当被测流体流过叶轮时，叶轮旋转，周期切割壳体中磁钢形成的磁力线，使磁阻周期性变化而输出与流量成正比的电脉冲信号。测得电脉冲频率 $f$ 后，体积流量按式（1-14）计算：

$$q_V = f/K_c \tag{1-14}$$

式中，$K_c$ 为仪表常数，由制造厂给出。

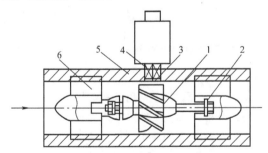

**图 1-7　涡轮流量计中传感器结构示意图**

1—涡轮　2—支承　3—永久磁铁　4—感应线圈　5—壳体　6—导流器

在水泵试验中，一般流量较小时，采用涡轮流量计。

## 1.4.5　电磁流量计

电磁流量计是应用电磁感应现象进行液体流量测量的仪表。在磁场中安置一段不导磁、不导电的管道，当被测流体具有一定的电导率并流过电磁壳体时，在切割磁感线的同时，在液体介质的两端会产生感应电动势，可由安装在管道中的电极引出。这样，管道中的流体可看作是连续不断的导体以平均速度 $\bar{v}$ 运动，不断切割磁感线，而产生出一个持续的感应电动势 $e$。电磁流量计测量原理如图 1-8 所示。

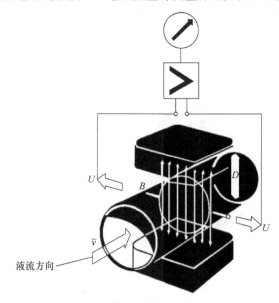

**图 1-8　电磁流量计测量原理**

根据液体运动的速度为

$$\bar{v} = 4q_V \sqrt{\pi D^2} \tag{1-15}$$

利用式（1-15）可以推导得到

$$e = -\frac{4q_V B}{\pi D} \times 10^{-8} \tag{1-16}$$

式中，$B$ 是磁路中的磁感应强度（T）。

由式（1-16）可以得出，当磁路中的磁感应强度 $B$ 和管径 $D$ 一定后，感应电动势 $e$ 的大小只决定于流体的流量。测出感应电动势 $e$ 就可以知道流量的大小。

电磁流量计在使用时，应远离外界强磁场，以防止电极磁化。同时在测量时，液体必须充满整个管道。电磁流量计与涡轮流量计一样，具有测量范围大、精度高、压力损失小和对水流结构没有干扰等优点。

### 1.4.6　其他方法

#### 1. 超声波流量计

超声波流量计是利用超声在测量流体中的传播特性来测量流量的仪器，具有安装方便等特点，特别是捆绑式超声波流量计非常适合于现场流量测量。

超声波流量计的测量原理一般有两种，一种是利用超声波在流动液体中顺流向与逆流向的传播速度差值与流体的流速成比例的关系测量流量，因此只要测得超声波在流动液体中的传播速度差值，就可以求得流体的流速，再根据管道的横截面积即可获得流量值，如图1-9所示。

另一种是利用多普勒原理来确定流体中微粒的流动速度，进而获得流体、流量的方法。

超声波流量计应符合ISO 6416的要求。

超声波流量计对速度分布非常敏感，应在实际工作条件中对它们随时进行校准。

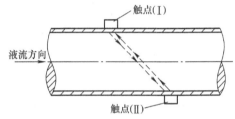

图 1-9　速度差法测流量

#### 2. 示物法

示物法分为稀释法（恒速注入法）和通过时间法，每种方法都可以使用放射性示踪物或化学的示踪物。

示物法只限于专业人员使用，同时，使用放射性示踪物须受一定的限制。

其他一些流量测量仪表，诸如旋涡流量计或面积可变流量计，只要用所述的原始方法（基本方法）之一预先经过校准的，也可以使用。

## 1.5　扬程的测量

扬程是所抽送的单位质量液体从泵进口处（泵进口法兰）到泵出口处（泵出口法兰）能量的增值，也就是1kg液体通过泵获得的有效能量。其单位为m，泵抽送的液柱高度（指泵抽送的那种液体的液柱高度），习惯简称为米。

根据定义，用泵的装置中的液体能量表示泵的扬程，其公式可以写为

$$H = E_d - E_s \tag{1-17}$$

式中，$E_d$是在泵出口处单位质量液体的能量（m）；$E_s$是在泵进口处单位质量液体的能量（m）。

单位质量液体的能量在水力学中称为水头，通常由压力水头 $\dfrac{p}{\rho g}$（m）、速度水头 $\dfrac{v^2}{2g}$（m）和位置水头 $z$（m）三部分组成，即

$$E_d = \frac{p_d}{\rho g} + \frac{v_d^2}{2g} + z_d \tag{1-18}$$

$$E_s = \frac{p_s}{\rho g} + \frac{v_s^2}{2g} + z_s \tag{1-19}$$

因此

$$H = \frac{p_d - p_s}{\rho g} + \frac{v_d^2 - v_s^2}{2g} + (z_d - z_s) \tag{1-20}$$

式中，$p_d$、$p_s$ 是泵出口和进口处液体的静压力（Pa）；$v_d^2$、$v_s^2$ 是泵出口和进口处液体的速度（m/s）；$z_d$、$z_s$ 是泵出口和进口到任选的测量基准面的距离（m）。

### 1.5.1 测量方法与原理

测量方法视泵的安装条件和回路的布置方式而定，扬程可采用多种方法加以确定。例如，可分别测量入口和出口的总水头，总水头可根据输送管路中的压力测量值或开式池的水位测量值推算得出；或是测量出口与入口之间的压差再加上（如果有的话）速度水头差。因此，扬程的测量实际上就是泵进出口的吸入压力和排出压力、进口的液位相对于基准面的垂直高度、泵进出口测压截面的直径（流量的测量参考1.4）等参数。

水头定义中规定的各个量应在泵（或泵组和属于试验对象的连接附件）的入口截面 $S_1$ 和出口截面 $S_2$ 处确定；实际上为了方便和测量精度的缘故，一般是在 $S_1$ 的上游和 $S_2$ 的下游的某一小段距离的截面 $S_1'$ 和截面 $S_2'$ 处进行测量（见图1-10）。因此，可能有必要将测量点与泵法兰之间由于摩擦所致的水头损失（$H_{J1}$ 和 $H_{J2}$）加到测得的扬程上，即 $S_1'$ 和 $S_1$ 之间的 $H_{J1}$、$S_2$ 与 $S_2'$ 之间 $H_{J2}$（以及可能还有局部水头损失），于是，泵的扬程由式（1-21）得出

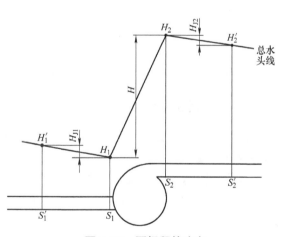

图 1-10　泵扬程的确定

$$H = H_2' - H_1' + H_{J1} + H_{J2} \tag{1-21}$$

式中，$H_1'$ 和 $H_2'$ 是 $S_1'$ 和 $S_2'$ 的总水头（m）。

但是仅当对2级和3级试验的 $H_{J1} + H_{J2} \geqslant 0.005H$，或对1级试验的 $H_{J1} + H_{J2} \geqslant 0.002H$，才需进行修正。

如果测量点与法兰之间的管路是具有不变圆形横截面和长度 $L$ 的无阻碍的直管，则

$$H_J = \lambda \frac{L}{D} \frac{U^2}{2g}$$  （1-22）

管路摩擦系数 $\lambda$ 值从式（1-23）导出

$$\frac{1}{\sqrt{\lambda}} = -2 \lg \left[ \frac{2.51}{Re\sqrt{\lambda}} + \frac{k}{3.7D} \right]$$  （1-23）

式中，$k$ 是管子的当量均匀粗糙度（见表 1-13）；$Re$ 是雷诺数；$k/D$ 是相对粗糙度（纯数值）。

如果管子不是具有不变圆形横截面和无阻的直管，可应用的修正值应是合同专门协议的问题。

表 1-13　管子的当量均匀粗糙度化

| 商品管材料 | 管子的当量均匀粗糙度 $k$/mm |
| --- | --- |
| 玻璃、拉制黄铜、铜或铅 | 光滑 |
| 钢 | 0.05 |
| 涂沥青铸铁 | 0.12 |
| 镀锌铁 | 0.15 |
| 铸铁 | 0.25 |
| 混凝土 | 0.3 ~ 3.0 |
| 铆接钢 | 1.0 ~ 10.0 |

## 1.5.2　液位的测量

根据具体情况（自由液面是可以接近还是不可接近，是稳定还是扰动的等）和要求的扬程测量精度，可以使用各种类型水位测量器具和装置。常用的有以下几种：

1）沿壁固定的竖的或斜的水位尺。

2）针形或钩形水位计，此时应有静井和支持架，支持架安在靠近自由液面的上方。

3）板规，由挂在带刻度的钢带尺上的一个水平金属圆盘组成。

4）浮规，在静井中应使用浮规。

5）绝对式或压差式液柱压力计。

6）起泡器，用压缩空气吹入。

7）浸入式压力传感器。

最后三种特别适用于自由液面而不能接近的场合。

## 1.5.3 压力（压差）的测量

压力是均匀垂直作用于单位面积上的力，由于地球上总是存在着大气压，为便于在不同场合表示压力值，根据取零点标准不同，压力分三种表示方法：绝对压力、表压力和压差。

**绝对压力**，以压力完全为零（即完全真空状况）作为压力值起始零点表示的压力，称绝对压力，如图 1-11 所示。

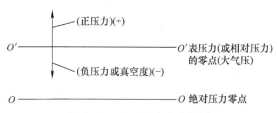

图 1-11　绝对压力和表压力

**表压力**，实际上是与大气压的压差值，或解释成以大气压值作为零点来表示的压力，也可解释成能用仪表测量出来的压力值，分为正压和负压两种：正压——大于大气压的部分称为正压力，简称正压，如图 1-11 所示；负压——不足大气压的部分为负压力，又称真空度，简称负压或真空，如图 1-11 所示。

**压差**，即两处压力之差值（简称压差）。

### 1. 液柱压力计

液柱压力计主要用来测量比较低的压力，对压力计液体的可压缩性影响很小可以忽略，可采用斜管压力计或以一种密度合适的压力计液体来改变液柱长度。最常用的液体是水和水银，也可使用其他液体，如乙基四溴化物（$C_2H_2Br_4$）、四氯化碳（$CCl_4$）、二碘甲烷（$CH_2I_2$），以及某些金属溴化物或碘化物等。

图 1-12 和图 1-13 为几种典型液柱压力计的测量示意图。

当泵的入口为真空时（如图 1-12a 所示），入口扬程和出口扬程的计算公式分别为

$$H_1 = \frac{\rho_{M1}}{\rho_1}(Z_{12} - Z_{11}) + \frac{\alpha_{a1}U_1^2}{2g} + (Z_{11} - Z_{13}) \tag{1-24}$$

$$H_2 = Z_{21} + \frac{\rho_{M2}}{\rho_2}(Z_{22} - Z_{21}) + \frac{\alpha_{a2}U_2^1}{2g} \tag{1-25}$$

式中，$H_1$、$H_2$ 是入口和出口的总水头（m）；$\rho_{M1}$、$\rho_{M2}$ 是入口和出口压力计工作液体的密度（$kg/m^3$）；$\alpha_{a1}$、$\alpha_{a2}$ 是可用入口和出口速度水头系数；$Z_{11}$、$Z_{12}$、$Z_{13}$ 是入口压力计中高液位（除去可能残留的泵输送液体）、低液位和可能残留的泵输送液体相

对基准面的高度（m）；$Z_{21}$、$Z_{22}$ 是出口压力计中高液位和低液位距基准面的高度（m）；$U_1$、$U_2$ 是入口和出口平均速度（m/s）；$\rho_1$、$\rho_2$ 是入口和出口中泵内液体密度（kg/m³）。

当泵的入口为正压时（如图 1-12b 所示），入口扬程的计算公式为

$$H_1 = \frac{\rho_{M1}}{\rho_1}\left(Z_{12} - Z_{11}\right) + \frac{\alpha_{a1}U_1^2}{2g} + Z_{11} \qquad (1\text{-}26)$$

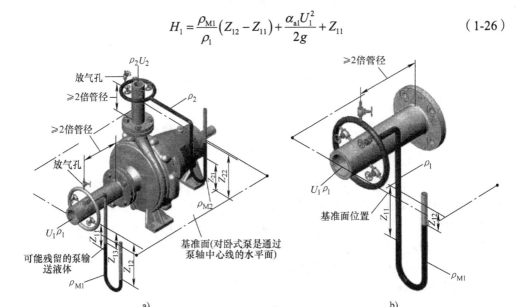

图 1-12　使用液柱压力计的测量方法

a）泵入口为真空　b）泵入口为正压

当使用空气 - 水压差计进行测量时（如图 1-13a 所示），其扬程的计算公式为（假定 $\rho_1 = \rho_2$）

$$H = \frac{\rho_1 - \rho_a}{\rho_a}\Delta H + \frac{\alpha_{a2}U_2^2 - \alpha_{a1}U_1^2}{2g} \qquad (1\text{-}27)$$

式中，$\rho_a$ 是空气密度（kg/m³）；$\Delta H$ 是压差计中的液位高度差（m）。

当使用水银压差计进行测量时（如图 1-13b 所示），其扬程的计算公式为（假定 $\rho_1 = \rho_2$）

$$H = \frac{\rho_M - \rho_1}{\rho_a}\Delta H + \frac{\alpha_{a2}U_2^2 - \alpha_{a1}U_1^2}{2g} \qquad (1\text{-}28)$$

式中，$\rho_M$ 为水银压差计液体密度（kg/m³）。

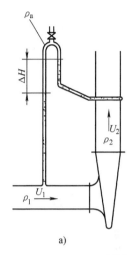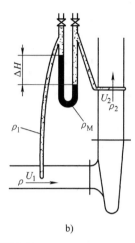

a)　　　　　　　　　　　　　b)

**图 1-13　两种压力计的测量方法**

a）空气 - 水压差计　b）水银压差计

注：示意图仅表示原理，精密级试验不可假定 $\rho_1 = \rho_2$。

**2. 弹簧压力计**

弹簧压力计的原理是将被测压力转换成弹簧的弹性变形进行测量，通常所用为单圈弹簧压力计。根据测压的范围不同，所用的弹性元件也不同，可分为薄膜式、弹簧管式和波纹管式。

离心泵试验中一般使用的波纹管式压差计多为双波纹管式差压计，它可用来测量压差、正压及负压，主要用作测量节流装置前后的压差，从而测定流量。双波纹管式压差计是根据弹性波纹管受拉伸产生位移的原理来测量压差的。

图 1-14 示出了弹簧压力计的测量示意图。当泵的入口为真空时（见图 1-14b），入口扬程和出口扬程的计算公式分别为

$$H_1 = \frac{p_1}{\rho_1 g} + \frac{\alpha_{a1} U_1^2}{2g} \tag{1-29}$$

$$H_2 = \frac{p_2}{\rho_2 g} + \frac{\alpha_{a2} U_2^2}{2g} + Z_2 \tag{1-30}$$

式中，$Z_2$ 为出口压力计基准面相对基准面的高度（m）。

当泵的入口为正压时（见图 1-14c），入口扬程计算公式为

$$H_1 = \frac{p_1}{\rho_1 g} + \frac{\alpha_{a1} U_1^2}{2g} + Z_1 \tag{1-31}$$

式中，$Z_1$ 为入口压力计基准面相对基准面的高度（m）。

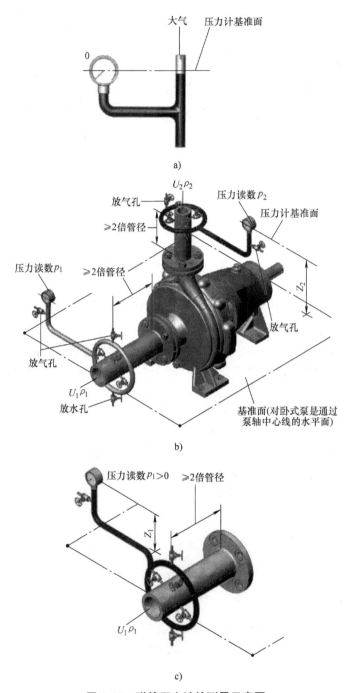

图 1-14 弹簧压力计的测量示意图

a）确定弹簧压力计基准面的装置　　b）泵入口为真空　　c）泵入口为正压

注：示意图仅表示原理。

### 3. 压力传感器

压力传感器将被测压力转换成敏感弹性元件的弹性变形，输出电流信号，经过采集单元的信号放大及 A/D 转换为数字式信号，输送至计算机中，分析计算处理后存储。

压力传感器测量精度可达 ±0.1% ~ ±0.25% 以上，并带模拟量输出，可以为计算机辅助测试和远程监控创造条件。

## 1.5.4 测量的不确定度

泵扬程测量的不确定度应通过对组成扬程的各个分量的不确定度的总和来获得，计算方法要根据所使用的测量方法，是分别测量入口和出口总水头还是测量两端的压差、是测量压力还是测量水位，以及使用的测量仪表装置而定。这里只给出有关的各种不确定度的一般情况。

### 1. 位能值的不确定度

各个测量截面的中心点以及各种测量仪表装置的零点，或基准点相对某一任选基准面的高度都是用测量法获得的，通常很精确。与其他的不确定度相比，这些分量的不确定度可以忽略不计。

### 2. 动能值的不确定度

动能值的不确定度一方面与测量截面处的平均速度不确定度有关，涉及横截面积的不确定度及使用的流量测量方法；另一方面还与速度水头系数计算的不确定度有关（它是流动条件的函数），对于低扬程泵这些不确定度可能更重要。

### 3. 水位测量不确定度

主要涉及水位波动和倾斜而引起的不确定度及测量器具（装置）的不确定度。作为参考指导，对测量器具（装置见 1.4.2）所致的不确定度可粗略估计如下：

1）水位尺、板规：±10 ~ ±20mm。

2）浮规、起泡器：±5 ~ ±10mm。

3）液柱压力计、针形或钩形水位计：±1 ~ ±3mm。

### 4. 压力测量不确定度

如果预先已对取压孔及其连接管采取了充分的预防保证措施，测量结果未受到压力波动的影响而失真，则由于测量仪表所致的系统不确定度可采用以下的估计值：

1）液柱压力计：±0.2% ~ ±1%；

2）弹簧压力计：±0.5% ~ ±1%；

3）压力传感器：±0.2% ~ ±1%。

## 1.6　转速的测量

转速的测量应尽可能通过计数方法，即测量一段时间间隔内的转数来测量。通常，可以用直接显示的转速表、光学或磁性计数器，或频闪观测仪来实现。

在交流电动机驱动泵的情况下，转速也可通过供电频率和电动机转差率（例如用一个频闪仪或感应线圈）确定得出。

转速的表达式为

$$n = n_0 - \Delta n$$

式中，$n$ 是泵的实际转速（r/min）；$\Delta n$ 为转差（r/min）；$n_0$ 是泵用电动机同步转速（r/min），与电网频率 $f_1$（Hz）和电极对数 $p$ 有关，即

$$n_0 = \frac{60 f_1}{p}$$

因此，转速的另一表达式为

$$n = \frac{60}{p}\left(f_1 - f_2\right) \tag{1-32}$$

在转速的表达式中，电网频率 $f_1$ 和电动机极对数 $p$ 为定值，$f_2$ 为转差频率（Hz）。

转速的测量方法多种多样，按接触方式可分为接触式测量和非接触式测量；按测量方式可分为直接测量和间接测量；按传感器工作原理又可分为磁电式测量、光电式测量、霍尔元件测速方式测量、感应线圈方式测量和振动测速方式测量。无论传感器是哪种形式，都是把转速信号通过转速传感器变成电信号后送入数字显示仪表，再经过表内电路对输入信号的变换处理，变成数字信号后送显示窗直接显示所测得的转速。

## 1.7　输入功率的测量

泵输入功率 $P$ 可以采用以下方法来测量：

1）从测得的驱动电动机的输入电功率中减去各种电损失和机械损失。如果通过测量与中间齿轮传动装置相连接的电动机的输入功率，或由置于电动机与传动装置之间的测功计测得的转速和转矩来确定泵输入功率，齿轮传动装置的损失应是用量热齿轮冷却液体的方法来确定的。

2）直接确定泵轴处的转速和转矩，这种方法可适用于任何种类驱动机。

## 1.7.1　电功率的测量

如果是通过测量与泵直接连接的电动机的输入电功率来确定泵输入功率，电动机应只在其效率已经以足够精度获知的工况下运转。应当按照 IEC 60034-2-1、IEC 60034-2-2 推荐的方法或 IEEE 112 中方法 B 确定电动机的效率，并由电动机生产厂家予以说明，或通过一个机组特定的电动机试验得出。此效率不考虑电动机的电缆损失或由于电动机推力载荷本身产生损失以外的推力轴承的损失。

如果使用非校准的工作电动机进行试验，仅可以精确记录机组效率，如果用户和制造厂家预先达成协议，那么非校准的工作电动机可以用于试验，并且电动机的保证效率可用于评价泵的效率。

一个三相交流电动机的输入功率应使用两个单相瓦特计、一个三相瓦特计或多相瓦特计的方法进行测量。此时允许使用或是几个单相瓦特计，或是可同时测量两相或三相功率的一个瓦特计或计算的瓦时计。在直流电动机的情况下，可以使用一个瓦特计，或是一个安培计加一个伏特计进行测量。测量电功率的指示式仪表的类型和精度等级应符合 IEC 60051-2、IEC 60051-3、IEC 60051-5 和 IEC 60051-7 的规定，并应满足测量不确定度的要求。

## 1.7.2　转矩的测量

泵输入功率可以用反转矩测功计或扭力测功计来测量。两种方法均需同时测量出净转矩和轴转速，轴转速的测量可参考 1.5。反转矩测功计的转矩由作用在测功计臂上的有效力和力作用的半径来确定。而扭力测功计（或转矩管）的转矩应利用预先校准的数据计算得出。

### 1. 反转矩测功计

反转矩测功计是一种特殊结构的电动机，即它的机壳和磁场绕组安装在与旋转轴分离的单独的支承上，这样整个机壳如果不依靠转矩测量系统加以阻止，可自由旋转。转轴传递的转矩为作用在机壳上的大小相等、方向相反的反转矩所平衡，此反转矩是用砝码或用某种高精度机械电气方法测得的转矩。

为了得到真实的输入功率值，应按以下规定对转矩误差给予适当的考虑，可减小或避免反转矩测功计的转矩误差：

1）限制测功计的旋转运动或者应有一个固定的平衡位置。

2）测功计结构上应是可使冷却流体进入和流出，以避免由于切向速度分量而产生误差。对于绕组也应采取类似的措施。如果使用挠性管连接，应使其在受压时不会产生任何切向阻尼；如果使用缓冲器，则应证明其在任一方向上对运动的阻力均是相等的。

3）测功计的电气接线应不会施加任何明显的切向阻尼，如可使用织编挠性铜导线或水银缓冲器。

4）测功计测量的有效半径臂长误差不得超过 0.1%。测力系统的不精确度不得大于读数的 ±0.1%。对照已检定的砝码在增负荷和减负荷双向对其进行检验。在立式电动机及其他一些场合下，采用金属带和无摩擦滑轮来施加转矩平衡砝码。

试验前和试验后，均应对测功计和联动装置进行检验。

**2. 扭力测功计**

扭力测功计（或转矩管）有一段供测量扭转应变的轴，该轴在以某一特定转速旋转和传递一定转矩时的扭转应变可用某种简便方法加以测量。有些扭力测功计利用光学技术测量角应变，有些是使用电容、电感或电阻丝应变仪作为电测量变换器。无论使用哪种形式，扭力测功计均应在试验前和试验进行校准。测功计的设计，应达到转速和温度不会影响转矩读数的要求。如有影响，应可以通过试验或用专门为此设计的特殊仪器定量地加以测得。

采用集电环和直流励磁的转矩管及采用电感耦合和交流励磁的转矩管等属于应变仪一类的扭力测功计。集电环型的可以达到它满载值的 0.1% 数量级的高精度，但需要比电感耦合型更小心使用和维护，电感耦合主要用于转速较高的场合，也比较适合于精度要求不那么高的永久性装置使用。

对于任何测量设备而言，如果使用者不能很快和很容易地对它进行检查证明满足精度要求，高精度实际上没有多大意义。在仔细校准和精心使用的情况下，在满刻度的 15%～100% 测量时可获得实际读数的 ±0.25% 的精度，而且越偏向高刻度值使用精度越高，通常在扭力测功计负载运转时，不能直接对照一个可靠基准对其进行校核。

转矩测量的系统不确定度，为最大转矩的 ±0.15%，它来源于以下几方面：

1）校准，±0.1%。

2）灵敏度，±0.1%。

3）读数，±0.05%。

## 1.7.3　特殊情况

在电动机 - 泵连成一体的情况下（如潜没式泵或泵机组，或有总效率保证要求的分开的泵和电动机），如条件允许，应在电动机的接线端测量机组功率。对于潜没式泵，应在电缆的引入端进行测量，电的损失应予以考虑并在合同中做出规定。所给出的效率应是扣除了电缆和起动装置损失的综合的机组效率。

**1. 深井泵**

在这种情况下，应考虑推力轴承和立式传动轴系及轴承所消耗的功率。

因为深井泵一般不是装上全部的扬水管进行试验的，除非验收试验是在现场进行。泵制造厂家应估计出推力轴承和立式传动轴系轴承的损失并予以说明。

**2. 共用轴向轴承的电动机 - 泵机组（非直联泵）**

在这种情况下，如果需分别确定电动机与泵的功率和效率，则应考虑泵的轴向推力可能还有泵转子质量对推力轴承损失的影响。

## 1.7.4　泵机组总效率的测量

为确定泵机组的效率，需测量驱动机工作在合同规定条件的输入和输出功率。在这种试验中，驱动设备与泵的损耗部分，以及如齿轮箱或变速装置这类中间机械造成的任何损耗均不予考虑。

# 1.8　汽蚀试验

泵的汽蚀试验，就是通过试验的方法，得出被试验泵将要发生汽蚀现象时的汽蚀余量（NPSH）值，此时的汽蚀余量称为 $NPSH_3$（又称临界汽蚀余量或试验汽蚀余量）。汽蚀试验是为了确定临界汽蚀余量与流量之间的关系，或者是验证泵的临界汽蚀余量小于或等于规定的必需汽蚀余量值（$NPSH_r$）。汽蚀可引起噪声、振动、材料损坏等问题，影响泵的工作。

下面所述的方法只适合汽化压力是单值的液体，并且不能用汽蚀试验来保证泵在它的使用期限内不会发生汽蚀侵蚀。

## 1.8.1　汽蚀余量

应根据给定流量下扬程或效率的下降量，或给定扬程下流量或效率的下降量来评定汽蚀性能。其他评定方法，如汽蚀目测法和声压测量法，仍需进行研究而且尚未被普遍接受。

通过减少 NPSH 直到显示可以测得的影响来较为完整地测试汽蚀性能，根据这种试验，可以判断在与规定的 NPSH 不同的各个 NPSH 下的工作状况。例如，可以用相应的 NPSH 值来描述以下汽蚀程度：

1）开始出现水力性能改变，$NPSH_d$。

2）扬程下降3%，$NPSH_3$。

3）扬程下降 $x\%$，$NPSH_h$。

4）效率下降 $x\%$，$NPSH_n$。

5）因汽蚀充分进展使流量堵塞为零，$NPSH_f$。

如果没有另外规定，常规泵应采用扬程下降3%时的 $NPSH_3$ 来判定必需汽蚀余量，除非已表明据此进行的比较无效。对于扬程非常低的泵（如轴流泵），可以商定一个大一些的扬程下降量，为此建议可用下降量为 $\left(3+\dfrac{K}{2}\right)\%$。其中，$K$ 为型式数。

$$K = \frac{2\pi n Q^{1/2}}{(gH)^{3/4}} \tag{1-33}$$

证明在规定的工作状况和 NPSH 下，泵的水力性能没有受到汽蚀影响，如果在比规定高的 NPSH 下进行的试验得出相同流量下相同的扬程和效率，泵即满足要求。

## 1.8.2　改变泵汽蚀余量的方法

试验时，采用逐渐降低 NPSH 值，直至在恒定流量下泵的扬程（第一级）下降达到 3%，此时的 NPSH 值即为必需汽蚀余量。

NPSH 值的下降方法主要有以下几种：①减低液面的压力 $p_0$；②提高安装高度 $H_g$；③增加进口管路的阻力损失 $h_{w1}$；④提高试验液体温度，增加汽化压力。

可按照表 1-14 规定的方法之一，用图 1-15 和图 1-16 所示的任一种方法进行试验。

表 1-14　$NPSH_3$ 的确定方法

| 装置类型 | 开式池 | 开式池 | 闭合回路 | 闭合回路 | 闭合回路 | 闭合池或闭合回路 |
|---|---|---|---|---|---|---|
| 独立变量 | 水位 | 水位 | 罐中压力 | 温度（汽化压力） | 罐中压力 | 温度（汽化压力） |
| 恒定的量 | 入口和出口节流阀 | 流量 | 流量 | 流量 | 入口和出口节流阀 | |
| 随调节而改变的量 | 扬程，流量，NPSH | NPSH，扬程，出口流量调节阀 | 扬程，NPSH，出口流量调节阀（在扬程开始下降时为使流量恒定） | NPSH，扬程，出口流量调节阀（在扬程开始下降时为使流量恒定） | NPSH，在汽蚀发生以后扬程和流量 | |
| 扬程特性曲线 | | | | | | |
| NPSH 特性曲线 | | | | | | |

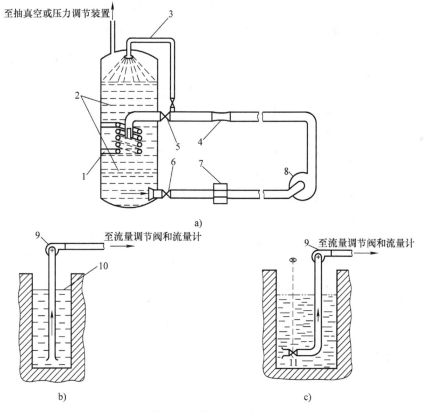

**图 1-15  汽蚀试验方法**

a）通过调节压力和 / 或温度改变闭合回路中的 NPSH

b）通过调节入口液位改变 NPSH   c）通过入口压力调节阀改变 NPSH

1—冷却或加热盘管  2—稳流栅  3—喷淋除气液体喷嘴  4—流量计  5—流量调节阀  6—隔离阀

7—气体含量测量点  8、9—试验泵  10—可调节的水液位  11—入口压力调节阀

注：1. 可以采用在自由液面上方喷注冷水和热水方法代替盘管冷却。

2. 示意图仅表示原理。

## 1.8.3  泵必需汽蚀余量（NPSH₃）的确定

### 1. 泵的流量、转速、压力的测量

汽蚀试验时采用前面所推荐的方法测量压力 $p$、流量 $Q$ 和转速 $n$，按照式（1-34）和式（1-20）计算出对应的汽蚀余量和泵的扬程。对于直接法测量汽蚀试验，使用一个压力计（例如液柱压力计）直接测量 NPSH，应保证在流量测量中汽蚀不影响流量计的精度，避免空气通过接头和填料函密封处进入泵内。

$$\text{NPSH} = z_1 + \frac{p_1}{\rho g} + \frac{v_1^2}{2g} + \frac{p_b}{\rho g} - \frac{p_v}{pg} \qquad （1-34）$$

式中，$z_1$ 是研究的点相对于 NPSH 基准面的高度（m）；$p_b$ 是当地当时的大气压力值（Pa）；$p_V$ 是液体试验温度下相应的汽化压力值（Pa）；$v_1$ 是入口测量截面处的平均流速（m/s）。

**2. 温度的测量**

对所述装置，需确定进入泵的试验液体的汽化压力。一般汽化压力是由测量进入泵的液体的温度和标准数据得出。测量时保证插入泵入口管路中的温度测量传感器不会影响入口压力的测量。

温度测量传感器工作部分的浸入深度（从入口管壁起）不小于入口管直径的 1/8。如果温度测量元件浸入入口液流中的深度小于仪表制造厂家要求的深度，则需要有在浸入深度下的校准数据。

**3. 气体含量的测量**

气体含量的测量是所有精密级汽蚀试验的一项要求。当应用于饱和水时，可用任何一种被证明具有小于 ±10% 的测量误差的方法来进行测定。主要的气体含量测量方法有 Winkler 法、物理分离法（VanSlyke 法）和气体含量记录器法。

1）Winkler 法：这种方法比较精确，但是需要滴定溶液，而这些溶液很难保存并且需在试样没有还原的情况下取样。它仅给出计算的溶解空气含量值。

2）VanSlyke 法：可以通过在被隔离的柱管内，在真空条件下阶式喷流取样来抽出无论是以溶解状还是吸附状含有的空气量。这种方法相当快速，但需要处理多个小容量取样。

3）气体含量记录器法：它可以连续地记录总的气体含量，通常仅适用于饱和状态下的水，而在热电厂里水几乎是不含气体的，因此常用于热电厂中。

**4. 直接测量 NPSH**

泵安装在一个闭式回路中，通过使液体急速注入一个二次回路的膨胀箱中（见图 1-16），而使闭式回路中的自由表面保持在汽化压力状态下，这样即可用装在汽蚀罐上的液柱式压力计或其他相同作用的压力计直接测量 NPSH，同时考虑入口管路的水头损失。若此水头损失小于 0.05m，则可忽略。

**5. NPSH>10m 时，泵的性能试验**

1）如果在闭式试验台中试验，先给整个闭式回路系统加压（即供压），然后将被试泵运行起来，再将工况点调节到需做汽蚀试验的工况点，慢慢泄压（道理与抽真空相同），直至找到 $NPSH_3$ 值为止。

2）如果在开式试验台中试验，可将被试泵安装在水池的水面以下，然后慢慢改变倒灌水位高度，或采用调节吸入阀门的方法，如图 1-17 所示。另一种方案是被试泵在水池的水面上面，即安装在常用的试验平台上，在被试验泵的上游串接一台流量大于或等于被试泵而扬程适当的（根据预计的 $NPSH_3$ 值而定）辅助泵，并在被试泵与辅助泵之间再串接上一个阀门用来调节被试泵吸入口的压力，如图 1-18 所示。

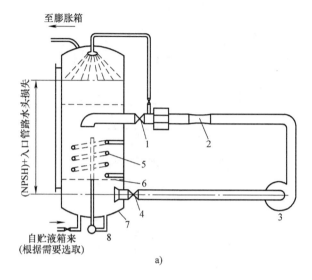

a)

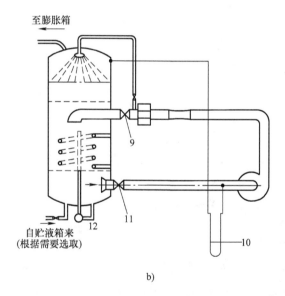

b)

**图 1-16　汽蚀试验——直接测量方法**

a）使用汽蚀罐中液位计的测量方法　b）使用标准压力计的测量方法

1、9—流量调节阀　2—流量计　3—试验泵　4、11—隔离阀（试验过程中隔离阀开启）

5—冷却或加热盘管　6—稳流栅　7—汽蚀罐　8、12—再循环泵（根据需要选用）

10—差压计（可用差压计直接测量 NPSH）

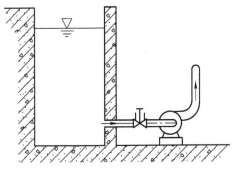

图 1-17　泵在水池水面以下

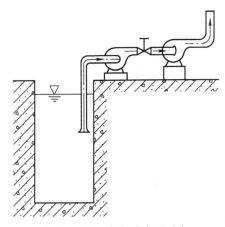

图 1-18　泵在水池水面以上

### 6. NPSH$_r$ 的容差系数与保证的证实

测得的 NPSH$_r$ 与保证的 NPSH$_r$ 之间的最大容差值有以下几种情况：

1）对于"1 级"：$t_{NPSH_r} = +3\%$，或 $t_{NPSH_r} = +0.15m$。

2）对于"2 级"：$t_{NPSH_r} = +6\%$，或 $t_{NPSH_r} = +0.30m$。

3）对于"精密级"：$t_{NPSH_r} = +3\%$，或 $t_{NPSH_r} = +0.15m$。

取其两者的较大值。

利用下列判别式，如果成立，则保证得到满足。

$$(NPSH_r)_G + t_{NPSH_r} \cdot (NPSH_r)_G \geqslant (NPSH_r)_{测得的} \qquad (1-35)$$

或

$$(NPSH_r)_G + (0.15m\ 或\ 0.30m) \geqslant (NPSH_r)_{测得的} \qquad (1-36)$$

式中，$(NPSH_r)_G$ 为保证的 NPSH$_r$（m）。

# 第2章
## 效率性能指标分析与评价

　　泵在把机械能转换为液体能量的过程中，难免伴随各种损失，这些损失都用相应的效率来表示。离心泵运行过程中产生机械损失、容积损失和水力损失等三种损失，对应的效率分别为机械效率、容积效率和水力效率。三种损失之和为总损失，三种效率之积为泵的总效率。为提高泵的性能，平衡泵功率，减少损失，必须对泵的效率进行准确有效的判定分析。

## 2.1　水力损失与水力效率

　　液体在经过离心泵过流部分时总会伴有水力摩擦和局部损失，液体从叶轮接收的能量不能完全输送出去。由于离心泵内流动情况复杂，并且截面形状不规则，离心泵内的水力效率和水力损失难以计算。

### 2.1.1　水力损失种类

　　单位质量液体在泵过流部分流动中损失的能量称为泵的水力损失，用 $h$ 来表示。泵内的水力损失具有水力摩擦损失和局部损失两大类。

#### 1. 水力摩擦损失

　　液体在泵内流过，由于液体具有黏性，液体与泵壁面之间、液体与液体之间因摩擦而产生的损失，称为水力摩擦损失，也叫沿程损失，计算公式为

$$\Delta H_{mo} = \lambda \frac{L}{4R} \frac{v^2}{2g} \tag{2-1}$$

式中，$\Delta H_{mo}$ 是水力摩擦损失（m）；$\lambda$ 是水力摩擦阻力系数，$\lambda = f\left(Re, \dfrac{h}{r}\right)$；$L$ 是流道长度（m）；$R$ 是流道过流截面的水力半径，为流道过流截面面积与湿周之比（m）；$v$ 是液体相对于流道的速度（m/s）；$g$ 是重力加速度（m/s²）。

#### 2. 局部损失

　　局部损失主要是指管路中的局部损失，存在于流道急剧扩大、收缩或转弯、死水区、流道方向与液流方向不一致及速度大小不等的液流汇合区域。液流在上述区域产生旋涡，液流不断地旋转，形成摩擦与冲击，消耗液体能量，增加水力损失。如果

收缩管不是急剧收缩，且形状又是流线型的，其水力损失是很小的，而且液流流过收缩管形流道后，速度会趋向于更均匀。上述损失与速度的平方成正比，即与流量的平方成正比，其损失计算公式为

$$\Delta H_c = KQ'^2 \tag{2-2}$$

式中，$\Delta H_c$ 是局部损失（m）；$K$ 是常数；$Q'$ 是任意流量（$m^3/s$）。

流道方向与液体方向的不一致主要发生在叶轮叶片和导叶叶片的进口处。当泵在设计流量工作时，叶片安放角略大于或等于液流角，此时不产生冲击损失；当流量偏离设计流量较多时，叶片安放角与液流角相差较大时，在叶轮叶片和导叶叶片的进口处会产生冲击损失。当泵在设计流量工作时，叶轮出口处液体流速与压水室中液体流速基本相等时，两种液体汇合不产生旋涡损失；当流量增大时，叶轮出口处液体的圆周分速度减慢，而压水室中的流速加快时，会产生旋涡损失。当流量减小时，叶轮出口处液体的圆周分速度加快，压水室中的流速减慢，也会产生旋涡损失。上述损失计算公式为

$$\Delta H_c = K(Q' - Q)^2 \tag{2-3}$$

式中，$Q$ 是流量（$m^3/s$）。

## 2.1.2　水力损失分布

离心泵的水力损失主要发生在三个过流部分：吸水室、叶轮及压水室。

1）吸水室：吸水室的流道，一般的形式是收缩、转弯，有时容易出现死水区。液体在吸水室内有沿程损失和旋涡损失，但因为吸水室内流速较慢，因此这部分水力损失所占的比重不大。

2）叶轮：叶轮中存在三种损失，一是沿程损失；二是在工作点偏离最优工况时，叶轮进口处的冲击损失；三是两相邻叶片组成的扩散流道的扩散损失。

3）压水室：液体进入压水室时有冲击损失，还有扩散、转弯等损失。

## 2.1.3　水力效率

由于存在水力损失，单位质量的液体经过泵增加的能量 $H$，要小于叶轮传给单位质量液体的能量 $H_t$，单位质量液体在泵过流部分流动中损失的能量称为泵的水力损失 $h$。即 $H = H_t - h$。泵的水力损失大小用水力效率来计量。水力效率为经水力损失后液体的功率和未经水力损失液体功率之比，即

$$\eta_h = \frac{P_u}{P'} = \frac{\rho Q H}{\rho Q H_t} = \frac{H}{H_t} = \frac{H}{H + \Delta H} \tag{2-4}$$

式中，$\rho$ 是泵输送液体的密度（kg/m³）；$\eta_h$ 是水力效率；$P'$ 是未经水力损失以前的功率（W），$P' = \rho Q H_t$；$P_u$ 是经水力损失后的功率（W），$P_u = \rho Q H$；$\Delta H$ 是泵总的水力损失（m），$\Delta H = \Delta H_{mo} + \Delta H_c$。

泵内的水力损失，通常用经验公式估算。其值与泵的比转速无关，与泵的大小有关。经验公式为

$$\eta_h = 1 + 0.0835 \lg^3\sqrt{\frac{Q}{n}} \tag{2-5}$$

式中，$n$ 是泵的转速（r/min）。

也可采用以下经验公式：

$$\eta_h = 1 - \frac{0.42}{\left(\lg D_0 - 0.172\right)^2} \tag{2-6}$$

式中，$D_0$ 是估算泵水力效率时用的叶轮进口有效直径（m），$D_0 = 4 \times 10^3 (Q/n)^{1/3}$。

离心泵的水力效率可根据图 2-1 上的曲线查取，其中：

$$K = \sqrt[3]{\frac{Q}{n}} \tag{2-7}$$

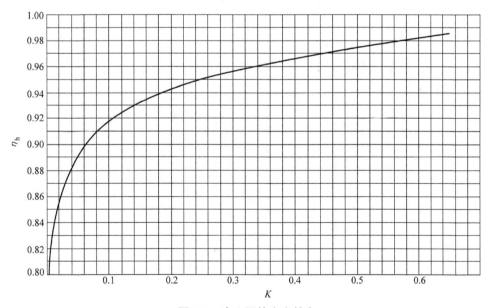

图 2-1　离心泵的水力效率

## 2.2　机械损失与机械效率

离心泵的机械损失可分为两种：一种为泵的轴承和填料函中的机械摩擦损失；另一种为液体与转子之间的机械摩擦损失，即圆盘摩擦损失。

### 2.2.1　机械损失计算

泵的轴功率为 $P_a$，机械摩擦功率为 $\Delta P_m$，剩余的功率（$P_a - \Delta P_m$）全部由叶轮传给液体，这部分功率称为水力功率，用 $P_h$ 表示，$P_h = \rho Q_t H_t$，其中，$Q_t$ 是泵的理论流量，即流过叶轮的流量（$m^3/s$）。衡量机械损失的大小用机械效率 $\eta_m$ 表示，其大小为

$$\eta_m = \frac{P_a - \Delta P_m}{P_a} = \frac{P_h}{P_a} \tag{2-8}$$

填料函及轴承中摩擦损失一般约为轴功率的 1% ~ 3%，小泵值大、大泵值小。

圆盘摩擦损失功率 $\Delta P_y$ 可用式（2-9）计算：

$$\Delta P_y = \frac{1}{102} C_D \rho R_2^4 \omega^3 (2R_2 + 5t_B) \tag{2-9}$$

式中，$C_D$ 是摩擦阻力系数；$R_2$ 是圆盘（叶轮）外半径（m）；$\omega$ 是圆盘旋转角速度（$s^{-1}$）；$t_B$ 是圆盘外半径处的总厚度（m）。

圆盘摩擦损失比较大，在机械损失中占主要成分，尤其是中、低比转速的离心泵，圆盘摩擦损失占比更大。圆盘摩擦损失与比转速 $n_s$ 的关系如图2-2所示。由图2-2可以看出，对于高比转速的离心泵，圆盘摩擦损失所占的比重较小；而对于低比转速的泵，圆盘摩擦损失急剧增加。当比转速 $n_s = 30$ 时，圆盘摩擦损失增大到接近于有效功率的30%。

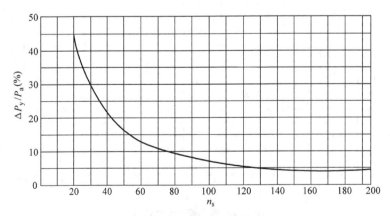

图 2-2　圆盘摩擦损失与比转速 $n_s$ 的关系

## 2.2.2 机械效率估算

圆盘摩擦损失功率 $\Delta P_y$ 在机械摩擦损失功率 $\Delta P_m$ 中所占比重较大，若忽略轴承和填料函中的摩擦损失功率，即泵的机械效率可表示为

$$\eta_m = \frac{P_h}{p_b + \Delta P_y} \qquad (2\text{-}10)$$

泵的机械效率 $\eta_m$ 与比转速 $n_s$ 的关系为

$$\eta_m \approx \frac{1}{1 + \dfrac{15.05}{n_s^{7/6}}} \qquad (2\text{-}11)$$

式（2-11）和表 2-1 可以用来估计泵的机械效率。

表 2-1　$\eta_m$ 与 $n_s$ 的关系

| $n_s$ | 50 | 100 | 200 |
|---|---|---|---|
| $\eta_m$（%） | 86.5 | 93 | 97 |

# 2.3　容积损失与容积效率

输入水力功率用来对通过叶轮的液体做功，因而叶轮出口处液体的压力高于进口压力。出口和进口的压差，使得通过叶轮的一部分液体从泵腔经叶轮密封环（口环）间隙向叶轮进口逆流。这样，通过叶轮的流量 $Q_t$ 并没有完全输送到泵的出口。其中，泄漏量 $q$ 这部分液体把从叶轮中获得的能量消耗于泄漏的流动过程中，即从高压液体变为低压液体。所以，容积损失的实质也是能量损失。

容积损失有三种：叶轮密封环处的泄漏损失、多级泵级间泄漏损失和轴向力平衡机构处的泄漏损失。这三种泄漏损失功率之总和为泵的容积损失功率 $\Delta P_v$。水力功率 $P_h$ 减去容积损失功率 $\Delta P_v$ 即得到 $P'$，$P' = \rho Q H_t$。容积损失的大小用容积效率 $\eta_v$ 来计量，它是功率 $P'$ 与水力功率 $P_h$ 的比值：

$$\eta_v = \frac{P'}{P_h} = \frac{\rho Q H_t}{\rho Q_t H_t} = \frac{Q}{Q_t} = \frac{Q}{Q + q} \qquad (2\text{-}12)$$

式中，$q$ 是容积损失，或称泄漏损失（$m^3/s$）。

## 2.3.1  容积损失计算

### 1. 叶轮密封环处泄漏量

叶轮密封环处的压头差如图 2-3 所示，泄漏量 $q_1$ 的计算公式为

$$q_1 = f\mu\sqrt{2g\Delta H_{mi}} = \frac{2\pi R_{mi}b}{\sqrt{1+0.5\eta+\dfrac{\lambda l}{2b}}}\sqrt{2g\Delta H_{mi}} \qquad (2\text{-}13)$$

式中，$f$ 是密封环处间隙的过流截面面积（$m^2$）；$\mu$ 是间隙的速度系数，$\mu = 1/\sqrt{1+0.5\eta+\dfrac{\lambda l}{2b}}$；$R_{mi}$ 是密封环处半径（m）；$b$ 是间隙宽度（m）；$\eta$ 是圆角系数；$l$ 是间隙长度（m）；$\Delta H_{mi}$ 是密封环间隙两端的压头差（m）。

圆角系数 $\eta$ 与间隙进口处的圆角半径 $r$ 和间隙宽度 $b$ 的比值有关，如图 2-4 所示，其数值可从表 2-2 查得，通常 $\eta$ 在 $0.5 \sim 0.9$ 的范围内。

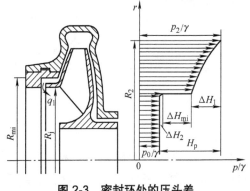

图 2-3  密封环处的压头差

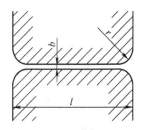

图 2-4  密封环间隙

表 2-2  圆角系数 $\eta$

| $r/b$ | 0 | 0.02 | 0.04 | 0.06 | 0.08 | 0.1 | 0.15 | 0.2 |
|---|---|---|---|---|---|---|---|---|
| $\eta$ | 1 | 0.72 | 0.52 | 0.38 | 0.28 | 0.2 | 0.08 | 0.06 |

水力阻力系数 $\lambda$ 与间隙内液流的雷诺数有关。泄漏量 $q_1$ 未计算出来之前，雷诺数也无法求得。因此，通常采用逐次逼近法。

### 2. 多级泵级间的泄漏损失

级间的泄漏损失可以分为两种：一种是不经过叶轮的泄漏损失；另一种是经过一级或几级叶轮的泄漏损失。

（1）不经过叶轮的泄漏量  这种泄漏如分段式多级泵的级间泄漏量 $q_2$，如图 2-5

所示，可用式（2-13）计算。其中，间隙两端的压头差 $\Delta H_{mi}$ 可用式（2-14）计算：

$$\Delta H_{mi} = H_1 - H_p - \frac{1}{4} \cdot \frac{u_2^2 - u_{mi}^2}{2g} \qquad （2\text{-}14）$$

式中，$H_1$ 是单级扬程（m）。

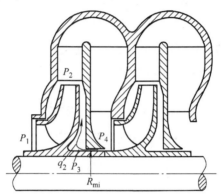

图 2-5　不经过叶轮的泄漏

　　这种泄漏消耗的能量属于圆盘损失的一部分，不是容积损失。考虑泵的容积效率时，不计入。

　　（2）经过一级或几级叶轮的泄漏量　这是叶轮对称布置时的级间泄漏损失。经过一级叶轮的级间泄漏量 $q_3$，如图 2-6 所示，间隙两端的压头差为叶轮的单级扬程，$\Delta H_{mi} = H_1$。在这种情况下，经过两个叶轮的理论流量不相等，流过第一级叶轮的理论流量 $Q_{tI} = Q + q_1$，流过第二级叶轮的理论流量 $Q_{tII} = Q + q_1 + q_2$。级间泄漏量 $q_3$ 也可用式（2-13）计算。

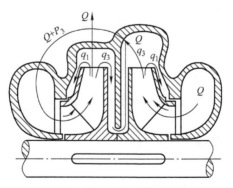

图 2-6　经过一级叶轮的泄漏

　　（3）轴向力平衡机构处的泄漏量　此泄漏量也可以进行计算，由于内容较多，在此不进行详细介绍。

## 2.3.2 容积效率估算

### 1. 密封环间隙与密封环直径的关系

当 $D_{mi} \leqslant 1000mm$ 时，密封环间隙与密封环直径之间存在以下关系：

$$b = \frac{\sqrt{D_{mi}}}{1900} \tag{2-15}$$

式中，$b$ 是密封环半径方向的间隙大小（m）；$D_{mi}$ 是密封环直径（m）。

当 $D_{mi} > 1000mm$ 时，取 $b = 0.5D_{mi}/1000$。

### 2. 密封环的相对泄漏量

密封环的泄漏量 $q$ 与泵的流量 $Q$ 之比，称为密封环的相对泄漏量。

$$\frac{q}{Q} = \frac{\pi D_{mi} b \mu \sqrt{2g\Delta H_{mi}}}{Q} \tag{2-16}$$

由 $D_0^2 = D_j^2 - d_h^2$ 及 $D_0 = K_0 \sqrt[3]{\dfrac{Q}{n}}$ 得

$$D_{mi} = \frac{K_0 \sqrt[3]{\dfrac{\varphi}{n}}}{\left(1 - \dfrac{d_h^2}{D_j^2}\right)^{1/6} \left(\dfrac{D_j}{D_{mi}}\right)} \tag{2-17}$$

把式（2-15）和式（2-17）代入式（2-16）整理后得密封环的相对泄漏量：

$$\frac{q}{Q} = \frac{\mu K_0 \sqrt{\dfrac{\Delta H_{mi}}{H}}}{57.6 \left(\dfrac{D_j}{D_{mi}}\right)^{3/2} \left(1 - \dfrac{d_h^2}{D_j^2}\right)^{3/4} \left(\dfrac{Q}{n}\right)^{1/6} n_s^{2/3}} \tag{2-18}$$

式中，$\dfrac{\Delta H_{mi}}{H}$ 是密封环两侧压头差与单级扬程之比，当 $n_s \leqslant 100$ 时，$\dfrac{\Delta H_{mi}}{H} = 0.6$，当 $n_s > 100$ 时，$\dfrac{\Delta H_{mi}}{H} = 0.7$；$\mu$ 是密封间隙的速度系数，取 $\eta = 0.5$，$\lambda = 0.04$，$L/b = 100$，

则 $\mu = \dfrac{1}{\sqrt{1 + 0.5\eta + \dfrac{\lambda L}{2b}}} = 0.55$。对于要求间隙大的泵，相应增加密封间隙长度，以使

$\mu = 0.55$。

其他参数如 $D_j/D_{mi}$、$d_h/D_j$ 及 $K_0$ 随着产品的结构不同而有所不同。

### 3. 容积效率

求得 $q/Q$ 以后，即可估计泵的容积效率：

$$\eta_{\mathrm{v}} = \frac{Q}{Q+q} = \frac{1}{1+\dfrac{q}{Q}} \tag{2-19}$$

分段式多级泵的容积效率：

$$\eta_{\mathrm{v}} = \frac{1}{1+\dfrac{q}{Q}+\dfrac{q'}{Q}} \tag{2-20}$$

## 2.4  泵总效率

泵的总效率为泵输出功率 $P_{\mathrm{u}}$ 和轴功率 $P_{\mathrm{a}}$ 的比值，也是上述分析中泵的三个效率的乘积，即

$$\eta = \frac{P_{\mathrm{u}}}{P_{\mathrm{a}}} = \frac{P_{\mathrm{h}}}{P_{\mathrm{a}}}\frac{P'}{P_{\mathrm{h}}}\frac{P_{\mathrm{u}}}{P'} = \eta_{\mathrm{m}}\eta_{\mathrm{v}}\eta_{\mathrm{h}} \tag{2-21}$$

图 2-7 和图 2-8 给出了单级离心泵、混流泵和轴流泵及带导叶的离心泵可达到的效率范围，可供设计时参考。

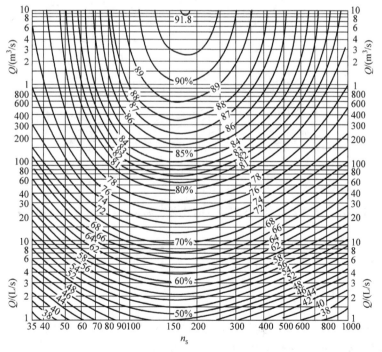

图 2-7  单级离心泵、混流泵和轴流泵可达到的效率范围与比转速 $n_{\mathrm{s}}$ 及流量的关系

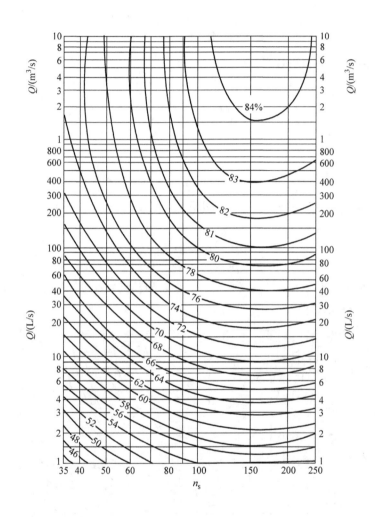

图 2-8　带导叶的离心泵可达到的效率范围与比转速 $n_s$ 及流量的关系

# 2.5　效率评价

GB/T 13007—2011 规定了离心泵的效率。效率值是以清水（0~40℃）为试验介质的离心泵的效率值，试验应符合国家标准的规定。

## 2.5.1　评价范围

对于比转速 $n_s = 20 \sim 300$（或型式数 $K = 0.103 \sim 1.55$），可以根据下述的评价依据对泵的效率进行评价。

此外，对于单级离心泵而言，流量 $Q \geqslant 5\text{m}^3/\text{h}$；对于多级离心泵和石油化工离心泵而言，流量 $Q \geqslant 5 \sim 3000\text{m}^3/\text{h}$。

## 2.5.2　最高效率点

当比转速 $n_s = 120 \sim 210$（或型式数 $K = 0.621 \sim 1.086$），泵的最高效率点效率应满足以下要求：

1）单级单吸/双吸离心泵流量为 $5 \sim 10000\text{m}^3/\text{h}$ 时，效率应不低于图 2-9 中曲线 $A$ 或表 2-3 中 $A$ 栏的规定；流量 $Q > 10000\text{m}^3/\text{h}$ 时，效率应不低于 90%；此外，图 2-9 中对于单级双吸离心泵而言，流量指的是泵的全流量值；表 2-3 中对于单级双吸离心泵而言，流量指的是泵的全流量值。

2）多级离心泵效率应不低于图 2-10 中曲线 $A$ 或表 2-4 中 $A$ 栏的规定。

3）石油化工离心泵效率应不低于图 2-11 中曲线 $A$ 或表 2-5 中 $A$ 栏的规定。

## 2.5.3　最低效率点

当比转速 $n_s = 120 \sim 210$（或型式数 $K = 0.621 \sim 1.086$），在允许工作范围内泵的最低效率点应满足以下要求：

1）单级单吸/双吸离心泵流量 $Q = 5 \sim 10000\text{m}^3/\text{h}$ 时，效率应不低于图 2-9 中曲线 $B$ 或表 2-3 中 $B$ 栏的规定；流量 $Q > 10000\text{m}^3/\text{h}$ 时，效率应不低于 80%。

2）多级离心泵效率应不低于图 2-10 中曲线 $B$ 或表 2-4 中 $B$ 栏的规定。

3）石油化工离心泵效率应不低于图 2-11 中曲线 $B$ 或表 2-5 中 $B$ 栏的规定。

## 2.5.4　其他情况效率点

当比转速 $n_s$ 不在 $120 \sim 210$（或型式数 $K$ 不在 $0.621 \sim 1.086$）范围内，泵的效率点效率应满足以下要求：

1）比转速 $n_s = 20 \sim 120$（或型式数 $K = 0.103 \sim 0.621$）范围内的效率值应按图 2-12 的曲线或表 2-6 的规定进行修正。

2）比转速 $n_s = 210 \sim 300$（或型式数 $K = 1.086 \sim 1.55$）范围内的效率值应按图 2-13 的曲线或表 2-7 的规定进行修正。

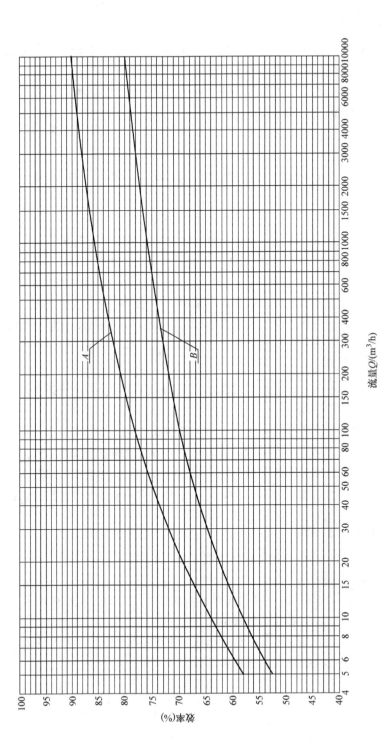

图 2-9　单级离心泵效率

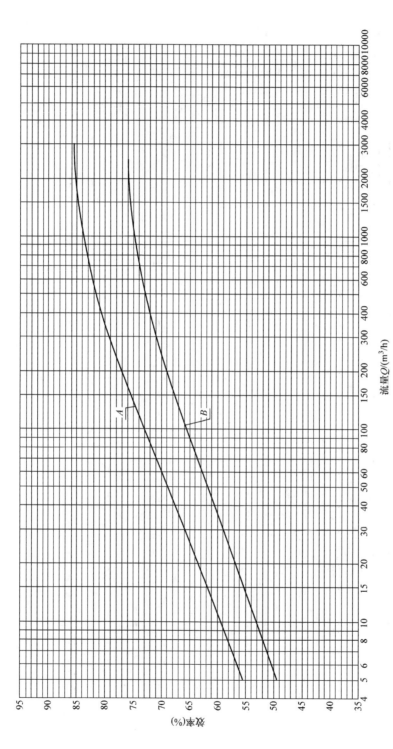

图 2-10 多级离心泵效率

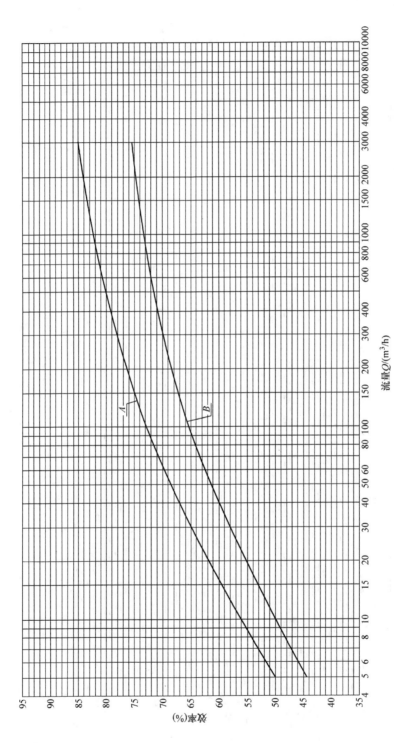

图 2-11 石油化工离心泵效率

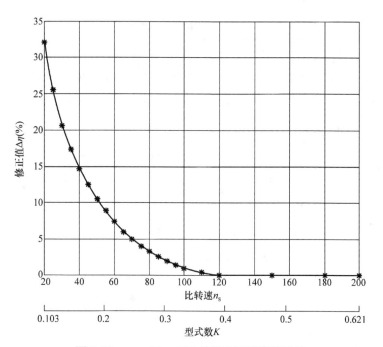

**图 2-12** $n_s$ = 20 ~ 120 的离心泵效率修正值

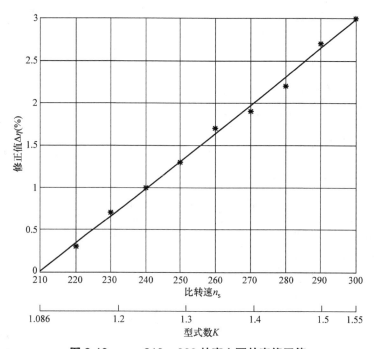

**图 2-13** $n_s$ = 210 ~ 300 的离心泵效率修正值

表 2-3 单级离心泵效率

| $Q/(m^3/h)$ | | 5 | 10 | 15 | 20 | 25 | 30 | 40 | 50 | 60 | 70 | 80 |
|---|---|---|---|---|---|---|---|---|---|---|---|---|
| $\eta_1(\%)$ | A | 58.0 | 64.0 | 67.2 | 69.4 | 70.9 | 72.0 | 73.8 | 74.9 | 75.8 | 76.5 | 77.0 |
| | B | 52.5 | 58.0 | 60.8 | 62.5 | 63.8 | 64.8 | 66.0 | 67.0 | 67.8 | 68.5 | 69.0 |
| $Q/(m^3/h)$ | | 90 | 100 | 150 | 200 | 300 | 400 | 500 | 600 | 700 | 800 | 900 |
| $\eta_1(\%)$ | A | 77.6 | 78.0 | 79.8 | 80.8 | 82.0 | 83.0 | 83.7 | 84.2 | 84.7 | 85.0 | 85.3 |
| | B | 69.5 | 69.9 | 71.2 | 72.0 | 73.0 | 73.7 | 74.2 | 74.5 | 74.9 | 75.1 | 75.5 |
| $Q/(m^3/h)$ | | 1000 | 1500 | 2000 | 3000 | 4000 | 5000 | 6000 | 7000 | 8000 | 9000 | 10000 |
| $\eta_1(\%)$ | A | 85.7 | 86.6 | 87.2 | 88.0 | 88.6 | 89.0 | 89.2 | 89.5 | 89.7 | 89.8 | 90.0 |
| | B | 75.7 | 76.6 | 77.2 | 78.0 | 78.6 | 78.9 | 79.2 | 79.4 | 79.6 | 79.8 | 80.0 |

表 2-4 多级离心泵效率

| $Q/(m^3/h)$ | | 5 | 10 | 15 | 20 | 25 | 30 | 40 | 50 | 60 | 70 | 80 |
|---|---|---|---|---|---|---|---|---|---|---|---|---|
| $\eta_1(\%)$ | A | 55.4 | 59.4 | 61.8 | 63.5 | 64.8 | 65.9 | 67.5 | 68.9 | 69.9 | 70.9 | 71.5 |
| | B | 49.4 | 53.1 | 55.3 | 56.8 | 58.0 | 58.9 | 60.5 | 61.8 | 62.6 | 63.5 | 64.1 |
| $Q/(m^3/h)$ | | 90 | 100 | 150 | 200 | 300 | 400 | 500 | 600 | 700 | 800 | 900 |
| $\eta_1(\%)$ | A | 72.3 | 72.9 | 75.3 | 76.9 | 79.2 | 80.6 | 81.5 | 82.2 | 82.8 | 83.1 | 83.5 |
| | B | 64.9 | 65.3 | 67.5 | 69.0 | 70.9 | 72.0 | 72.9 | 73.3 | 73.9 | 74.2 | 74.5 |
| $Q/(m^3/h)$ | | 1000 | 1500 | 2000 | 3000 | | | | | | | |
| $\eta_1(\%)$ | A | 83.9 | 84.8 | 85.1 | 85.5 | | | | | | | |
| | B | 74.8 | 75.4 | 75.8 | 76.0 | | | | | | | |

表 2-5 石油化工离心泵效率

| $Q/(m^3/h)$ | | 5 | 10 | 15 | 20 | 25 | 30 | 40 | 50 | 60 | 70 | 80 |
|---|---|---|---|---|---|---|---|---|---|---|---|---|
| $\eta_1(\%)$ | A | 50.0 | 56.1 | 59.5 | 61.9 | 63.8 | 65.0 | 67.1 | 68.8 | 70.0 | 71.0 | 71.8 |
| | B | 44.5 | 50.1 | 53.1 | 55.1 | 56.8 | 58.0 | 59.9 | 61.2 | 62.5 | 63.3 | 64.2 |
| $Q/(m^3/h)$ | | 90 | 100 | 150 | 200 | 300 | 400 | 500 | 600 | 700 | 800 | 900 |
| $\eta_1(\%)$ | A | 72.5 | 73.0 | 75.0 | 76.4 | 78.2 | 79.4 | 80.2 | 80.9 | 81.4 | 81.9 | 82.2 |
| | B | 64.9 | 65.3 | 67.2 | 68.4 | 70.0 | 71.0 | 71.8 | 72.2 | 72.6 | 72.9 | 73.1 |

（续）

| $Q/(\text{m}^3/\text{h})$ | | 1000 | 1500 | 2000 | 3000 |
|---|---|---|---|---|---|
| $\eta_1(\%)$ | A | 82.5 | 83.6 | 84.2 | 85.0 |
| | B | 73.3 | 74.1 | 74.8 | 75.5 |

表 2-6　$n_s = 20 \sim 210$ 的效率修正值

| $n_s$ | 20 | 25 | 30 | 35 | 40 | 45 | 50 | 55 | 60 | 65 | 70 |
|---|---|---|---|---|---|---|---|---|---|---|---|
| $\Delta\eta(\%)$ | 32 | 25.5 | 20.6 | 17.3 | 14.7 | 12.5 | 10.5 | 9.0 | 7.5 | 6.0 | 5.0 |
| $n_s$ | 75 | 80 | 85 | 90 | 95 | 100 | 110 | 120 | 150 | 180 | 200 |
| $\Delta\eta(\%)$ | 4.0 | 3.2 | 2.5 | 2.0 | 1.5 | 1.0 | 0.5 | 0 | 0 | 0 | 0 |

表 2-7　$n_s = 210 \sim 300$ 的效率修正值

| $n_s$ | 210 | 220 | 230 | 240 | 250 | 260 | 270 | 280 | 290 | 300 |
|---|---|---|---|---|---|---|---|---|---|---|
| $\Delta\eta(\%)$ | 0 | 0.3 | 0.7 | 1.0 | 1.3 | 1.7 | 1.9 | 2.2 | 2.7 | 3.0 |

## 2.6　实例分析

[实例 1]　一单级单吸离心泵最高效率点的流量 $Q = 150\text{m}^3/\text{h}$，$n_s = 85$，求该泵的效率值 $\eta$。

由图 2-9 中曲线 $A$（或表 2-3 中 $A$ 栏）可查得，$Q = 150\text{m}^3/\text{h}$ 时的 $\eta_1 = 79.8\%$。由图 2-12 中曲线（或表 2-6）中查得 $n_s = 85$ 的 $\Delta\eta = 2.5\%$。

则该泵的效率值为 $\eta = \eta_1 - \Delta\eta = 79.8\% - 2.5\% = 77.3\%$。

[实例 2]　一单级单吸离心泵最高效率点的流量同实例 1，求其允许工作范围内最低点 $Q = 80\text{m}^3/\text{h}$、$n_s = 80$ 时的效率值 $\eta$。

由图 2-9 中曲线 $B$（或表 2-3 中 $B$ 栏）可查得，$Q = 80\text{m}^3/\text{h}$ 时的 $\eta_1 = 69.0\%$。由图 2-12 中曲线（或表 2-6）中查得 $n_s = 80$ 的 $\Delta\eta = 3.2\%$。

则该泵的效率值为 $\eta = \eta_1 - \Delta\eta = 69.0\% - 3.2\% = 65.8\%$。

[实例 3]　一单级单吸离心水泵最高效率点的流量同实例 1，试求其允许工作范围内最低点 $Q = 125\text{m}^3/\text{h}$、$n_s = 260$ 时的效率值 $\eta$。

由图 2-9 中曲线 $B$ 查得 $Q = 125\text{m}^3/\text{h}$ 时的 $\eta_1 = 70.6\%$。由图 2-13 中曲线（或表 2-7）中查得 $n_s = 260$ 的 $\Delta\eta = 1.7\%$。

则该泵的效率值为 $\eta = \eta_1 - \Delta\eta = 70.6\% - 1.7\% = 68.9\%$。

[**实例** 4]  某工程选用多级离心泵转速为 1480r/min，扬程为 120m，流量为 15m³/h，求其 $n_s$、$\eta$ 和 $\eta_1$（已知多级离心泵有六级，每级 20m）。

$$n_s = \frac{3.65Q^{\frac{1}{2}}}{H^{\frac{3}{4}}} \cdot n = \frac{3.65 \times \left(\dfrac{15}{3600}\right)^{0.5}}{20^{0.75}} \times 1480 = 36.87 \approx 37$$

由图 2-12 中曲线中查得 $n_s = 37$ 的 $\Delta\eta = 16.0\%$，由图 2-10 中曲线 $A$（或表 2-4 中 $A$ 栏）可查得，$Q = 15\text{m}^3/\text{h}$ 时的 $\eta_1 = 61.8\%$。

则该泵的效率值为 $\eta = \eta_1 - \Delta\eta = 61.8\% - 16.0\% = 45.8\%$。

# ▼ 第3章
## 汽蚀性能指标分析与评价

## 3.1 泵汽蚀现象概述

### 3.1.1 泵汽蚀的发生过程

1893年，人们证实英国驱逐舰螺旋桨的破坏是汽蚀的结果，这是首次发现汽蚀现象。此后，人们对螺旋桨、水轮机、水泵等水力机械的汽蚀问题进行了大量的研究。随着机器越来越向高速运转方向发展，汽蚀成为水力机械中至关重要的问题。

液体汽化时的压力是液体的汽化压力（饱和蒸汽压力）。液体汽化压力的大小和温度有关，温度越高，分子运动越剧烈，汽化压力越高。20℃常温清水的汽化压力为2333.8Pa（0.0238kgf/cm²），而100℃水的汽化压力为101325Pa（1.033kgf/cm²）。因此，当20℃常温清水的压力降到2333.8Pa时，开始汽化。可以看出，在一定温度下，压力是促进液体汽化的外部因素。

液体在一定温度下，当压力降至该温度下的汽化压力时，液体会产生充满气体的气泡，这是产生汽蚀的根本原因。从液体中分解出来的空气或其他气泡，对汽蚀的影响不同于蒸汽气泡。汽蚀产生的气泡，当流动到高压时，其体积减小以至破灭。这种由于压力上升而导致的气泡消失在液体中的现象称为气泡的溃灭。

在泵运行过程中，若其过流部分的局部区域（通常在叶轮叶片进口稍后的某处），由于某种原因，抽送液体的绝对压力下降到当时温度的汽化压力时，液体就会在此处开始汽化，产生蒸汽并形成气泡。这些气泡随着液体向前流动。当它们达到一定的高压时，气泡周围的高压液体，致使气泡急剧收缩并破裂（凝结）。在气泡凝结的同时，液体质点会高速填充空穴，相互碰撞形成水击。这种现象发生在固体壁上，会对过流部件造成腐蚀损坏。上述产生气泡和破碎气泡破坏流道部件的过程就是泵内的汽蚀过程。

### 3.1.2 泵汽蚀的危害

#### 1.产生噪声和振动

由于泵汽蚀时，高压区连续产生气泡，然后突然爆裂，伴随的强烈水击产生噪声和振动，发出爆豆般的响声。根据噪声，可以检测到汽蚀的起始，但很难将这种汽蚀噪声与周围环境的噪声和机器内部水流冲击引起的噪声区分开来，从而定量确定其程度。在泵汽蚀的情况下，向泵进口注入少量空气可缓冲噪声、振动和金属损坏。

**2. 过流部件的腐蚀破坏**

当泵长时间在汽蚀条件下工作时，泵的流道部件的某些部分会被腐蚀。这是因为气泡凝结时，金属表面受到高频（600～25000Hz）的强烈冲击，压力达到49MPa，导致金属表面出现点蚀以致穿孔。严重时，金属颗粒松散脱落，呈蜂窝状。除机械力作用外，汽蚀破坏还伴随着电解、化学腐蚀等复杂效应。汽蚀引起的点蚀与腐蚀应和磨损区分开来。腐蚀是由泵抽送液体的化学作用和电解作用引起的，磨损是由于泵抽送液体中的杂质与金属摩擦造成金属质点的脱落所致，如图3-1所示为泵汽蚀的危害。

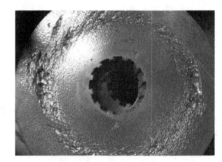

**图3-1 泵汽蚀危害**

实践证明，汽蚀腐蚀破坏的部位恰恰是气泡消失的地方，所以破坏痕迹往往出现在叶轮出口和压水室进口部位。但是，不能忘记汽蚀的发源地是在叶轮进口处，为了消除汽蚀，必须防止叶轮进口出现气泡。图3-2所示是泵过流部件汽蚀破坏的典型部位，泵内部流动方向急剧变化，液流角度和叶片角度不一致或断面突然变化处，如产生局部汽蚀，则在此稍后部位往往出现汽蚀破坏。在叶片进口低压部分发生的气泡，并不在稍后处消失，通常在叶轮出口处以至壳体中破裂。在高速轴流泵和斜流泵中，叶片的损伤通常发生在叶片的背面和外周边。

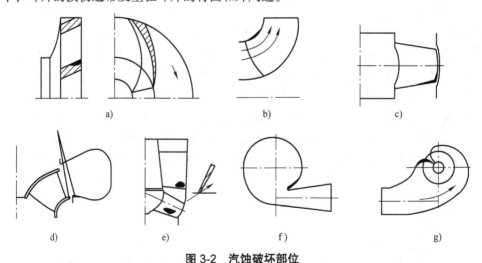

a)                    b)                    c)

d)          e)          f)          g)

**图3-2 汽蚀破坏部位**

a）叶片出口太厚 b）盖板表面形状不良 c）高速引起的间隙汽蚀 d）蜗壳形状不良
e）偏大流量工况运行 f）偏大流量工况下，冲击隔舌 g）进口预旋大，局部脱流

### 3. 性能下降

当泵发生汽蚀时，叶轮内液体的能量交换受到干扰和破坏，在外特性上的表现是流量 - 扬程曲线、流量 - 轴功率曲线、流量 - 效率曲线下降，严重时会使泵中液体流动中断，不能工作。需要指出的是，泵发生汽蚀的初期，特性曲线并无明显变化，有时因产生的气泡覆盖过流部分表面，形成光滑层面而使泵效率稍有提高。当泵的特性曲线出现明显变化时，汽蚀已发展到一定程度。

不同比转速的泵，由于汽蚀而导致性能曲线有不同形式的下降。低比转速泵，由于叶片间流道窄而长，故一旦发生汽蚀，气泡容易填充整个流道，因此性能曲线呈突然下降的形式。随着比转速增大，叶道向宽而短的趋势变化，因而气泡从发生发展到充满整个流道需要一个过渡过程，相应的泵的性能曲线先是缓慢下降，之后增加到某一流量时才表现为急剧下降。轴流泵叶片少，叶片间重叠小，总有一部分处于高压作用，因而性能曲线在整个范围内只是缓慢下降。在多级泵中，因汽蚀发生在首级，所以性能曲线下降比单级泵小。轴流泵和混流泵在扬程流量曲线出现明显下降前，效率可能已经下降，所以对这种泵有时用效率下降（如1%）确定发生汽蚀的临界点。图 3-3 表示不同比转速泵由汽蚀引起性能曲线下降的形式。

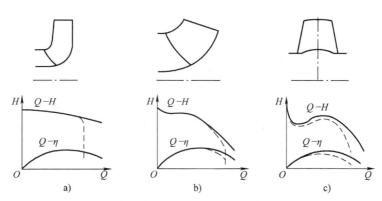

**图 3-3　不同比转速泵由汽蚀引起性能曲线下降的形式**

a）离心泵　b）混流泵　c）轴流泵

## 3.2　汽蚀基本计算方程

一台泵在运行中有汽蚀现象，但在相同条件下，另一台泵可能没有汽蚀现象，这说明该泵是否有汽蚀现象与泵本身的抗汽蚀性能有关。反之，同一台泵在某一条件下（如吸上高度7m）使用发生汽蚀，若改变使用条件（吸上高度5m）则不发生汽蚀，由此可见，泵的汽蚀是否发生也与使用条件有关。泵发生汽蚀的条件是由泵本身和吸入装置两方面决定的。为此，研究汽蚀发生的条件，应从泵本身和吸入装置两方面方来考虑。泵本身和吸入装置是既有联系又有区别的两个部分。从结构上看，吸入装置是指吸入液面到泵进口（指泵进口法兰处）前的部分，泵本身是指泵进口以后一直到泵出口，可以看出，泵进口法兰是两者之间的桥梁。从流动角度看，液体从吸入装置不断流入泵内，但两者中的流动情况又各不相同。从既有联系又有区别的这两方面着手，推导出泵发生汽蚀的理论关系式。因为二者有区别，故引出泵汽蚀余量 NPSH$_r$（又称必需的净正吸头）和装置汽蚀余量 NPSH$_a$（又称有效的净正吸头）两个参数。所谓联系就是泵汽蚀余量和装置汽蚀余量的关系，也称为汽蚀基本方程。

泵是用来提高液体压力的机器，液体从叶轮进口到出口，压力逐渐升高。然而，由于叶片进口绕流的影响，泵内的最低压力点通常发生在叶片背面进口稍后处，如图 3-4 中靠前盖板的 $k$ 点。因为此处半径比进口其他处的半径大，所以圆周速度大，根据速度三角形，相对速度相应增大，进口压力损失和绕流引起的压力降就相应变大。另外，此处位于流道转弯的内壁，由于液体转弯时的离心力效应，此处流速大，压力低。假如 $k$ 点的压力等于汽化压力 $p_v$，则泵发生汽蚀，故 $p_k = p_v$ 是泵发生汽蚀的界限。

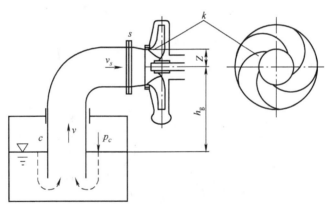

**图 3-4　推导汽蚀基本方程简图**

现以吸上装置为例，研究从吸入液面到 $k$ 点的压力变化情况。

泵吸入液体的原因是叶轮旋转，造成叶轮进口真空，吸入液面的压力 $p_c$ 把液体压入泵的结果，即外因（$p_c$）通过内因（真空）而起作用，二者缺一不可。最理想的情况是在叶轮进口造成绝对真空，不计流动过程中的损失，泵在标准大气压下最大只能吸上 10.33m，泵的实际吸入高度均小于 10m。

泵即使能够吸上液体，若 $p_c$ 减去从吸入液面到 $k$ 点的全部压力降，所得压力 $p_k$ 小于汽化压力 $p_v$，泵就会发生汽蚀。

现分别进行研究，首先确定泵进口 $s$ 处的压力 $p_s$。$c$ 断面和 $s$ 断面的伯努利方程式为

$$\frac{p_c}{\rho g} = \frac{p_s}{\rho g} + \frac{v_s^2}{2g} + h_g + h_{c-s} \qquad (3\text{-}1)$$

式中，$p_c$ 为吸入液面的压力（Pa）；$p_s$ 为泵进口处的压力（Pa）；$v_s$ 为泵进口处的速度（m/s）；$h_g$ 为吸上高度（m）；$h_{c-s}$ 为吸入装置的全部水力损失（m）；$\rho$ 为泵输送液体的密度（kg/m$^3$）；$g$ 为重力加速度（m/s$^2$）。

则

$$\frac{p_s}{\rho g} = \frac{p_c}{\rho g} - \frac{v_s^2}{2g} - h_g - h_{c-s} \qquad (3\text{-}2)$$

由此可知，在吸入装置中的压降是由下述因素造成的：

1）吸上高度 $h_g$。

2）吸入装置的全部水力损失 $h_{c-s}$。

3）建立泵进口速度头 $\dfrac{v_s^2}{2g}$。

为了研究 $s$ 点和 $k$ 点的压力关系，我们分两步来研究，一是从 $s$ 点到叶片进口稍前的 0 点，二是从 0 点到 $k$ 点。

$s$ 点和 0 点的绝对运动伯努利方程为

$$z_s + \frac{p_s}{\rho g} + \frac{v_s^2}{2g} = z_0 + \frac{p_0}{\rho g} + \frac{v_0^2}{2g} + h_{s-0} \qquad (3\text{-}3)$$

式中，$z_s$ 为泵进口到测量基准面的距离（m）；$z_0$ 为 0 点到测量基准面的距离（m）；$p_0$ 为 0 点液面的压力（Pa）；$v_0$ 为泵进口处的速度（m/s）；$h_{s-0}$ 为 $s$ 点到叶片进口稍前的 0 点的水力损失（m）。

0 点和 $k$ 点的相对运动伯努利方程为

$$z_0 + \frac{p_0}{\rho g} + \frac{\omega_0^2}{2g} - \frac{u_0^2}{2g} = z_k + \frac{p_k}{\rho g} + \frac{\omega_k^2}{2g} - \frac{u_k^2}{2g} + h_{0-k} \qquad (3\text{-}4)$$

式中，$\omega_0$、$\omega_k$ 分别为 0 点及 $k$ 点的相对运动速度（m/s）；$u_0$ 及 $u_k$ 分别为 0 点及 $k$ 点的牵连运动速度（m/s）；$z_k$ 为 $k$ 点到测量基准面的距离（m）；$p_k$ 为泵进口处压力最低点的压力（Pa）；$h_{0-k}$ 为 0 点到 $k$ 点的水力损失（m）。

由式（3-4）求得 $z_0 + \dfrac{p_0}{\rho g}$，代入式（3-3）得

$$z_s + \frac{p_s}{\rho g} + \frac{v_s^2}{2g} = z_k + \frac{p_k}{\rho g} + \frac{\omega_k^2}{2g} - \frac{u_k^2}{2g} + h_{0-k} - \frac{\omega_0^2}{2g} + \frac{u_0^2}{2g} + \frac{v_0^2}{2g} + h_{s-0} \qquad (3\text{-}5)$$

即

$$\frac{p_s}{\rho g} + \frac{v_s^2}{2g} - \frac{p_k}{\rho g} = (z_k - z_s) + \frac{\omega_k^2 - \omega_0^2}{2g} + \frac{u_0^2 - u_k^2}{2g} + \frac{v_0^2}{2g} + h_{s-k} \tag{3-6}$$

式中，$h_{s-k}$ 为 $s$ 点到 $k$ 点的水力损失（m）。

从泵进口 $s$ 点到 $k$ 点的压力降

$$\frac{p_s - p_k}{\rho g} = (z_k - z_s) + \frac{\omega_0^2}{2g}\left[\left(\frac{\omega_k}{\omega_0}\right)^2 - 1\right] + \frac{u_0^2 - u_k^2}{2g} + \frac{v_0^2 - v_s^2}{2g} + h_{s-k} \tag{3-7}$$

令 $\lambda = \left(\dfrac{\omega_k}{\omega_0}\right)^2 - 1$，并称其为叶片进口绕流压降系数。

由式（3-7）可知，从泵进口 $s$ 点到 $k$ 点液体流动过程中的压力降是由下列因素造成的：

1）$v_0$ 和 $v_s$ 之差，如 $v_0$ 大于 $v_s$，造成压力下降，若 $v_0$ 小于 $v_s$，则引起压力升高。

2）叶片进口绕流引起的压降 $\lambda\dfrac{\omega_0^2}{2g}$。

3）$k$ 点的圆周速度大于 0 点的圆周速度引起的压力上升，因相差很小，通常不予考虑。

4）泵进口 $s$ 点和 $k$ 点的垂直高度 $z_s$ 引起的压力下降，$z = z_k - z_s$。对于小泵可以不考虑，对于大泵则不应忽略，可以通过把几何吸上高度算至 $k$ 点来考虑。

5）泵进口 $s$ 点到 $k$ 点的水力损失引起压力下降，因很小，通常可不考虑。

于是，在通常情况下，式（3-6）可简化成

$$\frac{p_s}{\rho g} + \frac{v_s^2}{2g} - \frac{p_v}{\rho g} = \frac{v_0^2}{2g} + \lambda\frac{\omega_0^2}{2g} \tag{3-8}$$

式（3-8）称为汽蚀基本方程。

令式（3-8）左边三项为 $\mathrm{NPSH_a}$，并称为装置汽蚀余量；右边两项（精确讲应包括简化忽略的各项）为 $\mathrm{NPSH_r}$，并称为泵汽蚀余量，即

$$\mathrm{NPSH_a} = \mathrm{NPSH_r} \tag{3-9}$$

装置汽蚀余量 $\mathrm{NPSH_a}$ 可以写成

$$\mathrm{NPSH_a} = \frac{p_c}{\rho g} - h_g - h_c - \frac{p_v}{\rho g} \tag{3-10}$$

式中，$h_c$ 为吸入装置的水力损失（m）；$p_v$ 为该介质在工作温度下的汽化压力（Pa）。

装置汽蚀余量也称有效的汽蚀余量。装置汽蚀余量由吸入装置提供，在泵进口处单位质量液体具有的超过汽化压力水头的富余能量。国外称此为有效的净正吸

头，即泵进口处（位置水头为零）液体具有的全水头减去汽化压力水头净剩的值，用 $NPSH_a$ 或 $H_{av}$ 表示。所谓有效是指装置提供给泵有效利用，净是指减去了汽化力水头，这意味着这个值总是正的。如果是负值，液体在泵进口的压力就小于汽化压力了，这样在泵进口法兰处就会发生汽蚀，到 $k$ 点已经是严重汽蚀了。

$NPSH_a$ 的大小与装置参数及液体性质（$p_c$，$h_g$，$h_c$，$\rho$，$p_v$）有关。因为吸入装置的水力损失 $h_c$ 和流量平方成正比，式（3-10）中 $\dfrac{p_c}{\rho g}$、$h_g$、$\dfrac{p_v}{\rho g}$ 是常数，所以 $NPSH_a$ 随流量的水力损失增加而减小。$NPSH_a$-$Q$ 曲线是下降的曲线，如图3-5所示。

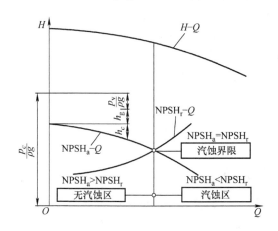

图3-5　流量变化时 $NPSH_a$ 和 $NPSH_r$ 的关系

泵汽蚀余量 $NPSH_r = \dfrac{v_0^2}{2g} + \lambda \dfrac{\omega_0^2}{2g}$，它和泵内流动情况有关，是由泵本身决定的。$NPSH_r$ 表示泵进口部分的压力降，也就是说，为了确保泵没有气穴，要求在泵进口处单位质量液体具有超过汽化压力水头的富余能量，也是要求装置提供的最小装置汽蚀余量。国外称此为必需的净正吸头，国内以前用 $\Delta h_r$ 表示。泵汽蚀余量的物理意义是指泵进口处液体的压降程度。所谓必需的净正吸头，是指要求吸入装置必须提供如此大的净正吸头，以此补偿压力降，确保泵不发生汽蚀。

泵汽蚀余量与装置无关，只与泵进口部分的运动参数（$v_0$，$\omega_0$，$\omega_k$）有关。运动参数在一定转速和流量下是由几何参数决定的，即 $NPSH_r$ 是由泵本身（吸水室和叶轮进口部分的几何参数）决定的。对于给定的泵，不论何种液体（除黏性很大、影响速度分布外），在一定转速和流量下流过泵进口，因相同的速度大小故均有相同的压力降，$NPSH_r$ 相同。所以 $NPSH_r$ 和液体的性质无关（不考虑热力学因素），$NPSH_r$ 越小，表示压力降小，要求装置必须提供的 $NPSH_a$ 小，因而泵的抗汽蚀性能越好。

因为 $v_0$ 和 $\omega_0$ 随流量的增加而增加，故 $NPSH_r$ 和流量 $Q$ 的关系曲线是上升的曲线，如图3-5所示。

式（3-8）是泵发生汽蚀条件的物理表达式，是汽蚀基本方程，对于既定的泵输送指定的液体，在一定流量下，$NPSH_r$ 为定值，$p_v$ 为定值，如果改变 $p_s$ 等吸入装置参数使得

1）当 $p_k = p_v$ 时，则 $NPSH_a = NPSH_r$，泵汽蚀。

2）当 $p_k < p_v$ 时，则 $NPSH_a < NPSH_r$，泵严重汽蚀。

3）当 $p_k > p_v$ 时，则 $NPSH_a > NPSH_r$，泵无汽蚀。

那么，汽蚀与否和最低压力点的静压力 $p_k$ 的大小有关，为什么要在泵汽蚀余量中引入速度头一项呢？这是因为泵进口速度通常不等于叶片进口前的速度 $v_0$，如 $v_0 > v_s$，速度增加将引起压力下降，从而导致 $k$ 点的压力降低。反之，如 $v_0 < v_s$，将使 $k$ 点的压力增加。因此，把 $v_s$ 放在 $NPSH_a$ 内，把 $v_0$ 放在 $NPSH_r$ 内，这相当于在汽蚀基本方程中考虑了两者大小不同对 $k$ 点压力的影响。由式（3-7）可以看出，泵汽蚀余量表示液体在泵的进口部分的压降程度，但是在数值上等于压降和进口速度头之和。

# 3.3  泵汽蚀余量的计算方法

## 3.3.1  汽蚀余量的分类

汽蚀余量是泵的设计、试验和使用的一个非常重要的基本参数。在设计泵时，应根据对汽蚀性能的要求设计泵，如果用户给定了具体的使用条件，则设计泵的汽蚀余量 $NPSH_r$ 必须小于根据使用条件确定的装置汽蚀余量 $NPSH_a$，为了提高泵的汽蚀性能，应尽量减小 $NPSH_r$。通过汽蚀试验验证 $NPSH_r$，这是确定 $NPSH_r$ 唯一可靠的方法，一方面它可以验证泵是否达到设计的 $NPSH_r$ 值，另一方面应考虑安全余量，得到许用汽蚀余量 [NPSH]，作为用户确定几何安装高度的依据。因此，正确地理解和确定汽蚀余量是十分重要的。

为了深入理解汽蚀的概念，应区分以下几种汽蚀余量：

1）$NPSH_a$：装置汽蚀余量，又称有效的汽蚀余量。它是由吸入装置提供的，$NPSH_a$ 越大泵越不容易发生汽蚀。

2）$NPSH_r$：泵汽蚀余量，又称必需的汽蚀余量。它是规定泵要达到的汽蚀性能参数，$NPSH_r$ 越小，泵的抗汽蚀性能越好。

3）$NPSH_c$：临界汽蚀余量，它是通过汽蚀试验确定的值，汽蚀试验时，对应不同进口压力有不同的汽蚀余量，但对应泵性能下降一定值的试验汽蚀余量只有一个，称为临界汽蚀余量，用 $NPSH_c$ 表示。

4）[NPSH]：许用汽蚀余量。这是确定泵使用条件（如安装高度）用的汽蚀余量，它应大于临界汽蚀余量，以保证泵运行时不发生汽蚀。通常取 [NPSH] =（1.1 ~ 1.5）$NPSH_c$ 或 [NPSH] = $NPSH_c + k$，$k$ 为安全值。

这些汽蚀余量有如下关系：

$$\text{NPSH}_c \leq \text{NPSH}_r \leq [\text{NPSH}] \leq \text{NPSH}_a \qquad (3\text{-}11)$$

## 3.3.2 泵汽蚀余量计算公式

### 1. 根据叶轮进口速度计算泵汽蚀余量

$$\text{NPSH}_r = \frac{v_0^2}{2g} + \lambda \frac{\omega_0^2}{2g} \qquad (3\text{-}12)$$

式中，$v_0$ 为叶片进口稍前 0 点的绝对速度（m/s）；$\omega_0$ 为叶片进口稍前 0 点的相对速度（m/s）；$\lambda$ 为叶片进口压降系数。

$\lambda$ 值用叶片进口稍后的 $k$ 点和叶片进口稍前的相对速度比值来表示

$$\lambda = \left(\frac{\omega_k}{\omega_0}\right)^2 - 1 \qquad (3\text{-}13)$$

式中，$\omega_k$ 为叶片进口稍后 $k$ 点的相对速度（m/s）。

$\lambda$ 值和叶片进口前后的速度比值有关，也就是说，它与泵进口处的几何形状（叶片数、冲角、叶片厚度及分布）有关。对于叶轮进口几何相似的泵，由于在相似工况下速度比值相等，故值为常数。$\lambda$ 值越小，说明泵进口压力降越小，越不容易发生汽蚀，所以泵的抗汽蚀性能越好。$\lambda$ 值通常在 0.15 ~ 0.3 之间，在最优工况点附近最小，偏离最优工况点 $\lambda$ 值增加是由冲角变化引起的，目前尚无精确计算 $\lambda$ 的方法。

对于比转速 $n_s$<120 的泵 $\left(n_s = \dfrac{3.65n\sqrt{Q}}{H^{3/4}}\right)$，$\lambda$ 值可近似地用谢曼利公式计算。

$$\lambda = 1.2\tan\beta_0 + (0.07 + 0.42\tan\beta_0)\left(\frac{s_0}{s_{\max}} - 0.615\right) \qquad (3\text{-}14)$$

式中，$\beta_0$ 为前盖板流线叶片进口稍前（不考虑排挤）的相对液流角（°），其中 $\tan\beta_0 = \dfrac{v_0}{u_0}$；$s_0$、$s_{\max}$ 分别为叶片进口厚度和最大厚度（mm）。

### 2. 根据汽蚀比转速 C 或托马汽蚀系数 σ 计算泵汽蚀余量

$$\text{NPSH}_r = \left(\frac{5.62n\sqrt{Q}}{C}\right)^{\frac{4}{3}} \qquad \text{NPSH}_r = \sigma H \qquad (3\text{-}15)$$

式中，$n$ 为转速（r/min）；$Q$ 为流量，双吸泵取 $\dfrac{Q}{2}$（m³/h）；$H$ 为泵最高效率点下的单级扬程（m）。

### 3. 日本酉岛公司经验公式

$$NPSH_r = 0.00124 n^{\frac{4}{3}} Q^{\frac{2}{3}} + \frac{v_s^2}{2g} \qquad (3\text{-}16)$$

### 4. GB/T 13006—2013 规定的临界汽蚀余量

何希杰教授根据 GB/T 13006—2013 规定的临界汽蚀余量指标曲线，通过回归分析法得到下面公式。

单吸悬臂泵：

$$NPSH_r = 8.15 \left(\frac{n_s}{100}\right)^{1.59} \left(\frac{H}{100}\right)^{1.02} \qquad (3\text{-}17)$$

单吸穿轴泵：

$$NPSH_r = 8.37 \left(\frac{n_s}{100}\right)^{1.43} \left(\frac{H}{100}\right)^{0.98} \qquad (3\text{-}18)$$

双吸泵：

$$NPSH_r = 9.21 \left(\frac{n_s}{100}\right)^{1.55} \left(\frac{H}{100}\right)^{1.01} \qquad (3\text{-}19)$$

混流泵、轴流泵：

$$NPSH_r = 10.36 \left(\frac{n_s}{100}\right)^{1.34} \left(\frac{H}{100}\right)^{1.02} \qquad (3\text{-}20)$$

## 3.3.3  汽蚀相似定律

由上述可知，$NPSH_r$ 表示某一台既定泵的汽蚀性能，在此基础上，可以找到一系列几何相似的泵在相似工况下汽蚀性能之间的关系，这种关系就是汽蚀相似定律。利用汽蚀相似定律解决相似泵（不同转速、尺寸）间汽蚀余量 $NPSH_r$ 之间的换算问题。

对于几何相似，在相似工况下工作的模型泵（用角标 M 表示）和实型泵对应点的速度比值 $\lambda$ 相同，由 $NPSH_r = \dfrac{v_0^2}{2g} + \lambda \dfrac{\omega_0^2}{2g}$，可以写成

$$\frac{(NPSH_r)_M}{NPSH_r} = \frac{\left(v_0^2 + \lambda \omega_0^2\right)_M}{v_0^2 + \lambda \omega_0^2} = \frac{u_M^2}{u^2} = \frac{D_M^2 n_M^2}{D^2 n^2} \qquad (3\text{-}21)$$

式中，$NPSH_r$ 和（$NPSH_r$）$_M$ 分别为实型泵和模型泵的汽蚀余量（m）；$n$ 为转速（r/min）；$u$ 和 $u_M$ 分别为实型泵和模型泵的牵连运动速度（m/s）；$D$ 和 $D_M$ 分别为实型泵和模型泵的尺寸（mm）。

$$\frac{(NPSH_r)_M}{NPSH_r} = \frac{D_M^2 n_M^2}{D^2 n^2} \tag{3-22}$$

式（3-22）是汽蚀相似定律的表达式。也就是说，几何相似的泵，在相似工况下，模型泵和实型泵的汽蚀量之比等于模型泵和实型泵的转速 $n$ 和尺寸 $D$ 乘积的平方比。

实践证明，上述相似定律误差较大，最近国内外提出了许多新的公式：

$$\frac{(NPSH_r)_M}{NPSH_r} = \left[1 + \frac{n - n_M}{3(n + n_M)}\right]\left(\frac{n_M}{n}\right)^2 \tag{3-23}$$

$$\frac{(NPSH_r)_M}{NPSH_r} = \left(\frac{n_M}{n}\right)^m \quad (m = 1.3 \sim 2) \tag{3-24}$$

$$\frac{(NPSH_r)_M}{NPSH_r} = \left(\frac{n_M}{n}\right)^{3/2} \tag{3-25}$$

$$\frac{(NPSH_r)_M}{NPSH_r} = \left(\frac{n_M}{n}\right)^{1.64066 + 0.106419\frac{n_M}{n}} \tag{3-26}$$

式中，$n$ 和 $n_M$ 分别为实型泵和模型泵的转速（r/min）。

当转速和尺寸相差不大时，相似定律换算结果较为准确。当转速和尺寸相差较大时，换算的 $NPSH_r$ 与实际误差较大。

实践表明，泵汽蚀余量之比与转速平方之比是近似的，GB/T 3216—2016 指出，当试验转速在规定转速的 80% ~ 120%，$n$ 值可近似取 2。试验表明，当试验转速低于规定转速时，$n$ 值降低，在 $n = 1.3 \sim 2.0$ 内选取，当试验转速低于规定转速 1 倍时，$n$ 大约等于 1.4。

## 3.3.4 汽蚀比转速

与比转速 $n_s$ 类似，可以推导出泵汽蚀相似准数——汽蚀比转速 $C$。对于几何相似的泵，在相似工况下，由汽蚀相似定律

$$\frac{\text{NPSH}_r}{\left(Dn\right)^2} = 常数 \tag{3-27}$$

另一方面，由泵相似定律

$$\frac{Q}{\left(D^3 n\right)} = 常数 \tag{3-28}$$

由式（3-27）和式（3-28），加以适当变化，消去尺寸参数，得

$$\left[\frac{b^2 \times 10^3}{a^3}\right]^{\frac{1}{4}} = \left(\frac{\dfrac{Q^2}{D^6 n^2} \times 10^3}{\dfrac{\text{NPSH}_r^3}{D^6 n^6}}\right)^{\frac{1}{4}} = \frac{5.62 n \sqrt{Q}}{\text{NPSH}_r^{\frac{3}{4}}} = 常数 \tag{3-29}$$

令常数为 $C$，并称为汽蚀比转速，则

$$C = \frac{5.62 n \sqrt{Q}}{\text{NPSH}_r^{\frac{3}{4}}} \tag{3-30}$$

对双吸泵

$$C = \frac{5.62 n \sqrt{Q/2}}{\text{NPSH}_r^{\frac{3}{4}}} \tag{3-31}$$

与无因次比转速类似，最近提出了无因次汽蚀比转速

$$C = \frac{2\pi n \sqrt{Q}}{60 \left(g \cdot \text{NPSH}_r\right)^{\frac{3}{4}}} \tag{3-32}$$

式中，$n$ 为转速（r/min）；$Q$ 为泵流量，双吸泵取 $\dfrac{Q}{2}$（m³/h）；$\text{NPSH}_r$ 为泵汽蚀余量（m）；$g$ 为重力加速度（m/s²）。

由上述推导可知，当泵是几何相似和运动相似时，$C$ 值等于常数。因此 $C$ 值可以作为汽蚀相似准数，并用来表示抗汽蚀性能的好坏。$C$ 值越大，相应 $\text{NPSH}_r$ 值越小，泵的抗汽蚀性能越好。对既定的泵，不同流量对应不同的 $C$ 值，所以 $C$ 值和 $n_s$ 一样，通常是指最高效率工况下的值。同时，$C$ 值和 $n_s$ 一样，都是相似准数，不同之处在于汽蚀比转速强调泵的进口部分（吸水室和叶轮进口）的相似度，并用汽蚀基本参数表示。$C$ 值的大致范围如下：

1）抗汽蚀性能高的泵，$C = 1000 \sim 1600$。

2）兼顾效率和抗汽蚀性能的泵，$C = 800 \sim 1000$。

3）抗汽蚀性能不作要求主要考虑提高效率的泵，$C = 600 \sim 800$。

以上 $C$ 值的范围是对离心泵而言，对混流泵（斜流泵）、轴流泵一般要顺次减小。另外，小泵的 $C$ 值也要明显减小。

一些国家，一般使用吸入比转速一词，并用 $S$ 表示。吸入比转速和汽蚀比转速 $C$ 的实质和意义相同，只差一常数值，即

$$S = \frac{n\sqrt{Q}}{\text{NPSH}_r^{\frac{3}{4}}} \tag{3-33}$$

计算 $C$ 值的单位如式（3-32）所示，而计算 $S$ 值不同国家采用的单位不同，得出的 $S$ 值各不相同。汽蚀比转速 $C$ 值和不同单位的吸入比转速 $S$ 值的换算关系见表 3-1。

表 3-1　汽蚀比转速 $C$ 值和不同单位的吸入比转速 $S$ 值的换算关系

| 计算公式 | $C = \dfrac{5.62n\sqrt{Q}}{\text{NPSH}_r^{\frac{3}{4}}}$ | $S = \dfrac{n\sqrt{Q}}{\text{NPSH}_r^{\frac{3}{4}}}$ | | |
| --- | --- | --- | --- | --- |
| 国家 | 中、俄 | 日 | 英 | 美 |
| $Q$ | m³/s | m³/min | Imp.gal/min | U.S.gal |
| $n$ | r/min | r/min | r/min | r/min |
| NPSH$_r$ | m | m | ft | ft |
| 换算关系 | 1 | 1.38 | 8.4 | 9.21 |

即

$$C = \frac{S_{日}}{1.38} = \frac{S_{英}}{8.4} = \frac{S_{美}}{9.21} \tag{3-34}$$

## 3.3.5　托马汽蚀系数

由汽蚀相似定律

$$\frac{(\text{NPSH}_r)_M}{\text{NPSH}_r} = \frac{(nD)^2_M}{(nD)^2} \tag{3-35}$$

则有

$$\frac{\text{NPSH}_r}{D^2 n^2} = 常数 \qquad (3\text{-}36)$$

因为 $n^2 D^2 \propto u^2 \propto 2gH$，所以

$$\frac{\text{NPSH}_r}{H} = 常数 \qquad (3\text{-}37)$$

令 $\sigma$ 等于该常数，并称 $\sigma$ 为托马（Thoma）汽蚀系数，即

$$\sigma = \frac{\text{NPSH}_r}{H} \qquad (3\text{-}38)$$

式中，$H$ 为泵最高效率点下的单级扬程（m）；$\text{NPSH}_r$ 为最高效率点下的泵汽蚀余量（m）。

学者研究表明，汽蚀系数和比转速之间有一定的关系，这种关系大致可以用下式表示：对单吸泵，$\sigma = 216 \times 10^{-6}\, n_s^{4/3}$；对双吸泵，$\sigma = 137 \times 10^{-6}\, n_s^{4/3}$。

$\sigma$ 和 $n_s$ 有关，但对于相同 $n_s$ 的泵，由于难以做到进口完全相似，所以，实际的 $\sigma$ 值可能不同。

日本泵站设计规范中给出汽蚀比转速中，离心泵 $C = 1014$、混流泵 $C = 942$、轴流泵 $C = 870$。托马汽蚀系数 $\sigma$ 和比转速 $n_s$ 的关系、汽蚀比转速随流量的变化情况，如图 3-6 所示。

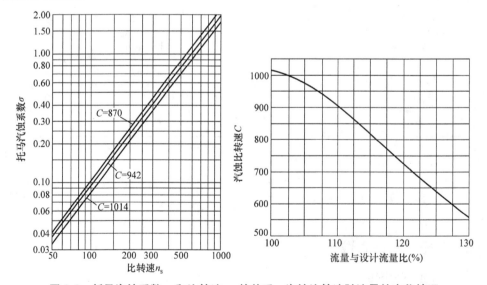

图 3-6 托马汽蚀系数 $\sigma$ 和比转速 $n_s$ 的关系、汽蚀比转速随流量的变化情况

### 3.3.6 关于汽蚀相似的修正

实践证明，当与模型相似的实型泵尺寸变大、转速变高时，对实型泵进行试验

得到的抗汽蚀性能要比换算得到的性能好。前面推导的相似定律，$C$ 值和 $\sigma$ 值为常数，只能适合于尺寸和转速相差较小的泵，否则误差较大。但是，目前还没有精确的计算方法，这是一个正在研究的重要课题。

泵汽蚀性能相似主要指泵进口相似，但是仅对汽蚀性能具有重要影响的叶片厚度而言，不同尺寸的泵很难达到相似性，所以要使泵做到进口完全相似是不可能实现的。同一台泵，当转速不同时，做到运动即工况相似也是不太可能的。因此，按相似理论推得的相似准则，势必具有一定的近似性。

尺寸大的泵比尺寸小的泵相对粗糙度小，吸水室和叶轮进口的曲率半径大，对速度不均匀分布的影响小，这些都将减小泵进口部分的压力降。因而大泵 NPSH$_r$ 值小，$C$ 值高（和按相似换算值相比）。

随着泵的转速增高，流速加快，雷诺数增加，水力损失减小。另外，流速加快会改变流速分布的均匀性，而且会缩短液体通过泵进口的时间，从而减少气泡的产生。这些都将改善泵的抗汽蚀性能。结果表明，随着转速增高，NPSH$_r$ 值减小，$C$ 值增高（和按相似换算值相比）。

吕齐（Rutschi）、普夫莱德尔等提出在计算 $\sigma(C)$ 值时，应计算水力效率，得到以下 2 个公式：

$$\sigma = \frac{1.3346 \times 10^{-4} n_s^{4/3}}{\eta_h} \tag{3-39}$$

$$\sigma = \frac{1.5659 \times 10^{-4} n_s^{4/3}}{\eta_h} \tag{3-40}$$

汽蚀参数的试验值和换算值不一致的另一种解释是，汽蚀相似只适合于性能开始下降点 $B$（见图 3-7），$B$ 点之后，性能下降，汽蚀已发展到相当严重的程度，流动状态发生变化，从而破坏了相似理论的前提条件。因为在临界点 $B$，性能尚未下降，目前还难以通过试验和计算求得。而汽蚀试验确定的参数是对应性能下降（如 $\Delta H = 3\%H$）的值，故按相似理论和试验求得的值不符。

图 3-8 所示的曲线显示了克里萨姆（Krisam）对两台泵在不同转速下对汽蚀系数 $\sigma$ 的试验结果。从图中可以看出，随着转速增高，NPSH$_r$ 的试验值较按 $\sigma$ 为常数的换算值变小（即 $C$ 值大、$\sigma$ 值小）。因此，可以得出结论：低转速（小尺寸）泵向高转速（大尺寸）泵按相似理论换算所得的抗汽蚀性能偏于安全（NPSH

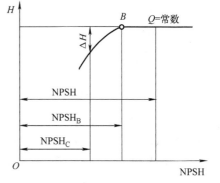

图 3-7　相似换算和试验的比较

大）；反之，从高转速（大尺寸）向低转速（小尺寸）换算所得的抗汽蚀性能是不可靠的（NPSH 小）。

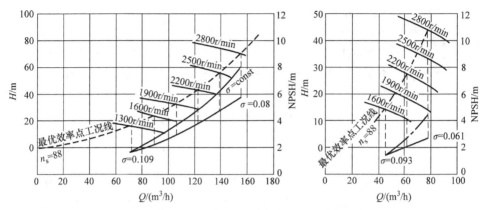

**图 3-8   两台泵在不同转速下对汽蚀系数 $\sigma$ 的试验结果**

## 3.3.7   捷诺特公式

已知泵两个转速试验的汽蚀余量，可用该公式求其他转速的汽蚀余量。捷诺特（Tenot）认为，如果满足式（3-41），则模型泵和实型泵的汽蚀发生状态相同

$$\frac{\sigma_{\mathrm{M}} - \sigma_{BM}}{\sigma - \sigma_B} = \frac{H}{H_{\mathrm{M}}} \tag{3-41}$$

式中，$H$ 和 $H_{\mathrm{M}}$ 分别为实型泵和模型泵的第一级扬程（m）；$\sigma$ 和 $\sigma_{\mathrm{M}}$ 分别为实型泵和模型泵对应性能下降相同值（$\Delta H$）时的托马汽蚀系数；$\sigma_B$ 和 $\sigma_{BM}$ 分别为实型泵和模型泵对应性能开始下降时的托马汽蚀系数（临界汽蚀系数）。

另一方面，捷诺特认为模型泵和实型泵 $B$ 点的临界汽蚀系数相等，即 $\sigma_B = \sigma_{BM}$，由此式（3-41）可写成

$$\frac{\sigma_{\mathrm{M}} - \sigma_B}{\sigma - \sigma_B} = \frac{H}{H_{\mathrm{M}}} \tag{3-42}$$

考虑到 $\sigma = \dfrac{\mathrm{NPSH_r}}{H}$，则式（3-42）变为

$$(\mathrm{NPSH_r})_{\mathrm{M}} - (\mathrm{NPSH_r})_{BM} = \mathrm{NPSH_r} - (\mathrm{NPSH_r})_B \tag{3-43}$$

式（3-43）表明，相似的泵，即使扬程不同（$H_{\mathrm{M}} \neq H$），只要扬程下降 $\Delta H$ 值相同，则从以汽化压力为基准的临界值 $B$ 点到性能下降相同那点 NPSH 差值相同。由式（3-42）和式（3-43）可以解出临界汽蚀系数 $\sigma_B$

$$\sigma_{\mathrm{M}} H_{\mathrm{M}} - \sigma_B H_{\mathrm{M}} = \sigma H - \sigma_B H \tag{3-44}$$

$$\sigma_B = \frac{\sigma_H - \sigma_M H_M}{H - H_M} = \frac{NPSH_r - (NPSH_r)_M}{H - H_M} = 常数 \qquad (3-45)$$

因为 $\sigma_B$ 为一常数，和转速或尺寸比无关，所以如果通过汽蚀试验求得两种转速对应扬程下降相同的 $NPSH_r$ 和 $H$ 值，则可求得 $\sigma_B$，进而能求得任意转速下的 $NPSH_r$ 值，即

$$\sigma_B = \frac{(NPSH_r)_1 - (NPSH_r)_2}{H_1 - H_2} = \frac{(NPSH_r)_1 - (NPSH_r)_3}{H_1 - H_3} \qquad (3-46)$$

式中，$(NPSH_r)_1$、$(NPSH_r)_2$ 和 $(NPSH_r)_3$ 分别为两种转速对应的泵汽蚀余量和任意转速下的泵汽蚀余量（m）；$H_1$、$H_2$ 和 $H_3$ 分别为两种转速对应的扬程和任意转速下的扬程（m）。

由此

$$(NPSH_r)_3 = (NPSH_r)_1 - \sigma_B(H_1 - H_3) \qquad (3-47)$$

$$(NPSH_r)_3 = (NPSH_r)_1 - \frac{(NPSH_r)_1 - (NPSH_r)_2}{H_1 - H_2}(H_1 - H_3) \qquad (3-48)$$

## 3.4 装置汽蚀余量的计算方法

因为液体从吸入装置流入泵，所以泵进口的压力、速度主要取决于装置汽蚀余量。

$$NPSH_a = \frac{p_s}{\rho g} + \frac{v_s^2}{2g} - \frac{p_v}{\rho g} \qquad (3-49)$$

式中，$\frac{p_s}{\rho g}$ 为换算到泵汽蚀基准面上的泵进口绝对压力水头，即根据具体情况，将在泵进口测得的压力水头加上（当基准面在泵进口中心线下面时）或减去（基准面在泵进口中心线上面时）进口中心线到基准面的垂直距离（m）；$\frac{v_s^2}{2g}$ 为测量压力 $p_s$ 断面的液体平均速度头（m）；$\frac{p_v}{\rho g}$ 为抽送液体体温度下的汽化压力水头（m）；$NPSH_a$ 为装置汽蚀余量（m），其值以换算到基准面上的数值表示（即用换算到基准面上的压力水头 $\frac{p_s}{\rho g}$ 计算 $NPSH_a$）。

泵的基准面应取在最容易发生汽蚀部位的水平面，一般卧式泵把过轴心线的水

平面作为基准面，各种泵的基准面如图 3-9 所示。

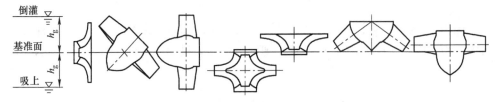

图 3-9　各种泵的基准面

把基准面取至最容易发生汽蚀的位置，相当于在汽蚀基本方程中考虑了忽略的 $z_k - z_s$ 值，即算得的 NPSH$_a$ 减小（相当于 NPSH$_r$ 增加）。

考虑吸上（吸入液面在基准面之下）和倒灌（吸入液面在基准面之上）两种情况，现用吸入装置参数表示 NPSH$_a$。泵进口压力可以表示为

$$\frac{p_s}{\rho g} = \frac{p_c}{\rho g} - h_g - h_c - \frac{v_s^2}{2g} \text{（吸上）} \tag{3-50}$$

$$\frac{p_s}{\rho g} = \frac{p_c}{\rho g} + h_g - h_c - \frac{v_s^2}{2g} \text{（倒灌）} \tag{3-51}$$

将式（3-50）和式（3-51）代入式（3-49）中，则 NPSH$_a$ 的表达式变为

$$\text{NPSH}_a = \frac{p_c}{\rho g} - h_g - h_c - \frac{p_v}{\rho g} \text{（吸上）} \tag{3-52}$$

$$\text{NPSH}_a = \frac{p_c}{\rho g} + h_g - h_c - \frac{p_v}{\rho g} \text{（倒灌）} \tag{3-53}$$

式（3-52）和式（3-53），对吸入装置为 $-h_g$，对倒灌装置为 $+h_g$，则

$$h_g = \frac{p_c}{\rho g} - h_c - \frac{p_v}{\rho g} - \text{NPSH}_a \text{（吸上）} \tag{3-54}$$

$$h_g = \text{NPSH}_a - \frac{p_c}{\rho g} + h_c + \frac{p_v}{\rho g} \text{（倒灌）} \tag{3-55}$$

当 NPSH$_a$ = NPSH$_r$ 时，泵内最低压力点的压力等于汽化压力 $\left( \dfrac{p_k}{\rho g} = \dfrac{p_v}{\rho g} \right)$，泵处于发生汽蚀状态。实际上，在这种情况下泵是不允许运行的，所以不能用它来

确定几何吸入高度。计算 $h_g$ 时用的汽蚀余量称为许用汽蚀余量，用 [NPSH] 表示，它应大于泵汽蚀余量 NPSH$_r$（或临界汽蚀余量 NPSH$_c$），以确保有一定的安全余量，余量的大小视具体装置而定。一般取 [NPSH] =（1.1 ~ 1.5）NPSH$_c$ 或 [NPSH] = NPSH$_c$+$k$，$k$ 是汽蚀安全余量，过去的标准规定 $k$ = 0.3m，此值偏小，而且对于不同的装置都取相同值也是不合理的。对于一些重要装置，或经常在大流量运行时，应取较大的余量。

## 3.5 汽蚀余量 NPSH$_3$ 的确定方法

GB/T 13006—2013 规定了泵的汽蚀余量 NPSH 指标。

汽蚀余量 NPSH$_3$ 表示泵第一级扬程下降 3% 时的汽蚀余量，可以作为标准基准用于表示性能曲线，因此对泵进行汽蚀余量 NPSH$_3$ 的确定很重要。目前的叶片泵主要分为离心泵、混流泵和轴流泵，因此接下来对这三种泵进行汽蚀余量 NPSH$_3$ 确定。以清洁冷水试验为基准规定点的数值，可进行汽蚀余量 NPSH$_3$ 确定的泵适用范围为：

1）一般离心泵：比转速 $n_s$ = 50 ~ 300（或型式数 $K$ = 0.26 ~ 1.55），单级扬程 $H$ = 6 ~ 180m。

2）冷凝泵：单吸流量 $Q$ = 20 ~ 1800m³/h（或双吸流量 $Q$ = 40 ~ 3600m³/h），转速 $n$ = 500 ~ 3500r/min。

3）混流泵和轴流泵：比转速 $n_s$ = 250 ~ 1400（或型式数 $K$ = 1.29 ~ 7.25），扬程 $H$ = 1.2 ~ 30m。

汽蚀余量 NPSH$_3$ 将根据泵的结构，按下列规定进行确定，具体确定方法见本书 3.6：

1）单吸悬臂泵的 NPSH$_3$ 值如图 3-10 或图 3-11 所示。

2）轴通过叶轮吸入口的单吸泵的 NPSH$_3$ 值如图 3-12 或图 3-13 所示。

3）双吸泵的 NPSH$_3$ 值如图 3-14 或图 3-15 所示。

4）三级以下轴通过叶轮吸入口的冷凝泵 NPSH$_3$ 值如图 3-16 所示。对于单吸悬臂叶轮使用图 3-16 时，当流量小于或等于 90m³/h 时，应将流量除以 1.2；当流量大于 90m³/h 时，应将流量除以 1.15。

5）单吸混流泵和轴流泵的 NPSH$_3$ 值如图 3-17 或图 3-18 所示。

需要注意的是当根据图 3-10、图 3-12、图 3-14 和图 3-17 所确定的 NPSH$_3$ 值小于 2m 时，其 NPSH$_3$ 值应不大于 2m。当根据图 3-10、图 3-12 和图 3-14 确定 $n_s$<50（或 $K$ < 0.26）的 NPSH$_3$ 值时，其 NPSH$_3$ 值应不大于 $n_s$ = 50（或 $K$ = 0.26）的值。所确定的 NPSH$_3$ 值都应小于或等于规定的必需汽蚀余量 NPSH$_r$。

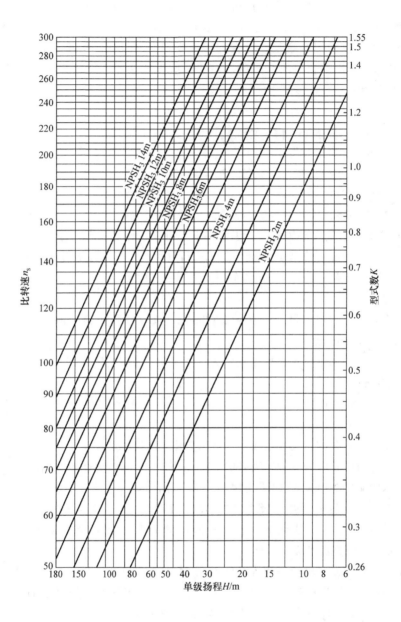

图 3-10　单吸悬臂泵的汽蚀余量（一）

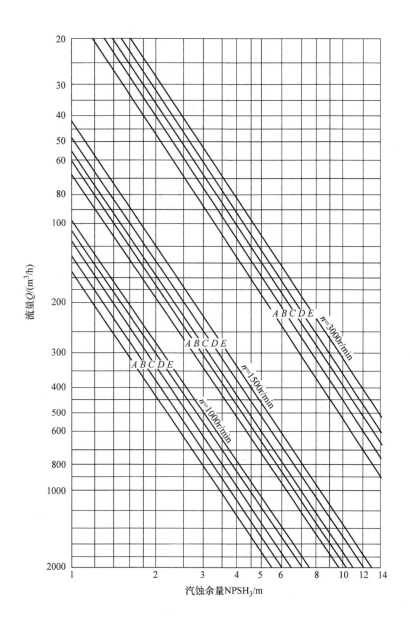

图 3-11 单吸悬臂泵的汽蚀余量（二）

$A—n_s = 60$ （$K = 0.31$）  $B—n_s = 90$ （$K = 0.47$）  $C—n_s = 130$ （$K = 0.67$）

$D—n_s = 190$ （$K = 0.98$）  $E—n_s = 280$ （$K = 1.45$）

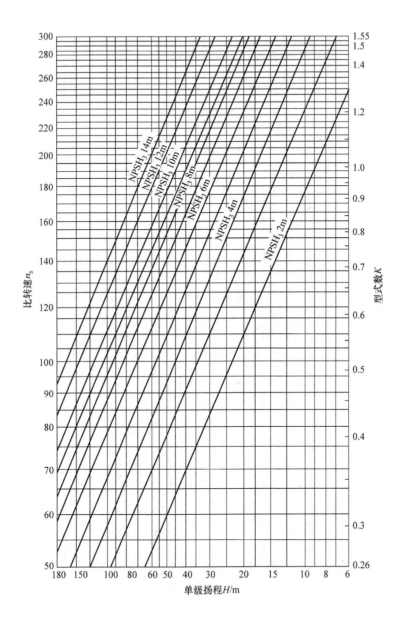

图 3-12　单吸泵（轴通过叶轮吸入口）的汽蚀余量（一）

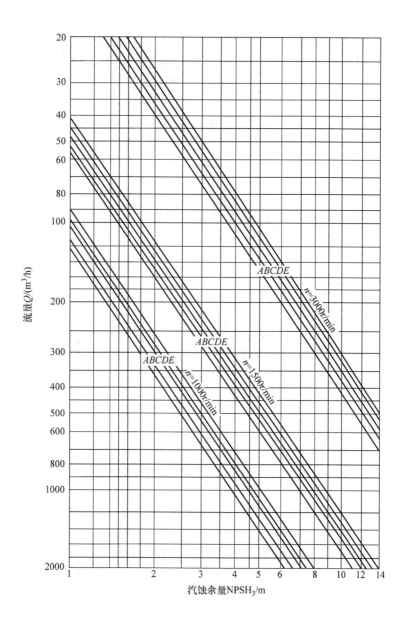

图 3-13  单吸泵（轴通过叶轮吸入口）的汽蚀余量（二）

$A—n_s=60$（$K=0.31$）  $B—n_s=90$（$K=0.47$）  $C—n_s=130$（$K=0.67$）

$D—n_s=190$（$K=0.98$）  $E—n_s=280$（$K=1.45$）

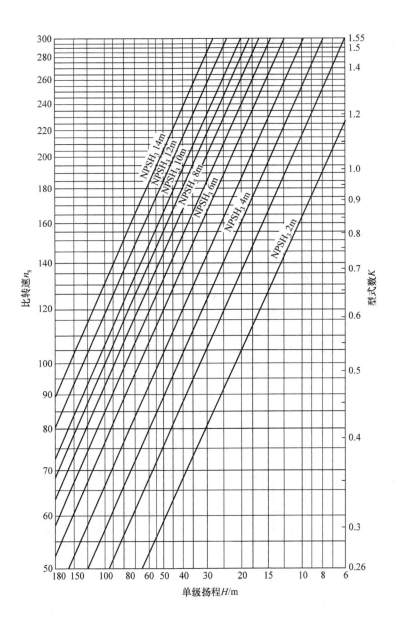

图 3-14  双吸泵的汽蚀余量（一）

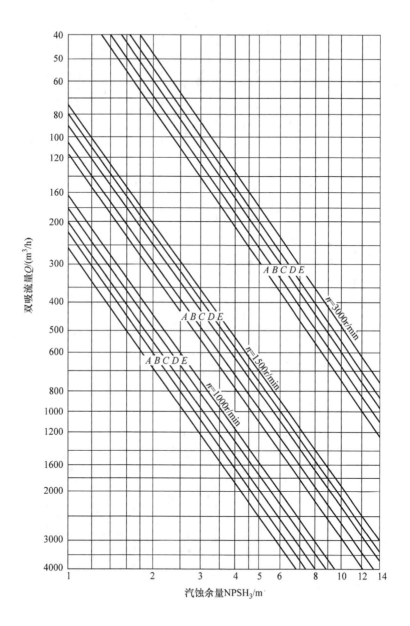

图 3-15  双吸泵的汽蚀余量（二）

$A—n_s = 60$（$K = 0.31$）  $B—n_s = 90$（$K = 0.47$）  $C—n_s = 130$（$K = 0.67$）

$D—n_s = 190$（$K = 0.98$）  $E—n_s = 280$（$K = 1.45$）

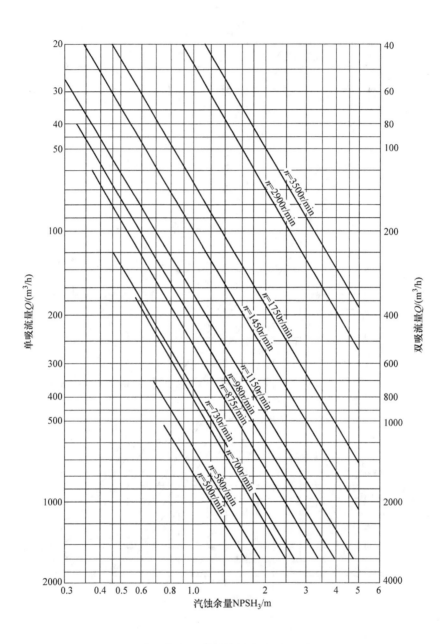

图 3-16  冷凝泵（轴通过叶轮吸入口）的汽蚀余量

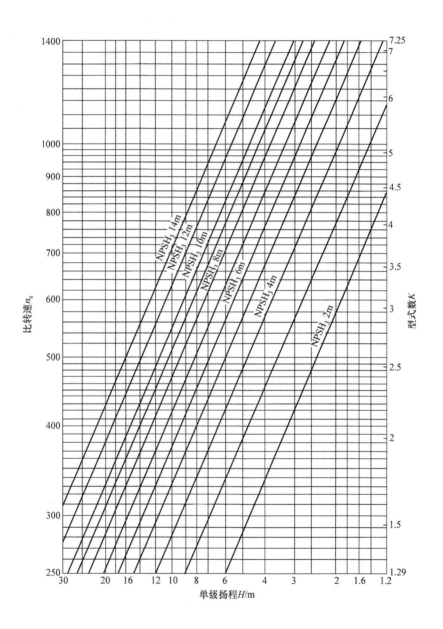

图 3-17　单吸混流泵和轴流泵的汽蚀余量（一）

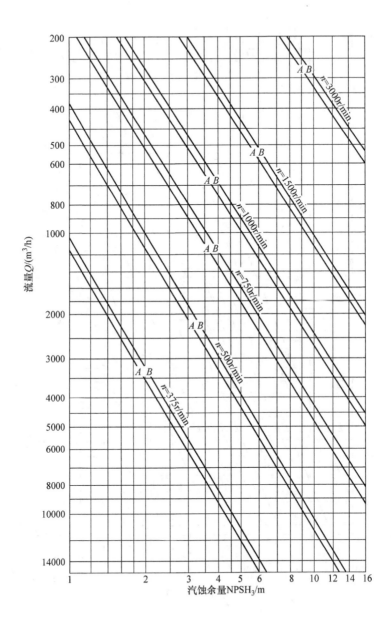

**图 3-18　单吸混流泵和轴流泵的汽蚀余量（二）**

$A—n_s = 300（K = 1.55）$　$B—n_s = 1000（K = 5.17）$

## 3.6 汽蚀余量的应用方法

进行汽蚀余量确定的应用方法主要分为两种，第一种是根据泵已知的扬程和比转速（或型式数），做出扬程的垂直线与比转速（或型式数）的水平线的交点，该点落在 $NPSH_3$ 的斜线上或两斜线之间，图 3-10、图 3-12、图 3-14 和图 3-17 分别表示单吸悬臂泵、单吸泵、双吸泵、单吸混流泵和轴流泵的汽蚀余量。泵的 $NPSH_3$ 不应大于此值。

第二种是根据已知的流量、转速和比转速（或型式数），做出流量的水平线与转速、比转速（或型式数）的斜线的交点，然后由该点向下作垂直线交于 $NPSH_3$ 的坐标线上，图 3-11、图 3-13、图 3-15 和图 3-18 分别表示单吸悬臂泵、单吸泵、双吸泵、单吸混流泵和轴流泵的汽蚀余量。泵的 $NPSH_3$ 不应大于此值。图 3-16 显示了根据冷凝泵已知的流量和转速，做出流量的水平线与转速的斜线的交点，然后由该点向下作垂直线交于 $NPSH_3$ 的坐标线上。泵的 $NPSH_3$ 不应大于此值。

# 第 4 章
## 振动性能指标分析与评价

## 4.1 泵振动分析

在转动设备和流动介质中，低强度的机械振动是不可避免的。引起泵振动的原因是多方面的。

### 4.1.1 引起振动的原因

泵的振动十分复杂，造成泵振动的原因很多，主要由电气、水力、机械和水工等方面引起，具体来说与配套动力、加工制造、机组装配、安装基础、水工建筑及运行工况等有关。

**1. 电气方面**

电动机内部磁力不平衡和其他电气系统的失调，常引起振动和噪声。例如，异步电动机在运行中，有定转子齿谐波磁通过相互作用而产生的定转子间径向交变磁拉力，或大型同步电动机在运行中，定转子磁力中心不一致或各个方向上气隙差超过允许偏差值等，都有可能引起电动机周期性振动并发出噪声。

**2. 水力方面**

泵在偏离设计工况下运行时，可能会发生流量偏大或偏小、压力产生脉动、吸入状态不合格、汽蚀、混入异物导致叶轮堵塞等情况。

（1）水力冲击式振动　给水泵叶轮叶片的外端有水流经过时，就会形成水力冲击，而且冲击力度与叶轮的尺寸及叶片转速相关。随着水力脉冲传至管路系统或基础就伴随着噪声和振动的形成，若这股水力脉冲的频率恰好与管道、泵轴或基础的自身频率相近，就会形成强烈的共振，极大地损害设备。

可从以下几个方面预防这类水力振动：

1）适当加大叶轮外端与导叶入口的距离。

2）总的装配时，给水泵首级叶轮准确定位，并按适当间距将各级叶轮叶片的出口边错开，叶片位置也要错落布置，避免水力冲击造成的损失。

3）改变泵管道的形状、路线，以此来减小冲击和振幅。

4）合理安排泵的安装高度。

5）安装前置泵。

（2）压力脉动式振动　在给水泵运行中，每个设备都有最小流量限值，如果在运行中低于最小限值就会摩擦生热，水会汽化，在叶轮的进出口会产生回流，从而形成局部涡流区等现象，压力脉冲现象会影响泵压力，从而造成水流量忽大忽小。

对这一原因可以选用以下方法预防：

1）可以采用调整叶片出口角的方法，减小角度，从而改变泵的性能曲线。

2）在设计管路时避免有较大波动，科学计算管路的倾斜度，在安装节流装置时应当在靠近出口的位置，可以有效避免管路出现向上倾斜的问题。

3）安装再循环等相关装置，可以有效避免在运行中流量值低于限值的状况。

4）安装液力耦合装置，从而根据流量的变化合理设置转速。

（3）汽蚀引起的振动　泵流量过大时，流入泵口的水不能有效供给出水，造成入口水流汽化，汽水混流，此时，泵就会产生强烈振动和噪声。

为防止汽蚀可采取以下措施防止：

1）减小泵运行负荷变化幅度，以便发生汽蚀时能尽快调整流量和转速。

2）缩短泵入水管路以减小水流动过程产生的阻力损失。

3）为避免给水泵负荷急剧增减，要确保除氧器水箱有足够的容量，同时适当增加水箱与给水泵的标高差以保证泵入口压差富裕。

**3. 机械方面**

电动机和泵转动部件质量不平衡、粗制滥造、安装质量不良、机组轴线不对称、摆度超过允许值，零部件的机械强度和刚度差、轴承和密封部件磨损破坏，以及泵临界转速出现与机组固有频率引起的共振等，都会产生强烈的振动和噪声。

（1）中心不正引起的振动　所谓中心不正即泵轴与电动机轴的轴线不在同一条直线上。常见的有联轴器圆周偏差和端面平行度超差引起的振动。结合造成中心不正的因素，需要根据实际情况来分析和解决。

1）给水泵安装后检修工艺不当，中心找正误差较大。若瓢偏度、对轮晃度不合格，则需使用百分表找中心而不可用塞尺；若给水泵需装填料，则需在无填料情况下找中心；为避免人为读错数据，需对测量结果进行两次及以上核查。

2）暖泵不当使转子膨胀不均匀而弯曲变形也会发生振动，泵组启动前热膨胀也会改变中心位置引起泵振动，因此应充分暖泵，避免因温差使泵体变形，找中心时需要考虑泵体热膨胀。

3）泵进出水口管道应力太大会导致运行时中心位置发生变化，可通过对管道重新焊接减小应力。

4）轴承、支吊架等磨损也会使中心变化。可通过提高润滑油的质量或重新更换轴承来改善这种情况。

5）联轴器齿轮不合也会影响中心准确性，更换新的齿轮即可。

（2）动静部件摩擦引起的振动　轴瓦乌金、轴间隙过大、部件脱落或者轴与密封圈摩擦产生的高温都会导致轴弯曲等问题的出现，从而形成部件之间的动静摩擦，产生振动问题，而动静之间的摩擦也会反作用于转子，使转子产生强烈振动。针对这一问题可以采用以下方法：

1）合理掌控动静部件之间的距离，利用扩大动静间隙的方法降低摩擦。

2）定期进行检查，拧紧转子背冒防止松动。

3）定期检查轴瓦是否出现松动问题，并及时进行调整。

（3）回转部件不平衡引起的振动　回转部件不平衡是引起振动的重要原因，而振幅的大小与转速有重要联系。造成不平衡问题出现的原因是非常多的，通过分析主要原因有新更换的叶轮质量不平衡，转子中心不正等，可以采取以下方法预防：

1）安装泵后调整转子中心；安装暖泵时应当选择合理的方法，可以避免由于泵体膨胀产生的动静摩擦。

2）更换转子以后需要进行平衡试验，以保证质量合格。

（4）基础不良造成的振动

1）泵在安装过程中形成了弹性基础或基础松动下沉引起的振动。若基础的自身频率与泵转速相等，就会形成后果严重的共振，必须重新打基础。

2）由于油水浸泡导致基础刚性降低，抗振性能就会变差，从而加大振幅。

3）螺栓松弛会导致泵轴中心不正引起振动，因此要定期检修。

### 4. 水工及其他原因

进水条件不良、淹没深度不够、自振引起的共振等。

## 4.1.2　泵部件的振动分析

### 1. 电动机

电动机结构件松动，轴承定位装置松动，铁心硅钢片过松，轴承因磨损而导致支承刚度下降，会引起振动。质量偏心、转子弯曲或质量分布问题导致的转子质量分布不均，造成静、动平衡量超标。

### 2. 基础及泵支架

泵基础松动，或者泵机组在安装过程中形成弹性基础，或者由于油浸水泡造成基础刚度减弱，泵就会产生与振动相位差180°的另一个临界转速，从而使泵振动频率增加，如果增加的频率与某一外在因素频率接近或相等，就会使泵的振幅加大。另外，基础地脚螺栓松动，导致约束刚度降低，会使电动机的振动加剧。

### 3. 联轴器

联轴器连接螺栓的周向间距不良，对称性被破坏；联轴器加长节偏心，将会产生偏心力；联轴器锥面度超差；联轴器静平衡或动平衡不好；弹性销和联轴器的配合过紧，使弹性销失去弹性调节功能，造成联轴器不能很好地对中；联轴器与轴的配合间隙太大；联轴器胶圈的机械磨损导致的联轴器胶圈配合性能下降；联轴器上使用的传动螺栓质量互相不等。这些原因都会造成振动。

### 4. 叶轮

1）叶轮质量偏心。叶轮制造过程中质量控制不好，例如，铸造质量、加工精度不合格；输送的液体带有腐蚀性，叶轮流道受到冲刷腐蚀，导致叶轮产生偏心。

2）叶轮的叶片数、出口角、包角、喉部隔舌与叶轮出口边的径向距离是否合适等。

3）使用中叶轮口环与泵体口环之间、级间衬套与隔板衬套之间，由最初的碰摩逐渐变成机械摩擦磨损，这些将会加剧泵的振动。

### 5. 传动轴及其辅助件

轴很长的泵，易发生轴刚度不足，挠度太大，轴系直线度差的情况，造成动件（传动轴）与静件（滑动轴承或口环）之间碰摩，形成振动。另外，泵轴太长，受水池中流动水冲击的影响较大，使泵水下部分的振动加大。轴端的平衡盘间隙过大，或者轴向的工作窜动量调整不当，会造成轴低频窜动，导致轴瓦振动。旋转轴的偏心，会导致轴的弯曲振动。

### 6. 泵的选型和变工况运行

每台泵都有自己的额定工况点，实际的运行工况与设计工况是否符合，对泵的动力学稳定性有重要的影响。

### 7. 泵轴承及润滑

轴承的刚度太低，会造成第一临界转速降低，引起振动。润滑油选型不当、变质、杂质含量超标及润滑管道不畅而导致的润滑故障，都会造成轴承工况恶化，引发振动。

### 8. 管道及其安装固定

泵的出口管道支架刚度不够，变形太大，造成管道下压在泵体上，使得泵体和电动机的对中性破坏；管道在安装过程中较劲太大，进出口管路与泵连接时内应力大；进、出口管线松动，约束刚度下降甚至失效；出口流道部分全部断裂，碎片卡入叶轮；管路不畅，如出水口有气囊；出水阀门掉板，或没有开启；进水口有进气，流场不均，压力波动。这些原因都会直接或者间接地导致泵和管路的振动。

### 9. 零部件间的配合

电动机轴和泵轴同心度超差；电动机和传动轴的连接处使用了联轴器，联轴器同心度超差；动、静零部件之间（如叶轮毂和口环之间）的设计间隙的磨损变大；中间轴承支架与泵筒体间隙超标；密封圈间隙不合适，造成不平衡；密封环周围的间隙不均匀，如口环未入槽或者隔板未入槽。这些原因都会造成振动。

以下这些原因也会造成振动：叶轮旋转时产生的非对称压力场；吸水池和进水

管涡流；叶轮内部以及蜗壳、导流叶片漩涡的发生及消失；阀门半开造成漩涡而产生的振动；由于叶轮叶片数有限而导致的出口压力分布不均；叶轮内的脱流；喘振；流道内的脉动压力；汽蚀；水在泵体中流动，对泵体会有摩擦和冲击，如水流撞击隔舌和导流叶片的前缘，造成振动；输送高温水的锅炉给水泵易发生汽蚀振动；泵体内压力脉动，主要是泵叶轮密封环、泵体密封环的间隙过大，造成泵体内泄漏损失大，回流严重，进而造成转子轴向力的不平衡和压力脉动，增强振动。另外，对于输送热水的泵，如果启动前泵的预热不均，或者泵滑动销轴系统的工作不正常，造成泵组的热膨胀，会诱发启动阶段的剧烈振动；泵体来自热膨胀等方面的内应力不能释放，则会引起转轴支承系统刚度的变化，当变化后的刚度与系统角频率成整倍数关系时，就发生共振。

## 4.1.3　振动分类

### 1. 按产生振动的原因分类

（1）自由振动　系统在去掉外加干扰力后出现的振动。

（2）受迫振动　在激振力持续作用下，系统产生的振动。

（3）自激振动　机械系统由于外部能量与系统运动相耦合形成振荡激励所产生的振动。

### 2. 按振动随时间变化的规律分类

（1）简谐振动　物体振动参量（位移、速度和加速度）的瞬时值随时间按正弦或余弦函数规律变化的周期性振动。

（2）非简谐波振动　系统运动量值按一定时间间隔重复出现的非简谐振动。

（3）随机振动　对未来任意给定时刻，物体运动量的瞬时值均不能根据以往的运动历程预先加以确定的振动。

### 3. 按振动系统结构参数分类

（1）线性振动　系统的惯性力、阻尼力和弹性恢复力分别与加速度、速度和位移成正比，能用常系数线性微分方程描述的振动。

（2）非线性振动　系统的惯性力、阻尼力和弹性恢复力具有非线性特性，只能用非线性微分方程描述的振动。

### 4. 按振动系统的自由度数目分类

（1）单自由度系统的振动　用一个广义坐标就能确定系统在任意瞬时位置的振动。

（2）多自由度系统的振动　用两个或两个以上的广义坐标才能确定系统在任意瞬时位置的振动。

（3）连续系统的振动　需要用无穷个广义坐标才能确定系统在任意瞬时位置的振动。

**5. 按振动形式分类**

（1）纵向直线振动　振动体上的质点只做沿轴线方向的直线振动。

（2）横向直线振动　振动体上的质点只做沿垂直于轴线方向的直线振动。

（3）扭转振动　振动体垂直轴线的两个平面上质点相对做绕轴线的回转振动。

（4）摆动　振动体上质点在同一平面上做绕垂直平面轴线的回转振动。

# 4.2　泵振动的危害、预防和消除

## 4.2.1　泵振动的危害

振动超标的危害主要有：振动造成泵机组不能正常运行；引发电动机和管路的振动，造成机毁人伤；造成轴承等零部件的损坏；造成连接部件松动，基础裂纹或电动机损坏；造成与泵连接的管件或阀门松动、损坏；形成振动噪声。

## 4.2.2　泵振动的预防措施

**1. 做好设计环节的振动控制工作**

在泵的设计阶段，应考虑到各种可能导致泵振动的问题，并对这些部位进行设计加强，尽可能杜绝不必要的振动，避免影响机组稳定运行。

（1）轴的设计　在泵机组轴设计时，要尽量提升传动轴支承轴承的数量，并合理减少支承间距。如果条件允许，可适当减少轴长度，增加轴的直径和刚度。泵机组在运行中，随着转速的提升，接近或者整数倍于泵转子的固有振动频率时，泵机组就会剧烈振动。因此，在具体设计中，要促使传动轴中固有频率尽量避开电动机转子的角频率，提升轴制造质量，可避免发生轴质量偏心过大问题。

（2）合理选择滑动轴承　在泵机组中尽量避免选择需要定期润滑的滑动轴承，选择有良好自润滑性的材料。例如，可以选择由聚四氟乙烯制作的滑动轴承，同时合理设计结构组成，保证滑动轴承的稳固性。

（3）制造加工过程　要尽量提升加工精度，避免叶片型线不准确造成局部流速过大问题，致使压降过大。同时为提升泵机组的抗汽蚀性能，可以在泵机组进口位置合理增设水力增能器，主要结构如图 4-1 所示。

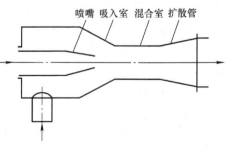

**图 4-1　水力增能器结构**

**2. 注重对水力的设计**

水力大小是产生振动的关键因素，因此在对水力进行设计的时候，泵叶轮和流道的设计应进行合理考虑，减少叶轮内发生汽蚀和脱硫的现象，并且能够科学地对叶片数、出口角、宽度等参数进行设计，使扬程曲线驼峰得到消除。而且，在泵应用实践当中，我们应认识到泵叶轮的出口与蜗壳隔舌的距离为叶轮外径的十分之一，脉冲压力最小，当叶片的出口边缘有约 20° 的倾角，就能够更好地削弱冲击力；在叶轮与蜗壳之间留出缝隙，就能够使泵运行效率得到有效提升。通过对水力的设计，能够降低水流对于泵的冲击力，降低水力在泵中冲击过程中带来的振动。

**3. 确保转子质量平衡**

火电厂给水泵机组在投入使用前一定要进行安装调试，安装调试过程中一定要进行动、静平衡测试。测试过程中要科学调整转子中心的位置，使平衡力控制在满足平稳运行的范围内。在实际工作中，检修人员可以提高安装质量，从而对转子不对中的情况加以预防，在源头上减少给水泵振动的发生。

具体的预防措施如下：

1）在给水泵安装调试过程中找对旋转中心。

2）给水泵在运行前进行充分的暖泵，避免因泵体受热不均而导致的泵体变形、中心偏离等情况。

3）应该合理设计管路，原则上要尽量减小管路自身的质量，减小管路的膨胀推力。

**4. 做好泵的安装和维护工作**

在泵安装的过程中和运行的过程中，应做好质量维护工作，从而降低泵振动的发生概率。

1）轴和轴系。在具体安装之前，必须全面检查泵轴、电动机轴、传动轴的质量、型号、种类等。如果存在弯曲和质量偏心，必须矫正处理后才能使用。同时，还要对轴的端间隙值进行校核，如间隙值过大，表明该轴承磨损严重，需要及时更换。

2）联轴器。在联轴器安装时，要保证螺栓间距一致，弹性柱销和弹性套圈之间的结合不能太紧。而联轴器内孔和轴的配合则不能太松，否则需要通过喷涂方式调整联轴器内径，保证其达到设计尺寸，并将联轴器牢牢固定在轴上，避免泵机组运行时自身形成的振动，导致联轴器松动，引发非正常振动。

3）滑动轴承安装时轴颈和轴承间隙，通过更换前后轴承、研磨、刮瓦、调整方式达到合格要求。泵轴轴承下瓦和泵轴轴颈接触点与接触角度必须达到设计要求，例如，下瓦背和轴承座接触面积需要控制在 60% 以上，轴颈处滑动接触面积上的接触点密度要保持在 $2 \sim 4$ 个点 $/cm^2$，接触角度要控制在 $60° \sim 90°$。

4）支架和底板，要及时发现存在振动的支承件的疲劳情况，避免因为强度或者刚度的降低，致使支架和底板基础固有频率下降，引发非正常振动。保证电动机轴承间隙合适；适当调整叶轮与蜗壳之间的间隙；定期检查、更换叶轮口环、泵体口环、级间衬套、隔板衬套等易磨损零件。

## 4.2.3　泵振动的消除

导致泵产生振动现象的原因多种多样，为了能够降低振动对泵运行质量的影响，我们应做好质量管理工作，降低泵的振动幅度，从而保障泵运行的安全性。

### 1. 保证动静部件运行正常

如果给水泵振动的原因是动静部件配合不当，就应该及时检查泵体是否发生变形，泵轴是否弯曲。如果是因为动静部件之间摩擦较大引起的振动，可以采用适当扩大动静部件间隔的方式减小摩擦力。给水泵在运行过程中，应该尽量减少外界因素对给水泵的影响，时刻观察给水泵的振动情况，并及时根据振动情况调整轴颈的中心位置。

### 2. 水力振动处理方法

给水泵在发生水力振动时，常常会听到水流的声音。这可以作为判断水力振动的依据，应及时采取解决措施。水力振动的具体解决措施如下：

1）适当调整叶轮与导叶部件之间的距离。

2）变更流线型，尽量减小冲击力和振幅。

3）在给水泵的安装过程中，叶片与导叶部件安装一定要节距错开，不能相互重叠。

### 3. 固体摩擦而引发的给水泵振动处理方法

如果因热应力而引发给水泵的弯曲或者较大的变形，以及其他原因引发给水泵动静部分接触，接触点的摩擦力将会作用在转子回转的反方向上，从而引发转子的剧烈振动。这就要求检修人员经常对转子进行检查，一旦发现异常要及时采取处理措施，或者是更换转子，确保给水泵的稳定运行。

### 4. 基础不良而引发的给水泵振动处理方法

如果基础不良，会降低基础的固有频率，当基础的固有频率与给水泵的转速一致时，就会引发泵的振动，因此在给水泵的设计阶段要特别注意这个问题，错开基础的固有频率。当给水泵运行数年后，基础的固有频率可能会发生一定的变化，此时就需要进行加固来减低泵振动发生的可能性。

### 5. 轴承损坏而引发的给水泵振动处理方法

针对轴承损坏而引发的给水泵剧烈振动，采取的处理方法主要有：

1）保持给水泵的平稳运行，尽量避免出现急加速的现象。

2）检修人员要加大对轴承的检修力度，查看轴承是否出现基架变形、磨损和接触面超标、乌金老化等现象，并采取适当的处理措施，对于超年限使用的轴承及时地进行更换。

3）在给水泵运行过程中，检修人员要加大巡检力度，一旦发现轴承有异常声响或振动要立即停泵检修，直至消除隐患。总之，针对火电厂出现的给水泵振动原因，要强化防御措施，尽快解决故障，以免故障给火电厂带来更大安全隐患。

**6. 消除由泵选型和操作不当引起的振动**

泵机组中需要两泵并联运行，则要保证两泵性能及运行参数的一致性，泵性能曲线要尽量是缓降型，严禁存在驼峰。同时还要注意以下几点：

1）积极消除可能引发泵机组运行超载的因素，例如流道堵塞时，要及时清理。

2）适当提升泵机组的启动时间，降低对传动轴造成的影响，减少转动部分和静止零件之间的碰撞及摩擦，降低泵机组运行中形成的热变形。

3）针对水润滑的滑动轴承而言，在启动时，必须加入充足的润滑水，避免干启动，直到出水之后，才能停止注水。

4）为避免发生泵机组振幅过大问题，需要使用测量分析振动状况仪器来全天候监测泵运行工作参数，发现问题及时处理，保证泵机组时刻处于最佳的运行状态。

# 4.3 泵振动的测量

GB/T 29531—2013 规定了泵的非旋转部件表面进行的振动测量、测量仪器及泵的振动评价方法。

## 4.3.1 测量相关参数

**1. 振幅**

振幅是物体动态运动或振动的幅度，是振动强度和能量水平的标志，也是评判机器运转状态优劣的主要指标。振幅分别采用振动的位移、速度或加速度值加以描述和度量。

（1）位移幅值　振动位移可以是静态位移，也可以是动态位移，通常我们测试的都是动态位移量。可用简谐振动的运动方程来表示：

$$S = \hat{S}\cos(\omega t + \psi_s) \tag{4-1}$$

式中，$S$ 为位移瞬时值（mm）；$\hat{S}$ 为位移幅值（mm）；$\omega$ 为角速度（rad/s）；$t$ 为时间（s）；$\psi_s$ 为初始角（rad）。

（2）速度幅值　以 $v$ 表示，其有效值代表振动系统的动能。可用简谐振动的运动方程式来表示：

$$v = \hat{v}\cos(\omega t + \psi_v) \tag{4-2}$$

式中，$v$ 为速度瞬时值（mm/s）；$\hat{v}$ 为速度幅值（mm/s）；$\psi_v$ 为初始角（rad）。

（3）加速度幅值　振动加速度的量值是单峰值，单峰值是正峰或负峰的最大值，以 $a$ 表示，其有效值代表振动系统的功率谱密度。可用简谐振动的运动方程式来表示：

$$a = \hat{a}\cos(\omega t + \psi_a) \qquad (4\text{-}3)$$

式中，$a$ 为加速度瞬时值（$mm/s^2$）；$\hat{a}$ 为加速度幅值（$mm/s^2$）；$\psi_a$ 为初始角（rad）。

2. 振动烈度

振动速度的量值为均方根（rms）值，也称为有效值。泵的振动不是单一的简谐振动，而是由一些不同频率的简谐振动复合而成的周期振动或准周期振动。设它的周期为 $T$，振动速度的时间域函数 $V$：

$$V = v(t) \qquad (4\text{-}4)$$

则它的振动速度的均方根值用式（4-5）计算：

$$V_{rms} = \sqrt{\frac{1}{T}\int_0^T v^2(t)\,dt} \qquad (4\text{-}5)$$

式中，$T$ 为周期（s）。

3. 频率

对于振动的描述，除了采用上述的振幅外，还可以采用频率表示。频率 $f$ 就是单位时间内完成全振动的次数，$f = \omega/2\pi$，它是描述振动快慢的物理量，是振动特性的标志。

4. 相位

相位用来描述振动物体在一个周期内所处的不同的运动状态，用三角函数式表示简谐振动方程时式中的（$\omega_t + \phi_0$）即为相位，$\phi_0$ 为初始相位。

5. 测量频率范围

为充分覆盖泵的频谱，振动测量应选宽带，其频率范围通常为 10 ~ 1000Hz。

6. 测量值

泵的振动由几个不同频率的简谐振动合成，由频谱分析可知，加速度、速度或位移幅值是角速度 $\omega$ 的函数。根据加速度幅值 $\hat{a}_n$、位移幅值 $\hat{S}_n$ 或速度幅值 $\hat{v}_n$（$n = 1, 2, \cdots$，表示不同的频率下），它们之间的关系可由图 4-2 所示。可由式（4-6）计算出振动速度的均方根值：

$$
\begin{aligned}
V_{rms} &= \sqrt{\frac{1}{2}\left[\left(\frac{\hat{a}_1}{\hat{\omega}_1}\right)^2 + \left(\frac{\hat{a}_2}{\hat{\omega}_2}\right)^2 + \cdots + \left(\frac{\hat{a}_n}{\hat{\omega}_n}\right)^2\right]} \\
&= \sqrt{\frac{1}{2}\left[\left(\hat{S}_1\omega_1\right)^2 + \left(\hat{S}_2\omega_2\right)^2 + \cdots + \left(\hat{S}_n\omega_n\right)^2\right]} \\
&= \sqrt{\frac{1}{2}\left[\left(\hat{v}_1^2\right)^2 + \left(\hat{v}_2^2\right)^2 + \cdots + \left(\hat{v}_n^2\right)^2\right]}
\end{aligned} \qquad (4\text{-}6)
$$

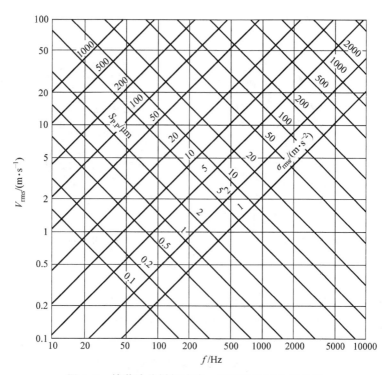

图 4-2　简谐波分量加速度、速度和位移之间关系

## 4.3.2　泵的安装与固定

泵分为卧式泵和立式泵，如图 4-3 和图 4-4 所示。

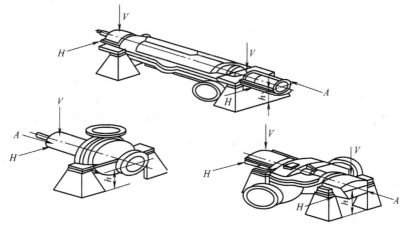

图 4-3　卧式泵

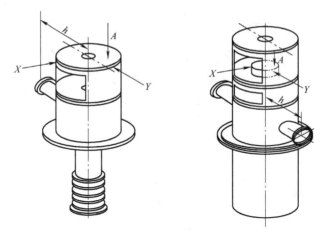

图 4-4　立式泵

### 1. 泵的振动对泵的安装与固定要求

泵应固定在稳定的结构基础上。验收测试在试验台进行时，试验台应具有与现场测试不同的支承结构特性，支承结构易影响所测试的振动，应保证任何支承结构特性的试验装置的固有频率，不同于泵的旋转频率或不发生任何明显的谐振。

试验装置应在泵的底座或者靠近轴承支承的底座上，在水平方向和垂直方向测量的振动值，不应超过在该轴承上相同方向测得振动值的 50%，另外，试验装置不应引起任何主要共振频率的实质变化。

在验收测试中存在支承共振且不能被消除时，振动验收测试应在现场完全安装到机器上进行。

正常情况下，产生较高振动值是由于节流阀距离泵太近，引起管路、泵壳和轴承箱的振动。若该值超出振动限值，制造厂应说明较高振动值产生的原因，例如由于节流阀是临时固定或者支承等。

### 2. 泵现场测试的安装与固定

验收测试在现场进行时，泵的支承结构应确保泵的所有相关部件安装牢固。泵在试验室做性能试验时安装固定属于临时固定，一般都用压板压固在地理导轨上，其安装质量不如它在工作现场的安装质量，故允许以在工作现场测得的振动烈度为准。

同一类型的泵，在不同的基础或基础底层上进行振动比较，基础具有相似动态特性时，方为有效。

## 4.3.3　泵的运行工况

测量时应考虑轴承温度不稳定对测量的影响，不能在汽蚀状态下进行测量。对于降低转速试验的振动测量，不能作为评价的依据。

### 1. 回转动力泵

回转动力泵（如离心泵、混流泵、轴流泵和旋涡泵）的振动测量，应在泵的规定转速下进行，转速的允许偏差为±5%。通常测量该泵的工况点为运行的规定工况点，使用的小流量工况点和使用的大流量工况点三点。对于降低转速试验的振动测量数据，不能作为评价的依据。

### 2. 水环真空泵

水环真空泵测量振动的工况点，为真空度在400hPa时的工况点。转速的允许偏差为±5%。

### 3. 回转式容积泵

回转式容积泵（如螺杆泵、齿轮泵、滑片泵等）的测量工况点，为规定工作压力时的工况点。转速的允许偏差为±5%。

## 4.3.4　测量与测量方向

### 1. 测量方向选择

每个测点都要在三个互相垂直的方向（水平$H/X$、垂直$V/Y$、轴向$A$）进行振动测量，如图4-3和图4-4所示。卧式泵应优先选择水平和垂直方向，也可取轴向。立式或斜式轴布置的泵，测点应选择指向最大挠性并且与其垂直的方向，保证最大读数。

### 2. 测点确定

泵非旋转件的振动测量应在泵的轴承箱（轴承座）或靠近轴承处进行。在每台泵的一处或几处关键部位选为测点，测点应选在振动能量向弹性基础或向系统其他部件传递的地方，通常选在轴承座、底座和出口法兰处（转动部件与固定部件的结合处），并把轴承座处及靠近轴承处的测点称为主要测点，把底座和出口法兰处的测点称为辅助测点。

（1）单级或两级悬臂泵　主要测点选在悬架（或托架）轴承部位，如图4-5所示的1和2的位置，3为辅助测点。

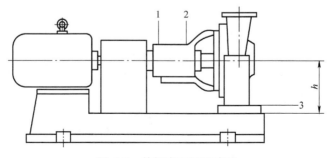

**图4-5　单级或两级悬臂泵**

（2）双吸离心泵（包括各种单级、两级两端支承式的离心泵） 主要测点选在两端轴承座处，如图4-6所示的1和2的位置，辅助测点3靠近联轴器的底座处。

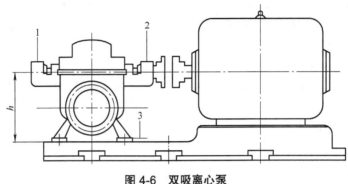

图 4-6　双吸离心泵

（3）卧式多级离心泵　主要测点在两端轴承座上，如图4-7所示的1和2的位置，辅助测点3在靠近联轴器的一侧的泵脚上。没有泵脚的泵，辅助测点在底座上。

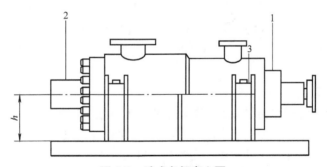

图 4-7　卧式多级离心泵

（4）螺杆泵（卧式）、齿轮泵、滑片泵　主要测点也在轴承体处，如图4-8所示的1和2的位置，辅助测点3在不靠近联轴器端的泵脚上。

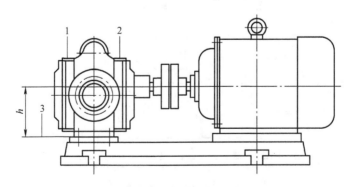

图 4-8　螺杆泵、齿轮泵、滑片泵

（5）立式离心泵　测点分布：

1）立式多级泵的主要测点选在泵与支架连接处，如图4-9a所示的1的位置，辅助测点2和3分别在泵的出口法兰处和地脚处。

2）立式船用离心泵的主要测点也在泵与支架连接处，如图4-9b所示的1的位置，辅助测点2和3，分别在泵的出口法兰和支承地脚处。

3）立式离心吊泵的主要测点在泵与安装电动机的连接支架的连接处，如图4-9c所示的1的位置，辅助测点2和3分别在泵出口法兰处和固定吊杆的横梁上。

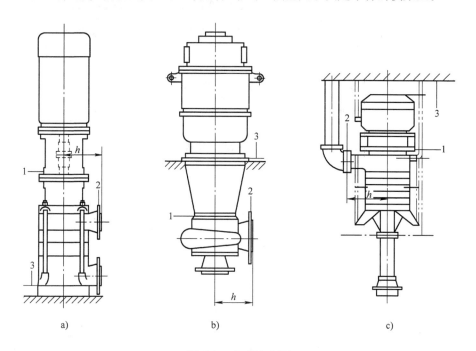

a)　　　　　　　　　　　　b)　　　　　　　　　　　　c)

**图4-9　立式离心泵**

a）立式多级泵　b）立式船用离心泵　c）立式离心吊泵

（6）立式混流泵和立式轴流泵　测点分布：

1）单层基础，主要测点选在泵座与电动机连接处，如图4-10a所示的1的位置，辅助测点分别为2和3的位置。

2）双层基础，主要测点在泵座最高处，如图4-10b所示的1的位置，辅助测点为2和3的位置。

3）泵座与电动机有连接支架的，主要测点在支架与泵座连接处，如图4-10c所示的1的位置，辅助测点为2和3的位置。

（7）立式双吸泵　主要测点在两端轴承座处，如图4-11所示的1和2的位置，辅助测点为3的位置。

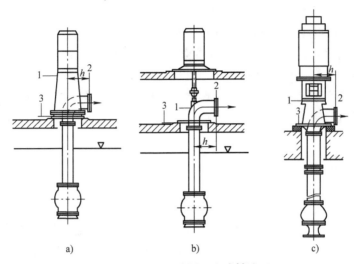

**图 4-10 立式混流泵、立式轴流泵**

a）单层基础　b）双层基础　c）泵座与电动机有连接支架

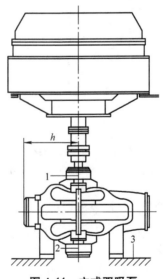

**图 4-11 立式双吸泵**

（8）长轴深井泵　主要测点在泵座上端，如图 4-12 所示的 1 的位置，辅助测点为 2 和 3 的位置。

（9）立式螺杆泵　主要测点在泵体与电动机支承座的连接处的下方，如图 4-13 所示的 1 的位置，辅助测点 2 和 3 分别在泵的出口法兰处和泵底座处。

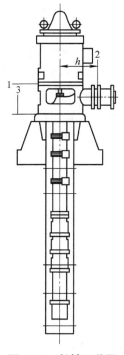

图 4-12　长轴深井泵

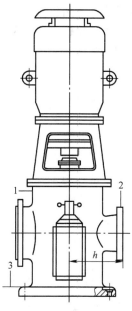

图 4-13　立式螺杆泵

### 3. 测点及测量方向选择的图例说明

典型泵测点位置的选择如图 4-5 ～ 图 4-13 所示。对未涉及的其他结构类型，可参照图例确定其测点位置，确定原则已在上面说明。

## 4.4　环境振动评价

振动测量时其周围的环境条件，如温度、磁场、声场、测量点表面粗糙度、电源波动、传感器（拾振头）的方位、传感器（拾振头）的电缆长度等，都会对测量结果产生影响。

所测振动值大于标准规定的范围，并且受到较大背景振动干扰时，应将泵停机进行测量，以确定外界影响的程度。如泵静止时所测的振动值超过泵运行时的 25%，应采取措施减少环境振动值。

## 4.5　测量仪器

测量前，应正确选用和细心地检查振动烈度测量仪器，以确保测量仪器在所要求的频率范围和速度范围内能精确地工作，应使被测的最低振动烈度值的示值至少等于满量程值的 30%，并应当知道在整个测量范围内仪器的精度。为充分覆盖泵的频谱，振动测量应选宽带，其频率范围通常为 10 ~ 1000Hz。

所用的振动烈度测量仪器应经过法定（或标定授权）的计量部门标定（或检定）认可。在使用前，对整个测量系统进行校准，保证其精度符合要求。对测量用传感器（拾振头）应当细心、合理地进行放置，并保证它不会影响泵的振动特性。

测试过程中所使用的仪器、仪表都应经国家认可的计量检定机构检定，取得检定合格证书，并处于检定有效期内。

# 4.6 振动评价

泵的转轴一般与电动机轴直接相连，使得泵的动态性能和电动机的动态性能相互干涉；高速旋转部件多，动、静平衡未能满足要求；与流体作用的部件受水流状况影响较大；流体运动本身的复杂性等，都是限制泵动态性能稳定性的因素。振动是评价泵机组运行可靠性的一个重要指标。

## 4.6.1 振动烈度的尺度评价

转速在 600 ~ 12000r/min 的范围内（低于 600r/min 可参照使用），频率在 10 ~ 1000Hz 的频段内，速度均方根值相同的振动被认为具有相同的振动烈度，表 4-1 中相邻两档之比为 1 : 1.6，即相差 4dB。4dB 之差代表大多数泵振动响应的振动速度有意义的变化。

用泵的振动烈度查表 4-1 振动烈度的范围（10 ~ 1000Hz），确定泵的烈度。

表 4-1　泵振动烈度值

| 烈度级 | 振动烈度的范围 /（mm/s） | 烈度级 | 振动烈度的范围 /（mm/s） |
|---|---|---|---|
| 0.11 | >0.07 ~ 0.11 | 2.80 | >1.80 ~ 2.80 |
| 0.18 | >0.11 ~ 0.18 | 4.50 | >2.80 ~ 4.50 |
| 0.28 | >0.18 ~ 0.28 | 7.10 | >4.50 ~ 7.10 |
| 0.45 | >0.28 ~ 0.45 | 11.20 | >7.10 ~ 11.20 |
| 0.71 | >0.45 ~ 0.71 | 18.00 | >11.20 ~ 18.00 |
| 1.12 | >0.71 ~ 1.12 | 28.00 | >18.00 ~ 28.00 |
| 1.80 | >1.12 ~ 1.80 | 45.00 | >28.00 ~ 45.00 |

回转动力泵的运行转速小于 600r/min 时，非旋转部件振动的有效过滤位移值可参照表 4-2。

表 4-2　有效过滤位移值

| 振动等级 | 运动状态 | 振动位移界限峰 - 峰值 / μm |
|---|---|---|
| A | 在优选工作范围内就近启用机器 | 50 |
| B | 允许工作范围内非限制长期运行 | 80 |
| C | 界限运行 | 130 |
| D | 损坏危险 | >130 |
| 现场验收试验 | 优选运行范围 | 50 |
| | 允许运行范围 | 65 |
| 工厂验收试验 | 优选运行范围 | 65 |
| | 允许运行范围 | 80 |

注：对于特殊的泵或特殊的支承和运行条件，以及一些特殊应用的泵的设计和叶轮类型，可以允许不同于表 4-2 给出的值。这种情况应当得到制造商与用户的同意。

## 4.6.2　泵的分类

由于泵的振动值与泵的中心高和转速有密切的关系，所以要评价泵的振动级别就需要先将泵按中心高和转速分为四类，见表 4-3。

表 4-3　泵的分类

| 类别 | 中心高 /mm | | |
|---|---|---|---|
| | ≤ 225 | >225 ~ 550 | >550 |
| | 转速 /（r/min） | | |
| 第一类 | ≤ 1800 | ≤ 1000 | — |
| 第二类 | >1800 ~ 4500 | >1000 ~ 1800 | >600 ~ 1500 |
| 第三类 | >4500 ~ 12000 | >1800 ~ 4500 | >1500 ~ 3600 |
| 第四类 | — | >4500 ~ 12000 | >3600 ~ 12000 |

卧式泵的中心高，规定为由泵的轴线到泵的底座上平面间的距离。

立式泵没有中心高，为了评价振动级别，可将立式泵的出口法兰密封面到泵轴线间的投影距离（如图 4-9 ~ 图 4-11 所示 $h$）作为中心高。

### 4.6.3　评价泵的振动级别

泵的振动级别分为 A、B、C、D 四级，D 为不合格。

泵的振动级别评价方法，先按泵的中心高和转速查表 4-3 确定泵的类别，再按泵振动烈度级和类别查表 4-4 评价泵的振动级别。

杂质泵的振动评价方法，将表 4-3 所确定的泵的类别向后推 1 类，如按表 4-3 第一类的泵，用表 4-4 中的第二类评价它的振动级别，依此类推。

**表 4-4　评价泵的振动级别**

| 振动烈度范围 | | 评价泵的振动级别 | | | |
|---|---|---|---|---|---|
| 振动烈度级 | 振动烈度分级界限 /（mm/s） | 第一类 | 第二类 | 第三类 | 第四类 |
| 0.28 | 0.28 | A | A | A | A |
| 0.45 | 0.45 | A | A | A | A |
| 0.71 | 0.71 | B | A | A | A |
| 1.12 | 1.12 | B | A | A | A |
| 1.80 | 1.80 | C | B | B | B |
| 2.80 | 2.80 | C | B | B | B |
| 4.50 | 4.50 | D | C | B | B |
| 7.10 | 7.10 | D | C | C | B |
| 11.20 | 11.20 | D | D | C | C |
| 18.00 | 18.00 | D | D | D | C |
| 28.00 | 28.00 | D | D | D | D |
| 45.00 | | D | D | D | D |

### 4.6.4　振动速度与位移幅值的换算

我们通常测量的是振动烈度（也就是振动速度的均方根值），但有时也想知道其位移幅值。这里要说明的是只有单频率的正弦波才能从振动速度的均方根值换算为位移幅值。当已知该频率的振动速度时，可用式（4-7）换算成位移幅值：

$$\hat{S}_f = \frac{v_f}{\omega_f}\sqrt{2} = \frac{v_f}{2\pi f}\sqrt{2} = 0.225\frac{v_f}{f} \tag{4-7}$$

式中，$\hat{S}_f$ 为位移幅值（单峰值）；$v_f$ 为主频率为 $f$ 的振动速度的均方根值；$\omega_f$ 为角频率，$\omega_f = 2\pi f$。

图 4-14 给出上述关系，即速度均方根值 $v_{rms}$ 与位移幅值 $\hat{S}$ 的换算图。

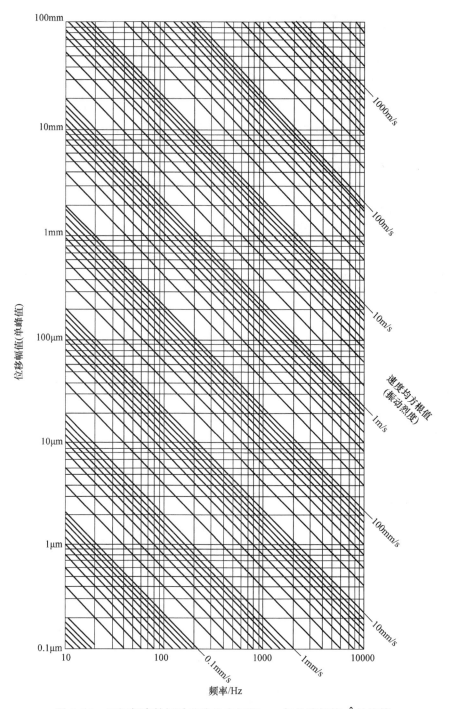

图 4-14　已知频率的振动速度均方根值 $v_{\text{rms}}$ 与位移幅值 $\hat{S}$ 的换算

## 4.7  泵的振动测试报告内容

泵的振动测试报告内容主要包括：

1）制造厂家、试验地点和时间。

2）泵的名称、型号、性能参数、出厂编号。

3）测量场所的安装固定条件。

4）测量仪器仪表的名称、型号、规格、标定单位、标定日期。

5）测点位置示意图。

6）不同泵的工况点、不同测点、不同测量方向上振动速度的均方根值。

7）评价振动级别的结论。

泵振动测试报告模板见表 4-5。

**表 4-5  泵振动测试报告模板**

| 泵的振动测量记录 | | | | | | | | | |
|---|---|---|---|---|---|---|---|---|---|
| 测点编号 | 1 | | | 2 | | | 3 | | |
| 测量方向 | H/X | V/Y | A | H/X | V/Y | A | H/X | V/Y | A |
| | | | | | | | | | |
| 检测工况点流量 /（m³/h） | 振动速度均方根值 /（mm/s） | | | | | | | | |
| 大流量 | | | | | | | | | |
| 规定流量 | | | | | | | | | |
| 小流量 | | | | | | | | | |
| 附加说明 | | | | | | | | | |
| 评价泵的振动级别 | | | | | | | | | |
| 转速 /（r/min） | 中心高 /mm | | 分类 | | 振动烈度级 | | | 振动级别 | |
| | | | | | | | | | |
| 测量中使用的仪器 | | | | | | | | | |
| 序号 | 仪器名称 | | 型号 | | 检定单位 | | | 检定日期 | |
| | | | | | | | | | |
| | | | | | | | | | |
| 测点位置示意图 | | | | | | | | | |
| 产品名称 | | 型号 / 编号 | | | 生产单位 | | | | |
| 检测场地 | | 检测员 | | | 检测日期 | | | | |

# 第 5 章
## 噪声性能指标分析与评价

## 5.1　泵噪声分析

随着人类社会的高速发展以及对环境问题的重视，噪声问题也日渐成为人们关注的重点。泵作为一种重要的能量转换装置及流体运送设备，普遍应用于交通、化工、动力及航空航天等方面。由于其功能的多样性导致了泵结构的复杂性，其内部流体流动也更为复杂，伴随着泵的使用过程会产生噪声，对泵性能产生影响。

### 5.1.1　噪声的产生及分类

通常来说泵内部的噪声有许多种，运行过程中泵的各个部件和内部流动介质无论是在正常工况下或故障工况下都会产生不同程度的噪声。对泵的噪声按照产生的机理可以分为机械结构振动噪声与流体动力学噪声，泵噪声源分类如图 5-1 所示。

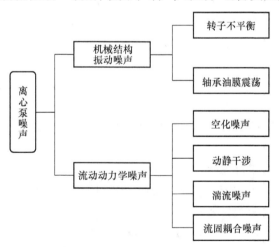

**图 5-1　泵噪声源分类**

机械结构噪声通常由于转子不平衡以及轴承油膜震荡所引起。转动零件的不对称，转动部件的不对中引起结构振动而产生噪声，其所产生噪声的峰值频率通常为离心转速的倍数，同时，机械结构产生的振动还会把能量传递给管道，进一步产生辐射噪声。

流体动力学噪声主要包括流固耦合噪声（运动流体与固体边界的相互作用）、水锤以及流体内部的空化噪声、流动分离与流动失稳所引起湍流噪声以及动静干涉引起的泵噪声。而按照发声机理来分，流体动力学噪声主要包括体积变化诱发的噪声（单极子源）、表面振荡力诱发的噪声（偶极子源）以及自由湍流诱发的噪声（四极子源），由流体动力学诱发的噪声不仅包含宽频的噪声，其中还包含了与叶片通过频率成倍数的离散噪声。

## 5.1.2 噪声的危害

泵噪声会带来多方面的危害，一方面会降低泵的性能，增加泵的能耗，减少泵的使用寿命，影响泵的经济性和可靠性；另一方面噪声在传播过程中会与结构发生耦合，引起泵体和管路的振动，轻则会引起部件损害或仪表失灵，重则可能导致管道构件产生疲劳损坏，在高压作用下引起流体泄漏污染、管路爆炸等事故。同时，泵噪声基本上呈现宽频带特性，在中高频尤其明显，这将会给长期在此环境下的工作人员及附近居住人员的身体健康带来不利影响。

## 5.1.3 降低噪声的措施

泵的噪声往往和振动有关，为防止由泵及泵系统的振动所引起的噪声及其传播，通常要采用一系列的防振措施。为了不让泵的振动传给管路系统，可在泵的吸入口前及吐出口后安装橡胶弹性接头。而吸入及吐出管路系统应采用防振支架支承。采用这些措施后，可使由于泵组振动引起的噪声大大降低。

要降低泵的噪声，也可以通过对泵的水力设计、模型进行优化，通过对泵的吸入条件、介质温度、密度等进行充分的分析，选择符合汽蚀性能要求的模型。在运转时，尽可能避免汽蚀工况的产生。由于汽蚀引起的振动噪声危害极大，长期在汽蚀工况下运转，会使泵的寿命大大缩短。通过改善汽蚀不仅可以降低其噪声危害，还能提高泵的性能。

通过对传播途径进行控制，也能有效降低泵噪声，经常采用的方法是加隔声罩或利用建筑物隔声。当采用隔声罩时，隔声罩的外壳常采用钢板，在钢板的内侧衬上吸声材料，能够有效地降低噪声。

降低泵噪声还可以通过以下措施：可以采取增大隔舌与叶轮之间的距离、加强隔舌的强度和改变隔舌的形状等方式降低泵的噪声；改变叶轮的形状及大小；提升生产过程中通过对加工精度和安装精度等等。

# 5.2 噪声相关参数

GB/T 29529—2013 规定了在包络泵的测量表面上测量声压级的环境要求、测量仪器及泵的噪声级别评价方法等。

噪声相关参数主要包括：时间平均声压级、单次事件声压级、表面声压级、测量表面、测试的频率范围、基准体、特性声源尺寸、测量距离、测量半径、背景噪声、背景噪声修正、环境修正、脉冲噪声指数（脉冲性）。具体释义如下：

**时间平均声压级**：时间平均声压级是指连续和稳态的声压级，也被称作等效声压级，在测量的时间间隔 $T$ 中，它与随时检变化的被测声有相同的均方声压。通常用 $L_{peq,T}$ 来表示。

时间平均声压级由式（5-1）计算得：

$$L_{peq,T} = 10\lg\left[\frac{1}{T}\int_0^T 10^{0.1Lp(t)}\mathrm{d}t\right] = 10\lg\left[\frac{1}{T}\int_0^T \frac{p^2(t)}{p_0^2}\mathrm{d}t\right] \tag{5-1}$$

式中，$T$ 为测量时间间隔（s）；$p$ 为瞬时声压（Pa）；$p_0$ 为基准声压（20μPa）。

**单次事件声压级**：单次事件声压级是指规定的测量时间 $T$（或规定时间性间隔 $T$）上独立单发事件的时间积分声压级，$T_0$ 标准化到 1s。通常用 $L_{p0,1s}$ 来表示。

单次事件声压级由式（5-2）得：

$$L_{p0,1s} = 10\lg\left[\frac{1}{T_0}\int_0^T \frac{p^2(t)}{p_0^2}\mathrm{d}t\right] = L_{peq,T} + 10\lg\left[\frac{T}{T_0}\right] \tag{5-2}$$

式中，$T$ 为测量时间间隔（s）；$T_0$ 为基准持续时间（1s）；$p$ 为瞬时声压（Pa）；$p_0$ 为基准声压（20μPa）。

**表面声压级**：表面声压级是指测量表面所有传声器位置上时间平均声压级的能量的平均值加上背景噪声修正 $K_1$ 和环境修正 $K_2$ 之和，单位为 dB。

**测量表面**：包括声源，面积为 $S$，测点位于其上的一个假想的几何表面。测量表面终止于一个或多个反射面上。

**测试的频率范围**：包括中心频率 125 ~ 8000Hz 的倍频程带。

**基准体**：恰好包络声源且终止于一个或多个反射面上的最小矩形平行六面体假想表面。

**特性声源尺寸**：由基准体和其在邻接反射面内的虚像所形成的箱体对角线长度的二分之一，通常用 $d_0$ 来表示。

**测量距离**：测量距离表示为基准体与箱形测量表面之间的垂直距离，通常用 $d$ 来表示。

**测量半径**：半球测量表面的半径，通常用 $r$ 来表示。

**背景噪声**：除被测声源以外所有的其他声源的噪声。

**背景噪声修正**：因为背景噪声对表面声压级会产生一定影响，所以引入一个修

正项背景噪声修正 $K_1$。$K_1$ 与频率有关,在 A 计权情况用 $K_{1A}$ 表示。

**环境修正:**通过对声反射或声吸收对表面声压级的影响分析,从而引入一个修正项环境修正 $K_2$。$K_2$ 与频率有关,在 A 计权情况下用 $K_{2A}$ 表示。

**脉冲噪声指数(脉冲性):**对声源辐射的噪声进行"脉冲"定性的一个量,单位为 dB。如果脉冲噪声指数平均值等于或者大于 3dB,则可以认为这个噪声为脉冲噪声。

# 5.3 噪声测试环境

噪声测试环境需要至少满足以下条件之一:

1)试泵现场。

2)试验基地。

3)声学测量方法的特殊条件。

## 5.3.1 测试环境合适性评判标准

环境修正 $K_{2A}$ 应小于等于 7dB,若满足不了条件则需要进行修正,具体修正方法见 5.3.3。

测试场所需要提供一个这样的测量表面,它位于:①几乎不受附近物体和房间边界(墙、地板、屋顶)反射干扰的声场内;②被测声源的近场之外。如果到被测声源的测量距离等于或者大于 0.15m,就可以认为测量表面位于近场区域之外。

对于室外测量,需要满足 5.3.2 的规定的条件,通过 5.3.3 规定的鉴定方法进行判定,否则测量不符合要求。

## 5.3.2 环境条件

(1)反射平面的类型 室外测量允许可以利用的反射面包括坚固的土地面、混凝土或沥青地面;室内测量反射面基本为地板,且需要保证反射面不会由于振动二产生明显的声辐射。形状和尺寸要求反射面应大于测量表面在其上的投影。其吸声系数在所测试的频率范围内要小于 0.1,室外测量过程中,混凝土、沥青或砂石可以满足要求。吸声系数较高的反射面,如草地或者雪地,则测量距离应不大于 1m,室内测量允许使用木地板或砖地板。

(2)反射体 只要是不属于被测声源的反射体,都应在测量表面之外。

(3)室外测量注意事项 测量期间应避免不利的气象条件的影响。例如:风速梯度、温度梯度、高温、降雨等。

## 5.3.3 测试场所鉴定方法

环境修正可根据标准声源测得的声功率得到(参见 GB/T 4129),在一个反射面

上方的自由场中预先校准标准声源，$K_{2A}$ 由式（5-3）给出

$$K_{2A} = L'_{WAT} - L_{WAT} \qquad (5\text{-}3)$$

式中，$L'_{WAT}$ 为 $K_{2A} = 0$ 时按 5.6 和 5.7 测定的标准声源未经环境修正的 A 计权声功率级（dB）；$L_{WAT}$ 为标准声源校准的 A 计权声功率级（dB）。

环境修正 $K_{2A}$ 主要是由于边界（墙、地板、屋顶等）以及一些被测声源附近的反射产生的声波反射造成的。其也可以通过式（5-4）得出

$$K_{2A} = 10\lg\left[1 + 4\left(\frac{S}{A}\right)\right] \qquad (5\text{-}4)$$

式中，$A$ 为 1kHz 频率上房间的等效吸声面积（$m^2$）；$S$ 为测量表面面积（$m^2$）。

环境修正作为 $A/S$ 的函数如图 5-2 所示。

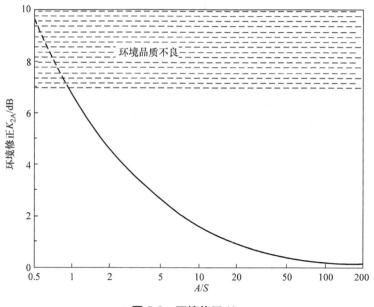

**图 5-2　环境修正 $K_{2A}$**

其中，$A$ 的值通过一种近似法进行计算，可通过式（5-5）得出，$\alpha$ 为平均吸声系数，与测试房间环境相关，可通过表 5-1 来进行近似确定。

$$A = \alpha S_v \qquad (5\text{-}5)$$

式中，$\alpha$ 为表 5-1 给出的 A 计权平均吸声系数；$S_v$ 为测试房间边界（墙、天花板、地面）的总面积（$m^2$）。

表 5-1　平均吸声系数 $\alpha$ 的近似值

| 平均吸声系数 $\alpha$ | 房间结构特征 |
| --- | --- |
| 0.05 | 房间基本为空,墙壁光滑无异物且坚硬,主要材料为水泥、砖、灰泥面以及瓷砖 |
| 0.1 | 房间部分空,墙壁光滑 |
| 0.15 | 房间中有家具;矩形厂房;矩形机器间 |
| 0.2 | 带家具的不规则房间;不规则形状的机器间或工业厂房 |
| 0.25 | 房间内带有部分家具;天花板或墙面装有部分吸声材料的机器间或工业厂房 |
| 0.35 | 房间内部安装有吸声材料 |
| 0.5 | 房间内部安装大量的吸声材料或者设备 |

$A$ 值的计算也可选用混响法进行计算。通过对房间混响时间进行测量确定吸声量。混响时间测量使用宽带噪声或者接受系统中带有的 A 计权的脉冲声作为激励信号。$A$ 的值可按式（5-6）计算：

$$A=0.16V/t \tag{5-6}$$

式中，$V$ 为测试房间的体积（$m^3$）；$t$ 为测试房间的混响时间（s）。

测试环境中的测试表面满足要求时，吸声面积 $A$ 与测量表面面积 $S$ 之比 $A/S$ 应不小于 1，且 $A/S$ 的值越大越好。如果测试表面无法满足要求，需要重新确定测量表面。二次选择的测量表面的面积较少时，但仍位于近场以外（见图 5-2）。可以采用增加材料达到增加 $A/S$ 值的目的，然后重新测定 $A/S$。

## 5.3.4　背景噪声

背景噪声要求在传声器位置上平均后的背景噪声 A 计权声压级应当至少比被测声压级低 3dB。

一般来说理想的噪声测量环境背景应是除一个反射面（地面）外没有其他反射物体，在反射面上方近似为一个自由场。在一般的泵试验室是很难达到这种要求的，在试验现场除需要测量声源（泵及原动机发出的噪声）外，还存在其他声源，如开式试验台向水池的泄水声、闭式试验台管道和阀门的水流声等。所以在每个测点上测量 A 声级时，若与背景噪声的 A 声级之差小于 10dB 时，应按照表 5-2 的修正值进行修正。

在对泵声源的声功率级进行测定时，要考虑电动机、阀门和管路的噪声影响，在必要时应对其采取隔声（如隔声罩）等降低影响的措施。

表 5-2　背景噪声的修正

| 泵运行测得的 A 声级与背景噪声 A 声级之差 | 应减去的修正值 $K_1$ |
|---|---|
| 3 | 3 |
| 4 | 2 |
| 5 | 2 |
| 6 | 1 |
| 7 | 1 |
| 8 | 1 |
| 9 | 0.5 |
| 10 | 0.5 |
| >10 | 0 |

## 5.4　测量仪器

对传声器的电缆在内的仪器系统的准确度要求应当符合 GB/T 3785.1—2010 中 2 型的规定。

测量前后，需使用准确度优于 ±0.3dB 的声校准器在测试的频率范围内的一个或多个频率点上对整个测量系统进行校准。声校准器和测量系统应当经过计量检定合格且在检定有效期内。

当测试环境有风力影响时，需要采用传声器风罩以保证仪器的测量准确度在室外测试的时候不受风的影响。

## 5.5　泵安装及工作条件

### 5.5.1　安装

在安装泵和试验设备时应注意以下 4 点：

1）在试验室测量时，应考虑出口节流阀对噪声测量的影响，优先使用低噪声节流装置。

2）吸入和排出管路噪声过大时，应采取降低噪声影响的措施。

3）减少来自其他试验设备的噪声影响，测量时电动机和传动部件可临时屏蔽。

4）应用抗振技术。

常用的泵具体安装步骤大致如下：

1）按基础尺寸做好混凝土基础，同时预埋好地脚螺栓。在安装前应对泵和电动机进行检查，各部分应完好无损，泵内应无杂物。

2）将机组放在基础上，在底板和基础之间放成对楔垫，通过调整楔垫，找正泵的水平。调好后，用力拧紧地脚螺栓。在泵的吸入、吐出管路应设置支架，不能使用泵来支承。

3）进出口管路口径应与泵进出口口径相统一，自吸泵安装时应先接进口管，加满液体后再接出口管，校正转向。

4）泵的进口管道必须与泵匹配，且总长不能超过 5m，防止其影响其性能。

5）安装完毕，最后用手转动联轴器，检查有无擦碰现象，转动轻松均匀则安装结束。

## 5.5.2　工作条件

泵的工作条件要符合以下条件：

1）对离心泵、混流泵、轴流泵等叶片泵的噪声进行测定时，需要在规定转速（允许偏差在 ±5% 以内）、规定流量下进行。对齿轮泵、滑片泵、螺杆泵等容积泵（往复泵除外）进行噪声测定时，应在规定转速（允许偏差在 ±5% 以内）、规定压力下进行。

2）泵输送液体需要满足有关的产品标准规定。

3）对噪声进行测定时，在额定工况下泵的可用汽蚀余量应大于必需汽蚀余量。

由于泵机组的附加设备的回声可能会对测量产生影响，所以在车间或者实验基地进行的泵的性能试验不能作为合同最终验收值。

# 5.6　声压级测量

## 5.6.1　测量表面的选择

通过基准体来确定传声器在测量表面上的位置。对基准体进行设定时，对一些声源凸出以及不辐射重要声能量单元可以不考虑。基准体通常包含泵或泵机组和泵的法兰，不包括泵机组管路、泵的管路及传动部件和电动机，以及不能形成声源的单个小型的水力部件。

通过坐标系对被测声源的位置、测量表面和传声器位置进行设定。一般坐标系的 $X$ 轴和 $Y$ 轴位于地面上，$X$ 轴与基准体的长对应平行，$Y$ 轴与基准体的宽对应平行，其特定声源尺寸 $d_0$ 见表 5-3。测量表面一般使用两种形状：一种是半径为 $r$ 的半球形或局部半球形表面；另一种为各边与基准体对应平行的矩形平行六面体行表面。

在复杂环境中的声源，如有许多反射体、背景噪声高，通常使用较小的测量距离。一般使用平行六面体测量表面。如在声学条件满足的室外大空间安装或测试声源，通常选用较大的测量距离。一般优先使用半球形测量表面。指向性测量要求用半球或局部半球形的测量表面。

## 5.6.2 半球测量表面

（1）半球测量半径 半球测量表面的半径 $r$ 应大于或等于到特性声源尺寸 $d_0$ 的 2 倍且不小于 1m，半球中心应当位于基准体及其在邻接反射面内的虚像所构成的箱体的中心，即为表 5-3 位置示意图中的原点 $Q$ 点。

表 5-3 基准体和特性声源尺寸 $d_0$ 与坐标系统原点 $Q$ 关系示例

| 不同数量反射面上的基准体 | 基准体和 $d_0$ 与坐标系统原点 $Q$ 的位置示意图 | 特性声源尺寸 $d_0$ 的计算 |
|---|---|---|
| 一个反射平面上的基准体 | 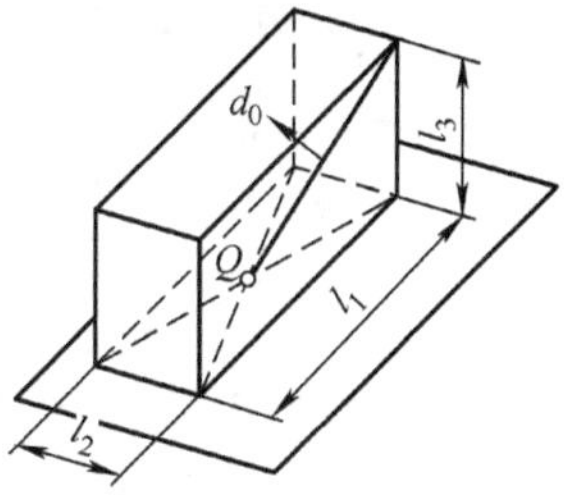 | $d_0 = \sqrt{(l_1/2)^2 + (l_2/2)^2 + l_3^2}$ |
| 两个反射平面上的基准体 | 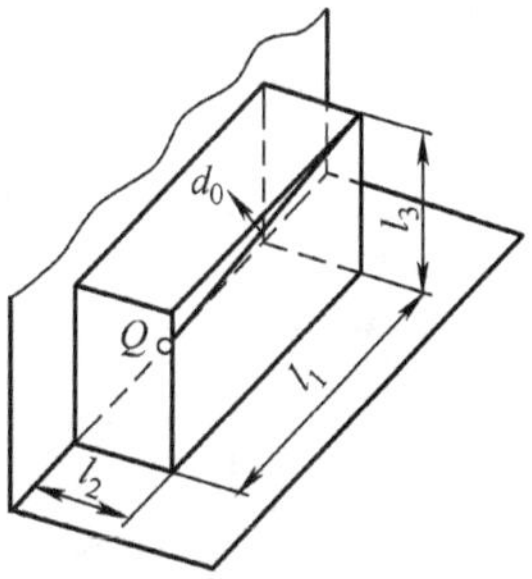 | $d_0 = \sqrt{(l_1/2)^2 + l_2^2 + l_3^2}$ |
| 三个反射平面上的基准体 | 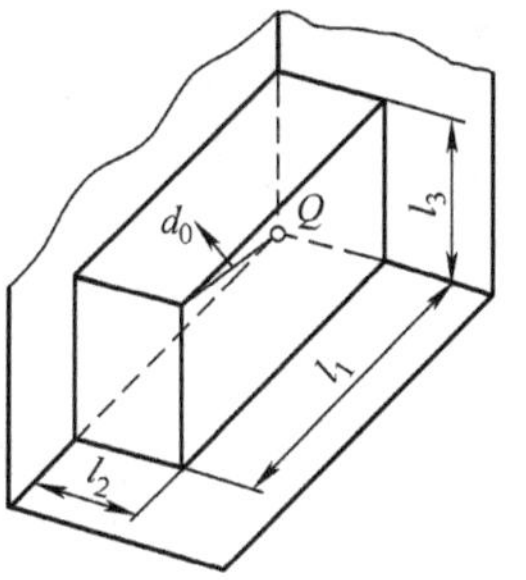 | $d_0 = \sqrt{l_1^2 + l_2^2 + l_3^2}$ |

半球半径通常使用下列数值中的一个：1m、2m、4m。但是如果半径太大时，不满足噪声的环境条件，这些半径不能采用。

（2）半球测量表面的面积和基本传声器位置　当反射面唯一时，传声器所在的假想半球表面面积一般为 $S = 2\pi r^2$，被测声源位于一面墙前时，$S = \pi r^2$；如果位于一个墙角上，则 $S = 0.5\pi r^2$。半球表面上的传声器位置一般如图 5-3 和图 5-4 所示，图 5-3 给出了 4 个基本传声器位置，它们在半径为 $r$ 的半球表面上以同等面积联结。如果声源安置靠近在一个以上的反射面，应如图 5-5 所示，设定适当的测量表面和传声器位置。

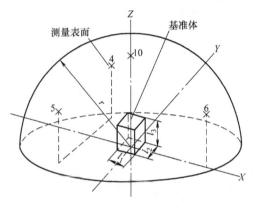

**图 5-3　半球表面上的传声器阵列——基本传声器位置**

注：× 为基本传声器位置。

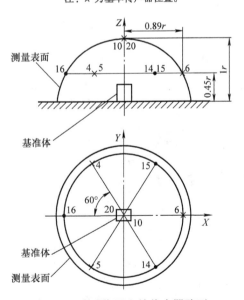

**图 5-4　半球表面上的传声器阵列**

注：× 为基本传声器位置；· 为附加传声器位置；
4，5，6，10 为基本传声器位置；14，15，16，20 为附加传声器位置。

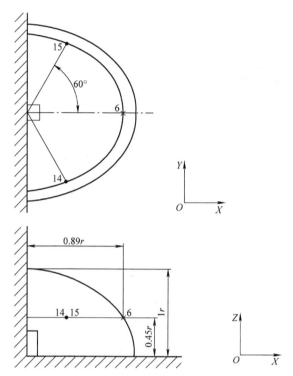

**图 5-5   基准体紧靠两个反射面的局部球形测量表面与传声器位置平面图**

注：× 为基本传声器位置；· 为附加传声器位置。

### 5.6.3   平行六面体测量表面

（1）测量距离   基准体与测量表面各对应面相平行，间距为 $d$。当测量距离 $d \geq 1\text{m}$ 时，一般取 1m。当测量条件未达到背景噪声技术要求时，测量距离应当小于 1m 大于 0.25m。

（2）平行六面体测量表面的面积和传声器   传声器位置所在的测量表面，为一个面积大小为 $S$、包络声源、各边平行于基准体的边、与基准体的距离为 $d$（测量距离）的一个假想表面，如图 5-6 所示。图 5-7 及图 5-8 分别为适用泵机组和泵的声压级测定的典型测量表面，其传声器位置如图所示，其他不同规格的泵机组传声器所在位置见表 5-4。

根据平面六面体测量表面上的传声器位置，测量表面的面积 $S$ 的计算式（5-7）为

$$
\begin{aligned}
S &= 4\,(ab + ac + bc) \\
a &= 0.5l_1 + d \\
b &= 0.5l_2 + d \\
c &= l_3 + d
\end{aligned}
\tag{5-7}
$$

式中，$l_1$、$l_2$、$l_3$ 分别为基准体的长、宽、高（m）。

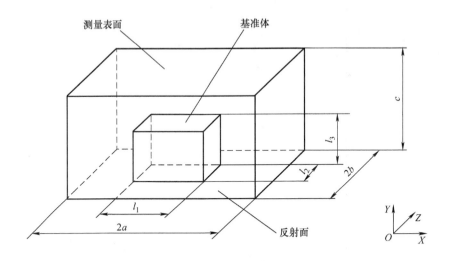

图 5-6  平行六面体的测量表面

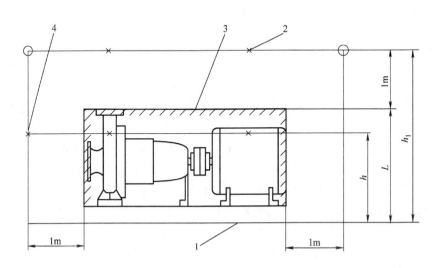

图 5-7  适用泵机组声压级测定的典型测量表面

1—反射面  2—上测量表面  3—基准体  4—中间测量表面  ○—2 级附加传声器位置
×—3 级传声器位置  $L$—基准体高度（m），等于泵机组最高点  $h$—中间测量表面高度（m），
$h = (L+1)/2$  $h_1$—上测量表面的高度（m），$h_1 = L+1$

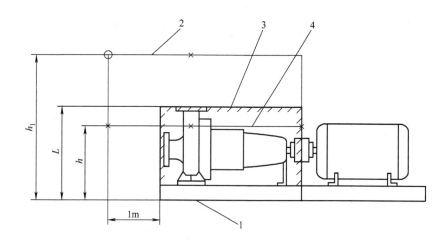

**图 5-8 适用于泵声压级测定的典型测量表面**

1—反射面  2—上测量表面  3—基准体  4—中间测量表面  ○—2 级附加传声器位置
×—3 级传声器位置  $L$—基准体高度（m），等于泵机组最高点  $h$—中间测量表面高度（m），
$h = (L+1)/2$  $h_1$—上测量表面的高度（m），$h_1 = L+1$

**表 5-4 不同泵机组规格的传声器位置**

| 机组规格 | 传声器位置 |
|---|---|
| 机组尺寸小于 1m 的卧式泵机组 | 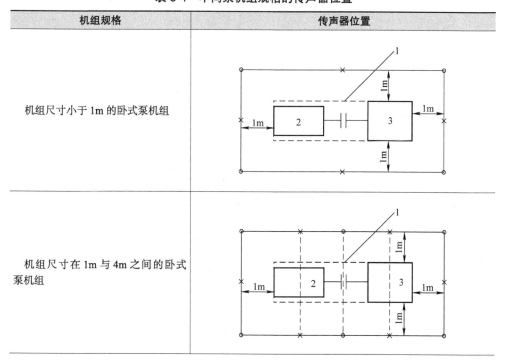 |
| 机组尺寸在 1m 与 4m 之间的卧式泵机组 | |

（续）

| 机组规格 | 传声器位置 |
|---|---|
| 机组尺寸大于 4m 的卧式泵机组 | |
| 安装齿轮箱或泵用调速液力偶合器的卧式泵（无标度） | |
| 高度在 1m 和 5m 之间的立式泵机组（无标度） | |

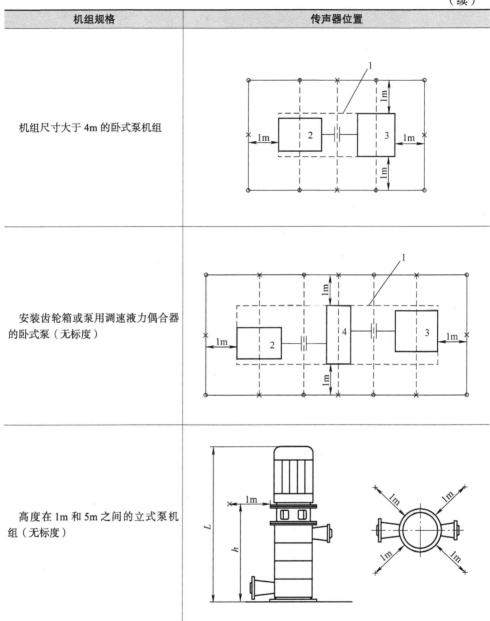

注：1—平行六面体  2—电动机  3—泵  4—中间测量表面  ×—3 级传声器的位置  ○—2 级附加
传声器的位置  $L$—泵机组高度（m）  $h$—中间测量表面高度（m），$h=(L+1)/2$。

## 5.6.4  选择传声器位置的附加方法

1）设备噪声辐射指向性较强时，且使相邻测点位置上声压级差值达到 5dB 以上，或者由于设备基准体尺寸较大，造成测量表面上测点间距超过 $2d$ 时，则应增加或附加传声器位置。若增加或附加传声器位置后，其所在位置的分布在测量表面上不是以等面积联结时，通常需要使用 GB/T 6882—2016（非等面积）计算程序获取确定 $L_W$。

2）如果设备噪声辐射指向性较均匀，且满足初步测定表明利用传声器位置对计算声功率级的影响小于及等于某个值时，可以适当减少传声器位置。

3）试验记录中需要标明任何增加或减少传声器位置等情况。

4）出于安全考虑，通常对声源顶部的测点进行省略，标明在相应的噪声测试规范中。

## 5.6.5 测量

（1）环境因素　环境因素（例如电磁场、风场、被测设备空气放电的冲击、高温或低温）对测量传声器有影响时，需要选择定位传声器加以避免。应注意测量仪器使用说明书中给出的不利环境条件。

（2）测量仪器　满足 5.4 的要求外，还需要符合以下要求：

1）时间平均声压级需要通过满足要求的积分声级计进行测量。当使用时间特性测得的声压级起伏小于 ±1dB 时，则允许使用满足要求的声级计。后一种情况用测量期间最大、最小声压级的平均值代表时间平均声压级。

2）传声器取向需要满足与其校准时的声波入射角相同。

（3）测量方法　对声源工作的典型周期上 A 计权声压级进行观察，需要记录每个传声器位置的 A 计权声压级。

对以下量进行测定：

1）被测声源工作期间的 A 计权声压级 $L'_{pA}$。

2）背景噪声的 A 计权声压级 $L''_{pA}$。

除在专用噪声测试规范中说明以外，否则观察周期应不少于 30s。

独立单次声事件，测定单次事件声压级 $L_{p0,1s}$。

一些随时间变化的噪声，应仔细规定其观察周期，这一点通常和测量目的相关。一些机器的自身工作方式会改变其自身的噪声级，需要对每一种工作方式都选择恰当的测量周期，注明在测试报告中。

# 5.7　A 计权表面声压级、声功率计算

## 5.7.1　测量表面平均 A 计权声压级的计算

计算测量表面平均 A 计权声压级和测量表面平均背景噪声 A 计权声压级按式（5-8）和式（5-9）计算：

$$\overline{L}'_{pA} = 10\lg\left[\frac{1}{N}\sum_{i=1}^{N}10^{0.1L'_{pAi}}\right] \tag{5-8}$$

$$\overline{L}''_{pA} = 10\lg\left[\frac{1}{N}\sum_{i=1}^{N}10^{0.1L''_{pAi}}\right] \tag{5-9}$$

式中，$\overline{L}'_{pA}$ 为被测声源工作期间的测量表面平均 A 计权声压级（dB）；$\overline{L}''_{pA}$ 为被测量表面平均背景噪声 A 计权声压级（dB）；$\overline{L}'_{pAi}$ 为在第 $i$ 个传声器位置上测得的 A 计权声压级（dB）；$\overline{L}''_{pAi}$ 为在第 $i$ 个传声器位置上测得的背景噪声 A 计权声压级（dB）；$N$ 为传声器位置数目。

式（5-8）和式（5-9）的平均方法基于测量表面上传声器均匀分布这一前提。

（1）背景噪声修正　按式（5-10）计算修正值 $K_{1A}$：

$$K_{1A} = -10\lg(1 - 10^{-0.1\Delta L_A}) \tag{5-10}$$

式中，$\Delta L_A = \overline{L}'_{pA} - \overline{L}''_{pA}$。

若 $\Delta L_A > 10$dB，不需要修正；若 $\Delta L_A \geqslant 3$dB，则所做的测量有效。若 $\Delta L_A$ 在 3 ~ 10dB，应按式（5-10）加以修正。如果 $\Delta L_A < 3$dB，测量结果的准确度会变低。测量所能加的最大修正值为 3dB。将结果记入报告，作为确定噪声源上限声功率级的参考。报告时，应当在报告的内容和结果的图表中说明背景噪声没有满足测量要求。

（2）测试环境修正　通过测定环境修正 $K_{2A}$，如果 $K_{2A} \leqslant 7$dB 时，则表明所进行的声压级测量有效。

（3）A 计权表面声压级的计算　按式（5-11）计算表面声压级 $\overline{L}_{pA}$：

$$\overline{L}_{pA} = \overline{L}'_{pA} - K_{1A} - K_{2A} \tag{5-11}$$

## 5.7.2　声功率级的计算

按式（5-12）计算声功率级 $L_{WA}$：

$$L_{WA} = \overline{L}'_{pA} + 10\lg\left[\frac{S}{S_0}\right] \tag{5-12}$$

式中，$\overline{L}_{pA}$ 为 A 计权表面声压级（dB）；$S$ 为测量表面的面积（m²）；$S_0$ 为基准测量表面面积（m²），值为 1。

## 5.7.3　任选量的测定

任选量噪声源的测定有以下 4 点：

1）测定脉冲噪声指数，利用听觉确定离散纯音的存在。

2）测量表面上单个传声器位置或测量表面上平均的声压谱。

3）选用随时间的变化传声器位置上 A 计权声压级，对测量表面上传声器位置间 A 计权声压级之间的差值进行测量。

4）测量表面上各个传声器位置不同时间计权和 / 或不同频率计权的声压级。

## 5.8 泵声压级测定方法

A 计权声压级的测量方法如下：

### 1. 测点位置

泵机组以及泵的测点选择方式如图 5-9 ~ 图 5-18 所示，其他泵或泵机组的测点可参照图例确定。测点与泵体表面水平距离应当为 1m，图中 × 为测点位置。测点高规定如以下 3 点：

1）泵的轴线距离声反射面（地面）的高度为泵的中心高。

2）若泵的中心高不大于 1m 时，将测点高规定为 1m。

3）若泵的中心高与被测表面距离相比较大于 1m 时，且测点高与中心高相同，如图 5-9 ~ 图 5-18 所示。

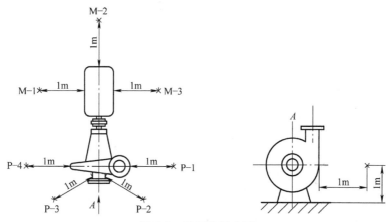

图 5-9 单级悬臂式泵

### 2. A 声压级的测定值与平均声压值 $L_{pA}$ 的计算

泵的种类可以通过图 5-9 ~ 图 5-18 进行参考，并可以对泵和泵机组的测点进行规定，测量在规定测点上对声源的 A 声级读数值 $L_{pAi}$，对照各测点的背景噪声按式（5-10）进行修正，得到各测点的 A 声级的测定值 $L_{pAi} - K_{1i}$；通过式（5-8）对泵周围的测点（P-1 ~ P-5）、电动机周围的测点（M-1 ~ M-3）进行平均计算。通过泵周围的平均值对泵的噪声进行评价，用包括所有测点的总平均值 $L_{pA}$ 对考核机组噪声进行评定。

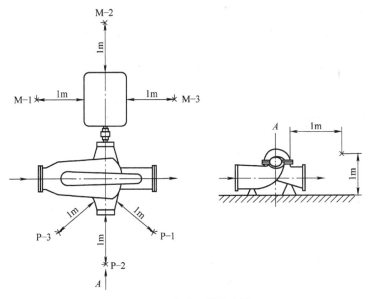

图 5-10　卧式双吸离心泵

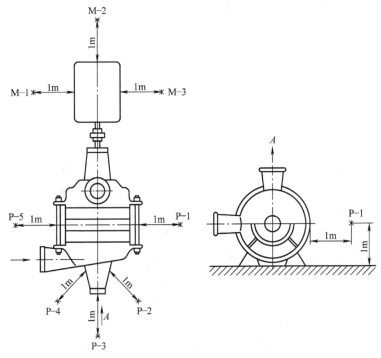

图 5-11　多级离心泵

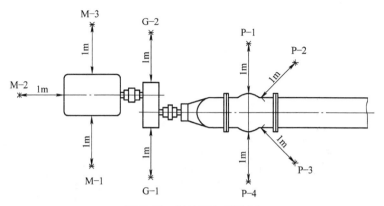

图 5-12　轴流泵与混流泵

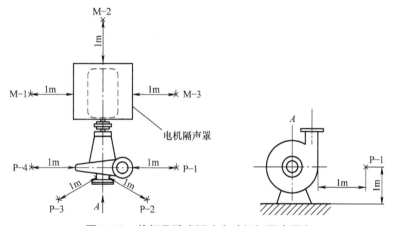

图 5-13　单级悬臂式泵（电动机加隔声罩）

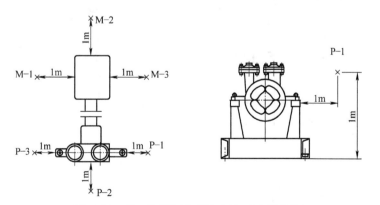

图 5-14　单、两级径向吸入径向吐出结构泵

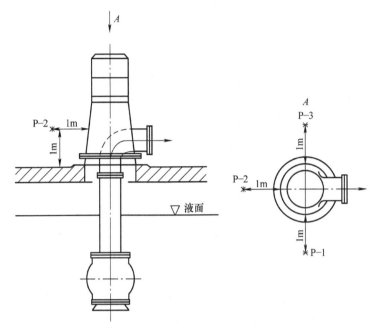

图 5-15 立式单基础组泵

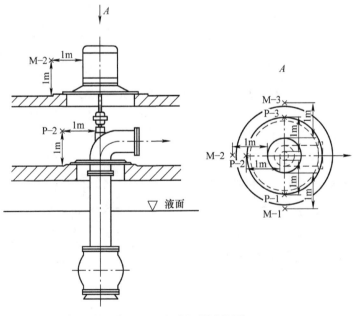

图 5-16 立式双基础组泵

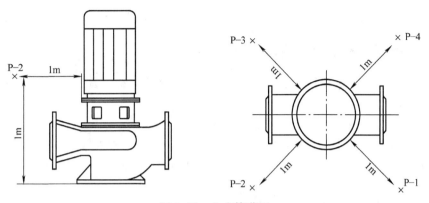

图 5-17　立式管道泵

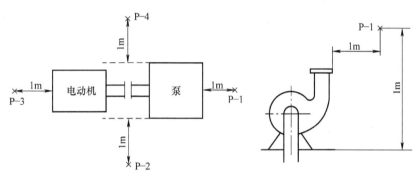

图 5-18　泵机组小于 1m 的泵

## 5.9　泵的噪声级别评价方法

　　测量泵的声功率时，用声压级来对泵的噪声级别进行评价；测量泵的 A 声级时，不重新规定评价表面，通过式（5-12）规定的平均声压级 $\overline{L}_{pA}$ 对泵的噪声级别进行评价（这里的 $L_{pA}$ 与泵的声功率级测定方法中测量表面的平均声压级 $\overline{L}_{pA}$ 不同）。

### 5.9.1　评价表面

　　使用泵的声功率级对泵的噪声级别进行评价时，设定一个半径为 $R$ 的半球面为评价表面。$R$ 按式（5-13）确定：

$$R = \sqrt{(1/4)l_1 l_2 + \sqrt{l_1 l_2} + h^2 + 1}$$ （5-13）

式中，$l_1$、$l_2$ 为基准体的长和宽（m）；$h$ 与泵的中心高有关（m）。

　　泵的轴线到声反射面（地面）间的距离即为卧式泵中心高；对立式泵，中心高

是 $l_3/2$。当中心高大于 1m 时，$h$ 取中心高；当中心高小于或者等于 1m 时，$h$ 取 1m。

## 5.9.2　计算评价表面上的声压级

如泵的声功率级为 $L_{WA}$，按照半自由场条件下的点声源，通过式（5-14）对半径为 $R$ 的表面上的声压级进行评价：

$$L_{pA} = L_{WA}/20\lg(R - R_0) - 8.0 \tag{5-14}$$

式中，$L_{pA}$ 为半径为 $R$ 的评价表面上的声压级（dB）；$L_{WA}$ 为泵声源的声功率级（dB）；$R$ 为规定的评价表面的半径（m），按式（5-13）计算；$R_0$ 为基准半径（1m）。

## 5.9.3　划分泵的噪声级别的限值

泵的噪声限值通过式（5-15）~式（5-17）确定：

$$L_A = 30 + 9.7\lg(p_u n) \tag{5-15}$$

$$L_B = 36 + 9.7\lg(p_u n) \tag{5-16}$$

$$L_C = 42 + 9.7\lg(p_u n) \tag{5-17}$$

式中，$L_A$、$L_B$、$L_C$ 为划分泵的噪声级别的限值（dB）；$p_u$ 为泵的输出功率（kW）；$n$ 为泵的规定转速（r/min）。

按式（5-15）~式（5-17）绘制泵的噪声评价线图 5-19，图中横坐标为泵的输出功率 $p_u$（kW）；纵坐标为泵的转速 $n$（r/min）。

通过限值 $L_A$、$L_B$、$L_C$ 将泵的噪声设定成四个级别：A、B、C、D，其中 D 级为不合格。

噪声级别的判定见表 5-5。

表 5-5　噪声级别判定

| 条件 | 级别 |
| --- | --- |
| $L_{pA} \leqslant L_A$ 或者 $\overline{L}_{pA} \leqslant L_A$ | A 级 |
| $L_A < L_{pA}$ 或者 $\overline{L}_{pA} \leqslant L_B$ | B 级 |
| $L_B < L_{pA}$ 或者 $\overline{L}_{pA} \leqslant L_C$ | C 级 |
| $L_{pA} > L_C$ 或者 $L_{pA} > L_C$ | D 级 |

对 $p_u n \leqslant 27101.3$ 的泵例外，因为它们的 $L_C \leqslant 85$dB，可不去区别其噪声的 A、B 级别，所以对这些泵，当满足：$L_{pA} \leqslant 85$dB 或 $\overline{L}_{pA} \leqslant 85$dB 的泵评为合格；$L_{pA} > 85$dB 或 $\overline{L}_{pA} > 85$dB 的泵评为不合格。

对 $p_u n \leqslant 27101.3$ 的泵噪声限值 $L_A$、$L_B$、$L_C$ 在图 5-19 用虚线绘出，这些限值仅在如下情况中使用：

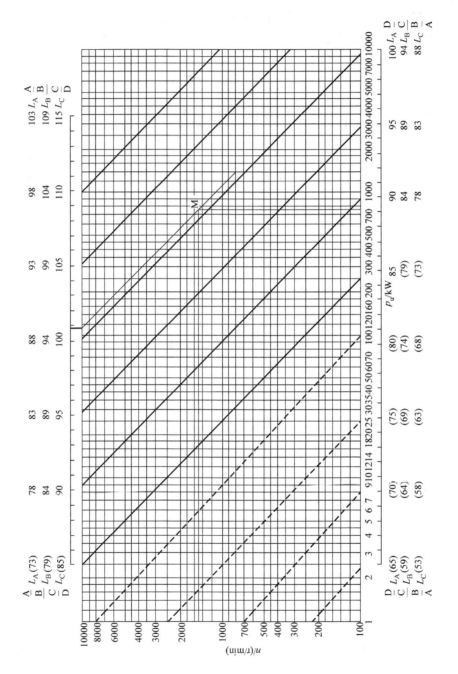

图 5-19　泵的噪声评价线图

1）精准测定泵声源的噪声级（声功率级或声压级），并且需要评价泵声源的噪声水平时。

2）对低噪声泵（例如特殊设计的）的噪声水平进行评价时。

3）评价采取低噪声措施后的泵的噪声水平时。

4）合同有规定或有关协议时。

表 5-6 是一些常规泵的噪声允许范围，其中包括原动机的噪声。

**表 5-6　常规泵噪声的允许值**

| 泵型式 | 噪声允许值 |
|---|---|
| 大型卧式泵 | 80～95dB（A），90～100dB（C） |
| 小型卧式泵 | 70～90dB |
| 立式泵 | 80～95dB |
| 潜水泵 | 50～70dB |

## 5.9.4　泵的噪声评价方法示例

有一台卧式多级泵输送清水，测得流量 $Q = 450\text{m}^3/\text{h}$，扬程 $H = 600\text{m}$，泵的效率 $\eta$ 为 80% 转速 $n = 1480\text{r/min}$。基准尺寸 $l_1 = 0.65\text{m}$，$l_2 = 0.8\text{m}$，$l_3 = 0.85\text{m}$，并测得 A 声级为 $\overline{L}_{pA} = 94.6\text{dB}$，A 声功率级 $L_{WA} = 105\text{dB}$，要求评价该泵的噪声级别。

计算输出功率：

$$p_u = \frac{\rho_{水}gQH}{\eta} = \frac{1\text{kg/m}^3 \times 9.81\text{m/s}^2 \times 450\text{m}^3/\text{s} \times 600\text{m}}{0.8 \times 3600} = 919.7\text{kW}$$

用计算法确定 $L_A$、$L_B$、$L_C$ 三个限值：

把输出功率 $p_u$ 转速 $n$ 代入式（5-15）～式（5-17）中：

$$L_A = 30 + 9.7\lg(919.7 \times 1480) = 89.5\text{dB}$$

$$L_B = 36 + 9.7\lg(919.7 \times 1480) = 95.5\text{dB}$$

$$L_C = 42 + 9.7\lg(919.7 \times 1480) = 101.5\text{dB}$$

因为 $\overline{L}_{pA} \leq L_B$，故该泵的噪声评价为 B 级。

用查线图法确定 $L_A$、$L_B$、$L_C$ 三个限值，以上述泵为例，步骤如下：

以输出功率 919.7kW 为横坐标，转速 $n = 1480\text{r/min}$ 为纵坐标，确定一点 M，过 M 点作平行线，该平行线的端点在标尺上的刻度为 $L_A$、$L_B$、$L_C$ 三个限值：$L_A = 89.5\text{dB}$；$L_B = 95.5\text{dB}$；$L_C = 101.5\text{dB}$。

用声功率级评价泵的噪声的级别，其中基准体的长 $l_1$ 和宽 $l_2$ 分别为 0.65m 和 0.8m，$l_3$ 为 0.85m。

计算评价表面的半径 $R$：

$$R = \sqrt{(1/4)l_1l_2 + \sqrt{l_1l_2} + l_3^2 + 1} \approx 1.6\text{m}$$

计算评价表面上的声压级 $L_{pA}$：

$$
\begin{aligned}
L_{pA} &= L_{WA} - 20\lg(1.6/1) - 8.0 \\
&= (105 - 4.10 - 8)\text{dB} \\
&= 92.9\text{dB}
\end{aligned}
$$

用声压级评价泵的噪声级别：由于 $L_{pA}$（92.9 dB）大于 $L_A$（89.5dB）且小于 $L_B$（95.5dB），所以该泵的噪声评价为 B 级。

# 第6章
## 泵用铸件质量分析与评价

通过各种铸造方法获得的金属成型物件称为铸件，通常把冶炼好的液态金属，用浇注、压射、吸入或其他浇铸方法注入预先准备好的铸型中，冷却后经打磨等后续加工手段后，得到具有一定形状、尺寸和性能的物件。

铸件质量分析是指在实际生产中，常需对铸件缺陷进行分析，其目的是找出产生缺陷原因，以便采取措施加以防止。对于铸件设计人员来说，了解铸件缺陷及产生原因，可以有助于正确地设计铸件结构，并了解铸造生产时的实际条件，恰如其分地拟定技术要求。

随着工业的快速发展，对铸件质量要求也在逐渐提高，传统的铸造技术也在逐渐向数字化和智能化转变。尽管铸件的制造技术水平在提高，但铸件质量问题仍然是无法回避的事实，铸造技术人员每天都在解决铸件的质量问题和预防铸件的质量问题，并不断优化铸造工艺，以弥补漏洞和解决问题。

## 6.1 泵铸件基本规定

在化工和石油行业的生产中，原料、半成品和成品大多是液体，而将原料制成半成品和成品，需要经过复杂的工艺过程，泵在这些过程中起到了输送液体和提供化学反应的压力流量的作用，此外，在很多装置中还用泵来调节温度。

在农业生产中，泵是主要的排灌机械。我国农村幅员广阔，每年农村都需要大量的泵，一般来说农用泵占泵总产量一半以上。

在矿业和冶金工业中，泵也是使用最多的设备。矿井需要用泵排水，在选矿、冶炼和轧制过程中，需用泵来供水等。

在电力部门，核电站需要核主泵、二级泵、三级泵，热电厂需要大量的锅炉给水泵、冷凝水泵、油气混输泵、循环水泵和灰渣泵等。

在国防建设中，飞机襟翼、尾舵和起落架的调节，军舰和坦克炮塔的转动，潜艇的沉浮等都需要用泵。对于高压和有放射性的液体，有的还要求泵无任何泄漏，对泵的密封性能有一定的要求。

总之，无论是飞机、火箭、坦克、潜艇，还是钻井、采矿、火车、船舶，或者是日常的生活，到处都需要用泵，到处都有泵在运行。正是这样，所以把泵列为通用机械，它是机械工业中的一类主要产品。

　　泵用铸件需要经过铸造得到，且对铸造出来的铸件基本性能也有一定要求，如离心泵过流部件的叶轮、导叶、蜗壳等，其设计结构复杂、加工困难，所以通常采用铸造工艺手段加工，加工完成后的离心泵铸件的过流部分需满足相应的尺寸公差和技术要求。

　　JB/T 6879—2021 规定了泵铸件过流部位尺寸公差和技术要求。

　　在一般情况下，离心泵铸件过流部位的尺寸公差可分成 A、B、C 三个精度等级。对于不同的过流部位，如叶轮、叶片、导叶、涡形体等，其尺寸公差也不同，具体数值分别列于表 6-1 ~ 表 6-4。

表 6-1　叶轮过流部位尺寸公差　　　　　　　　（单位：mm）

| 尺寸代号 | 基本尺寸 | | 精度等级 | | |
|---|---|---|---|---|---|
| | 大于 | 至 | C | B | A |
| $b_2$ | — | 25 | +0.7 / -0.2 | +0.7 / 0 | +0.5 / 0 |
| | 25 | 30 | +1.0 / -0.2 | +1.0 / 0 | +0.8 / 0 |
| | 30 | 50 | +1.5 / -0.2 | +1.5 / 0 | +3% / 0 |
| | 50 | — | +3% / -0.5% | +3.0% / 0 | |
| DS | — | 100 | +2.0 / -1.0 | +2.0 / -1.0 | +1.0 / 0 |
| | 100 | 250 | +4.0 / -2.0 | | +2.5 / 0 |
| | 250 | 400 | +6.0 / -3.0 | +1% / -0.5% | +1% / 0 |
| | 400 | — | +1.5% / -1% | | — |
| DN | — | 100 | +2.0 / -1.0 | +2.0 / -1.0 | ±1.0 |
| | 100 | 250 | +4.0 / -2.0 | | ±1.5 |
| | 250 | — | +6.0 / -3.0 | +1% / -0.5% | — |
| $S$ | — | 4 | ±0.6 | ±0.4 | +0.2 / -0.4 |
| | 4 | — | ±15% | ±10% | 0 / -12% |
| $t_1$ | 任何尺寸 | | ±2% | ±2% | ±1.5% |
| $t_2$ | | | | | |
| $a_1$ | 任何尺寸 | | ±3% | ±2.5% | ±0.5% |
| $\beta$ | 任何尺寸 | | ±1° | | |
| $b_R$ | — | 250 | ±1.0 | | +1.0 / 0 |
| | 250 | — | | | +1.5 / 0 |
| $h$ 当 DS | — | 150 | ±2.0 | | |
| | 150 | 300 | ±3.0 | — | |
| | 300 | — | ±1% | ±0.5% | |
| $S_1$ | — | 4 | +1.0 / -0.5 | | +0.3 / 0 |
| | 4 | 6 | +1.5 / -0.7 | | +0.5 / 0 |
| | 6 | — | +2.0 / -1.0 | | +1.0 / -0.5 |

表 6-2　叶片错型允许值　　　　　　　（单位：mm）

| 错型代号 | 叶片厚度 | 最大错型允许值（按叶片厚度的百分比） | |
|---|---|---|---|
| | | C 级 | B 级 |
| $\delta$ | 任何尺寸 | 20% | 15% |

表 6-3　导叶过流部位尺寸公差　　　　　（单位：mm）

| 尺寸代号 | 基本尺寸 | | 精度等级 | | |
|---|---|---|---|---|---|
| | 大于 | 至 | C | B | A |
| $a_2$① | — | 10 | $^{+0.5}_{0}$ | ±0.25 | $^{+0.5}_{0}$ |
| | 10 | 20 | $^{+0.7}_{0}$ | ±0.35 | $^{+0.6}_{0}$ |
| | 20 | 30 | $^{+1.0}_{0}$ | ±0.5 | $^{+0.8}_{0}$ |
| | 30 | 60 | $^{+1.5}_{0}$ | ±0.75 | $^{+1.2}_{0}$ |
| | 60 | — | $^{+2.5\%}_{0}$ | ±1.25% | $^{+2\%}_{0}$ |
| $b_3$ | — | 15 | $^{+1.0}_{0}$ | | |
| | 15 | 50 | $^{+1.2}_{0}$ | | |
| | 50 | — | $^{+2.5\%}_{0}$ | | |
| $b_4$ | — | 15 | ±1.0 | | ±0.6 |
| | 15 | 50 | ±2.0 | | ±1.0 |
| | 50 | — | ±4% | | ±2% |
| $h_2$ | — | 15 | $^{+1.0}_{0}$ | $^{+0.7}_{0}$ | $^{+0.5}_{0}$ |
| | 15 | 30 | $^{+1.5}_{0}$ | $^{+1.0}_{0}$ | $^{+0.7}_{0}$ |
| | 30 | 60 | $^{+2.5}_{0}$ | $^{+1.5}_{0}$ | $^{+1.0}_{0}$ |
| | 60 | 100 | $^{+2.5}_{0}$ | $^{+2.0}_{0}$ | $^{+1.3}_{0}$ |
| | 100 | — | $^{+2.5\%}_{0}$ | $^{+2.0\%}_{0}$ | $^{+1.5\%}_{0}$ |
| $D_2$ | 任何尺寸 | | ±0.5% | | ±0.4% |
| $t_3$ | 任何尺寸 | | ±2% | ±1.5% | ±0.5% |
| $t_4$ | 任何尺寸 | | | | |

① $a_2$ 应在流道宽度 $b_3$ 的中间测得。

表 6-4　涡形体尺寸公差　　　　　　（单位：mm）

| 尺寸代号 | 基本尺寸 | | 精度等级 | |
|---|---|---|---|---|
| | 大于 | 至 | C | B |
| $b_5$ | — | 15 | +1.5 / 0 | |
| | 15 | 30 | +2.0 / 0 | |
| | 30 | 60 | +2.5 / 0 | |
| | 60 | 100 | +3.0 / 0 | |
| | 100 | 140 | +4.0 / 0 | |
| | 140 | — | +3% / 0 | |
| $d_1$[1] | — | 30 | +1.0 / 0 | ±0.5 |
| | 30 | 60 | +1.5 / 0 | ±0.75 |
| | 60 | 80 | +2.0 / 0 | ±1.0 |
| | 80 | — | +2.5% / 0 | ±1.25% |
| $H$[2] | — | 18 | +1.5 / 0 | |
| | 18 | 50 | +2.0 / 0 | |
| | 50 | 120 | +2.5 / 0 | |
| | 120 | 260 | +3.0 / 0 | |
| | 260 | 500 | +4.0 / 0 | |
| | 500 | 800 | +5.0 / 0 | |

① 如果喉部截面 $d_1$ 没有表现为圆形，应分别以两根坐标轴（长轴和短轴）确定 $d_1$ 的尺寸偏差。

② 流道各截面的 $H$ 值，仅以 2、4、6、8 截面确定 $H$ 的尺寸偏差。

## 6.2　泵铸件过流部位尺寸公差技术要求

离心泵的过流部件主要有吸水室、叶轮、压水室（包括导叶）。

离心泵吸水室位于叶轮前面，其作用是把液体引向叶轮，有直锥形、弯管形和螺旋形三种形式。

压水室位于叶轮外围，其作用是收集从叶轮流出的液体，送入排出管。压水室主要有螺旋形压水室（蜗壳）、导叶和空间导叶三种形式。

叶轮是离心泵最重要的工作元件，是过流部件的心脏。叶轮由盖板和中间的叶片组成。根据液体从叶轮流出的方向不同，叶轮主要分为离心式（径流式）、混流式（斜流式）和轴流式三种形式。

泵铸件过流部位尺寸公差具体技术要求如下：

1）精度等级选取要求：

① 一般级为 C 级，当对离心泵的性能要求不高时，可选用 C 级。

② 若离心泵对性能偏差方面要求较高，选用 C 级无法满足要求，可改变尺寸公差以满足要求，此时可采用 B 级。

③ 最高级为 A 级，当选用 A 级时，一般为要求以熔模铸造法、陶瓷形铸造法精铸的叶轮和导叶。

2）对于要求按 C 级精度等级制造的铸件，一般不在图样中进行标注。对于要求按 B 级或 A 级精度等级制造时，应在图样或技术文件中明确标注。

3）叶轮、叶片、导叶、涡形体等离心泵铸件，分别如图 6-1～图 6-4 所示，它们的过流部位尺寸公差，以及中间分型的叶片错型允许值，应分别与表 6-1～表 6-4 中的规定相符合。

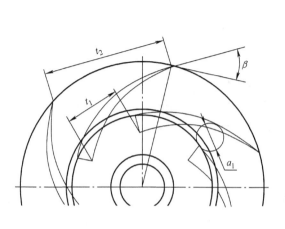
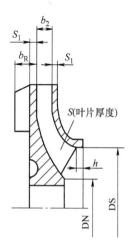

图 6-1　叶轮

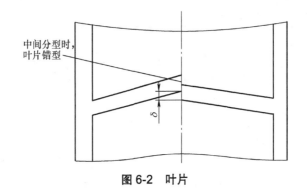

图 6-2　叶片

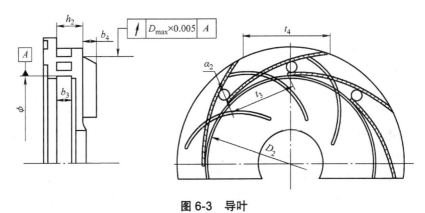

图 6-3　导叶

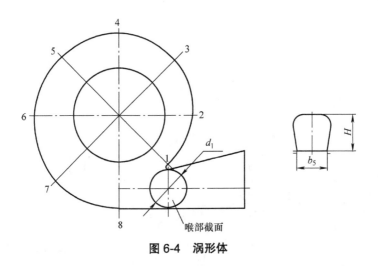

图 6-4　涡形体

4）如有一些特殊规定的离心泵，要求调整 6.1 中各表中规定的上极限偏差或下极限偏差时，则只能够对公差带的位置进行移动调整，不可增大其公差值，且需要在图样上明确标注上极限偏差和下极限偏差。

示例：按表 6-1 查出 $b_2$ 基本尺寸范围在 $25 \sim 30mm$ 的 C 级精度的尺寸公差为 $^{+1.0}_{-0.2}$ mm，如需将公差带位置调整，将其往上极限偏差方向移动时，则在图样上标注公差为 $^{+1.1}_{-0.1}$，$^{+1.0}_{-0.2}$ 或 $^{+1.3}_{+0.1}$ 等。

5）铸铁件叶轮的叶片厚度应大于或等于 3mm，铸钢件应大于或等于 4mm。

6）铸件叶轮的叶片进口头部形状要求：

① 叶片进口边缘的叶片头部半径应与叶片厚度的一半相差无几，从而实现圆滑过渡，且不能出现棱角。

② 叶片进口头部半径，对于灰铸铁应大于或等于 0.75mm，对于球墨铸铁应大于或等于 1.5mm，对于铸钢应大于或等于 2mm。

# 6.3 泵用灰铸铁件技术要求

泵是输送流体或使流体增压的机械。它将原动机的机械能或其他外部能量传送给液体，使液体能量增加。泵主要用来输送水、油、酸碱液、乳化液、悬乳液和液态金属等液体，也可输送液、气混合物及含悬浮固体物的液体。泵通常可按工作原理分为容积式泵、动力式泵和其他类型泵三类。除按工作原理分类外，还可按其他方法分类和命名，如按驱动方法可分为电动泵和水轮泵等；按结构可分为单级泵和多级泵；按用途可分为锅炉给水泵和计量泵等；按输送液体的性质可分为水泵、油泵和泥浆泵等；按轴结构可分为直线泵和传统泵。水泵只能输送以流体为介质的物流，不能输送固体。

离心泵可供输送清水及物理化学性质类似于清水的其他液体之用，适用于工业和城市给排水、高层建筑增压送水、园林喷灌、消防增压、远距离输送、暖通制冷循环、浴室等冷暖水循环增压及设备配套。要使离心泵正常工作，实现此功用，应在铸造离心泵用铸件时，就需达到相应的技术要求。

灰铸铁的碳的质量分数较高（2.7% ~ 4.0%），碳主要以片状石墨形态存在，断口呈灰色，简称灰铁。灰铸铁熔点低（1145 ~ 1250℃），凝固时收缩量小，抗压强度和硬度接近碳素钢，减振性好，用于制造机床床身、气缸、箱体等结构件。合格的离心泵用灰铸铁件具有良好的性能，在生产过程中应严格把控其技术要求，使其性能优良。

JB/T 6880.1—2013 规定了泵用灰铸铁件技术要求、试验方法及检验规则等。

对于泵用灰铸铁的具体技术要求如下：

（1）生产方法 采用砂型或导热性与砂型相当的铸型生产灰铸铁件。

灰铸铁件的生产方法由供方自行决定，如需方有特殊要求（其他铸型方式或热处理等）时，由供需双方商定。

（2）化学成分 如需方的技术条件中包含化学成分的验收要求时，按需方规定执行。化学成分按供需双方商定的频次和数量进行检测。

当需方对化学成分没有要求时，化学成分由供方自行确定，化学成分不作为铸件验收的依据。但化学成分的选取必须保证铸件材料满足所规定的力学性能和金相组织要求。

（3）热处理　铸件应当进行去应力退火处理，如有其他具体要求，供需双方可商定处理。

（4）力学性能　在单铸试棒上还是在铸件本体上测定力学性能，以抗拉强度还是以硬度作为性能验收标准，均必须在订货协议或需方技术要求中明确规定。铸件的力学性能验收指标应在订货协议中明确规定。

灰铸铁试棒的力学性能和物理性能分别见表 6-5、表 6-6。

表 6-5　$\phi$30mm 单铸试棒和 $\phi$30mm 附铸试棒的力学性能

| 力学性能 | 材料牌号[①] | | | | | | |
|---|---|---|---|---|---|---|---|
| | HT150 | HT200 | HT225 | HT250 | HT275 | HT300 | HT350 |
| | 基体组织 | | | | | | |
| | 铁素体 + 珠光体 | 珠光体 | | | | | |
| 抗拉强度 $R_m$/MPa | 150 ~ 250 | 200 ~ 300 | 225 ~ 325 | 250 ~ 350 | 275 ~ 375 | 300 ~ 400 | 350 ~ 450 |
| 屈服强度 $R_{p0.1}$/MPa | 98 ~ 165 | 130 ~ 195 | 150 ~ 210 | 165 ~ 228 | 180 ~ 245 | 195 ~ 260 | 228 ~ 285 |
| 伸长率 $A$（%） | 0.3 ~ 0.8 | 0.3 ~ 0.8 | 0.3 ~ 0.8 | 0.3 ~ 0.8 | 0.3 ~ 0.8 | 0.3 ~ 0.8 | 0.3 ~ 0.8 |
| 抗压强度 $\sigma_{db}$/MPa | 600 | 270 | 780 | 840 | 900 | 960 | 1080 |
| 抗压屈服强度 $\sigma_{d0.1}$/MPa | 195 | 260 | 290 | 325 | 360 | 390 | 455 |
| 抗弯强度 $\sigma_{dB}$/MPa | 250 | 290 | 315 | 340 | 365 | 390 | 490 |
| 抗剪强度 $\sigma_{aB}$/MPa | 170 | 230 | 260 | 290 | 320 | 345 | 400 |
| 扭转强度[②] $\tau_{tB}$/MPa | 170 | 230 | 260 | 290 | 320 | 345 | 400 |
| 弹性模量[③] $E$/1000MPa | 78 ~ 103 | 88 ~ 113 | 95 ~ 115 | 103 ~ 118 | 105 ~ 128 | 108 ~ 137 | 123 ~ 143 |
| 泊松比 $\nu$ | 0.26 | 0.26 | 0.26 | 0.26 | 0.26 | 0.26 | 0.26 |
| 弯曲疲劳强度[④] $\sigma_{bW}$/MPa | 70 | 90 | 105 | 120 | 130 | 140 | 145 |
| 反应压力疲劳极限[⑤] $\sigma_{zdW}$/MPa | 40 | 50 | 55 | 60 | 68 | 75 | 85 |
| 断裂韧度 $K_{IC}$/MPa$^{3/4}$ | 320 | 400 | 440 | 480 | 520 | 560 | 650 |

① 当对材料的机械加工性能和抗磁性能有特殊要求时，可以选用 HT100。如果试图通过热处理的方式改变材料金相组织而获得所要求的性能时，不宜选用 HT100。

② 扭转疲劳强度 $\tau_{tw} \approx 0.42R_m$。

③ 取决于石墨的数量及形态，以及加载量。

④ $\sigma_{bW} \approx （0.35 ~ 0.50）R_m$。

⑤ $\sigma_{zdW} \approx 0.53\sigma_{bW} \approx 0.26R_m$。

表 6-6 $\phi$ 30mm 单铸试棒和 $\phi$ 30mm 附铸试棒的物理性能

| 特性 | | 材料牌号 | | | | | | |
|---|---|---|---|---|---|---|---|---|
| | | HT150 | HT200 | HT225 | HT250 | HT275 | HT300 | HT350 |
| 密度 $\rho$/（kg/mm³） | | 7.10 | 7.15 | 7.15 | 7.20 | 7.25 | 7.25 | 7.30 |
| 比热容 $c$/[J/（kg·K）] | 20~200℃ | 460 | | | | | | |
| | 20~600℃ | 535 | | | | | | |
| 线膨胀系数 $\alpha$/[μm/（m·K）] | −20~600℃ | 10.0 | | | | | | |
| | 20~200℃ | 11.7 | | | | | | |
| | 20~400℃ | 13.0 | | | | | | |
| 热导率 $\Lambda$/[W/（m·K）] | 100℃ | 52.5 | 50.0 | 49.0 | 48.5 | 48.0 | 47.5 | 45.5 |
| | 200℃ | 51.0 | 49.0 | 48.0 | 47.5 | 47.0 | 46.0 | 44.5 |
| | 300℃ | 50.0 | 48.0 | 47.0 | 46.5 | 46.0 | 45.0 | 43.5 |
| | 400℃ | 49.0 | 47.0 | 46.0 | 45.0 | 44.5 | 44.0 | 42.0 |
| | 500℃ | 48.5 | 46.0 | 45.0 | 44.5 | 43.5 | 43.0 | 41.5 |
| 电阻率 /（Ω·mm²/m） | | 0.80 | 0.77 | 0.75 | 0.73 | 0.72 | 0.70 | 0.67 |
| 矫磁性 $H_0$/（A/m） | | 560~720 | | | | | | |
| 室温下的最大磁导率 $\mu$/（MH/m） | | 220~330 | | | | | | |
| $B$ = 1T 时的磁滞损耗 /（J/m³） | | 2500~3000 | | | | | | |

注：当对材料的机械加工性能和抗磁性能有特殊要求时，可以选用 HT100。如果试图通过热处理的方式改变材料金相组织而获得所要求的性能时，不宜选用 HT100。

规定的力学性能指标和金相组织是铸件验收的主要指标。

（5）金相组织 灰铸铁件金相组织的检测方法和检测项目应符合 GB/T 7216—2009 的规定。若需方对金相组织各检测项目的数量、分布、级别及取样位置有明确规定时，应按需方提供的图样和具体技术要求执行。

（6）几何形状和尺寸 铸件的几何形状和尺寸应当合理，且与图样中的要求相符合。

（7）尺寸公差

1）一般来说，对于部位尺寸公差的要求，应与表 6-7 中的规定相符合，公差带设置应对称于铸件基本尺寸。

2）当铸件为小批、单件，或不能满足表 6-7 规定的尺寸公差要求，此时需要将经济因素考虑在内，应根据表 6-8 和表 6-9 规定的工艺方法所能达到的尺寸公差等级，在图样或双方商定的协议中另行规定。

表 6-7　一般部位尺寸公差　　　　　　　　（单位：mm）

| 铸件尺寸公差 | 适用部位 |
|---|---|
| DCTG 11 | 1. 连接处的外缘部位[①]<br>2. 不大于 16 的壁厚 |
| DCTG 12 | 1. 除连接外缘以外的其余部位<br>2. 承受流体压力且大于 16 的壁厚<br>3. 不承受流体压力，尺寸在 16 ~ 25 之间的壁厚 |
| DCTG 13 | 不承受流体压力且大于 25 的壁厚 |

① 连接处的外缘部位是指泵在装配中，零件结合处以外的、需要相互对齐的部位（包括泵与附件的连接法兰盘外缘）。

表 6-8　大批量生产的毛坯铸件的尺寸公差等级

| 方法 | | 铸件尺寸公差等级 DCTG | | | | | | | | |
|---|---|---|---|---|---|---|---|---|---|---|
| | | 铸件材料 | | | | | | | | |
| | | 钢 | 灰铸铁 | 球墨铸铁 | 可锻铸铁 | 铜合金 | 锌合金 | 轻金属合金 | 镍基合金 | 钴基合金 |
| 砂型铸造手工造型 | | 11 ~ 13 | 11 ~ 13 | 11 ~ 13 | 11 ~ 13 | 10 ~ 13 | 10 ~ 13 | 9 ~ 12 | 11 ~ 14 | 11 ~ 14 |
| 砂型铸造机器造型和壳型 | | 8 ~ 12 | 8 ~ 12 | 8 ~ 12 | 8 ~ 12 | 8 ~ 10 | 8 ~ 10 | 7 ~ 9 | 8 ~ 12 | 8 ~ 12 |
| 金属型铸造（重力铸造或低压铸造） | | — | 8 ~ 10 | 8 ~ 10 | 8 ~ 10 | 8 ~ 10 | 7 ~ 9 | 7 ~ 9 | — | — |
| 压力锻造 | | — | — | — | — | 6 ~ 8 | 4 ~ 6 | 4 ~ 7 | — | — |
| 熔模铸造 | 水玻璃 | 7 ~ 9 | 7 ~ 9 | 7 ~ 9 | — | 5 ~ 8 | — | 5 ~ 8 | 7 ~ 9 | 7 ~ 9 |
| | 硅溶胶 | 4 ~ 6 | 4 ~ 6 | 4 ~ 6 | — | 4 ~ 6 | — | 4 ~ 6 | 4 ~ 6 | 4 ~ 6 |

注：表中所列出的公差等级是指在大批量生产下且影响铸件尺寸精度的生产因素已得到充分改进时铸件通常能够达到的公差等级。

表6-9　小批量生产或单件生产的毛坯铸件的尺寸公差等级

| 方法 | 造型材料 | 铸件尺寸公差等级DCTG | | | | | | | |
|---|---|---|---|---|---|---|---|---|---|
| | | 铸件材料 | | | | | | | |
| | | 钢 | 灰铸铁 | 球墨铸铁 | 可锻铸铁 | 铜合金 | 轻金属合金 | 镍基合金 | 钴基合金 |
| 砂型铸造手工造型 | 黏土砂 | 13~15 | 13~15 | 13~15 | 13~15 | 13~15 | 11~13 | 13~15 | 13~15 |
| | 化学黏结剂砂 | 12~14 | 11~13 | 11~13 | 11~13 | 10~12 | 10~12 | 12~14 | 12~14 |

注：1. 表中所列出的公差等级是小批量的或单件生产的砂型铸件通常能够达到的公差等级。

　　2. 表中的数值一般适用于公称尺寸大于25mm的铸件。对于较小尺寸的铸件，通常能经济实用地保证下列尺寸公差：

　　　1）公称尺寸≤10mm：精度等级提高三级。

　　　2）10mm<公称尺寸≤16mm：精度等级提高二级。

　　　3）16mm<公称尺寸≤25mm：精度等级提高一级。

3）离心泵的过流部位尺寸公差应符合如下规定：

① 离心泵铸件过流部位尺寸公差与6.1的规定相符合。

② 混流泵、轴流泵开式叶片与JB/T 5413—2007的规定相符合。

③ 对于一些有特殊要求的，应在图样中明确标注。

（8）质量公差

1）对于铸件质量公差，其应与GB/T 11351—2017中的规定相符合，铸件质量公差等级应不低于MT13级。

2）当铸件质量的上极限偏差和下极限偏差要求不相同，或者有其他特殊要求时，应在图样或协议中明确标注。

3）当验收依据为铸件质量公差时，应在图样或技术文件（包括协议）中明确标注。

（9）表面质量

1）如果在图样上没有对铸件的表面粗糙度进行标注，一般应与表6-10的规定相符合。

表6-10　铸件的表面粗糙度

| 部位 | 过流表面 | | | 外观表面 |
|---|---|---|---|---|
| 铸件最大尺寸/mm | ≤250 | >250~1000 | >1000 | 任何尺寸 |
| 表面粗糙度 $Ra$/μm | 12.5 | 25 | 50 | 50 |

2）混流泵、轴流泵开式叶片过流表面粗糙度，应与 JB/T 5413—2007 的规定相符合。

3）铸件上各部位夹杂的污物应清理干净，如型砂、芯砂、芯骨、黏砂及内腔等处。铸件表面应保持平滑，对于其上的"多肉""结疤"、浇冒口等应进行清除和修整，使之与母体平整圆滑过渡。

（10）机械加工余量 离心泵铸件的机械加工余量应符合 GB/T 6414—2017 的规定。对于机械加工余量等级，可根据表 6-7 中规定的 DCTG 12 级，并按 GB/T 6414—2017 中要求的机械加工余量来选取，如有特殊要求，需在图样或技术文件（包括协议）中明确标注。

（11）错型值 铸件错型值的数值大小应当与表 6-7 规定的尺寸公差相符合。若需进一步限制错型值时，应在图样上注明。

（12）缺陷

1）影响使用性能的裂纹、冷隔、缩松等缺陷不得出现在离心泵铸件上。

2）铸件缺陷尺寸的确定与计算：

① 形状呈圆形的，通过径向最大尺寸确定。

② 形状为非圆形的，按式（6-1）计算：

$$D = \sqrt{LB} \tag{6-1}$$

式中，$D$ 为缺陷尺寸（mm）；$L$ 为缺陷长度方向最大尺寸（mm）；$B$ 为缺陷宽度方向最大尺寸（mm）。

3）缺陷所在面尺寸的确定：

① 形状为圆形的平面，按外径计算。

② 形状为非圆形的平面，按宽度方向的最大尺寸确定。

③ 形状为曲面的表面，如外圆表面、内圆表面、壳体流道等，圆形的按直径计算，非圆形的按径向的最小尺寸确定。

4）铸件的非加工表面和加工后的表面，存在的铸造缺陷应与表 6-11 的规定相符合。

5）对于下述所列类型的泵件部位，当铸件经过精加工后，不允许残留铸造缺陷，具体部位如下：

① 动密封部位，如密封环、平衡盘等动密封表面。

② 安全性能要求很高的部位，如往复泵的高压泵缸体等。

③ 动摩擦部位，如装填料处的轴套，往复泵缸体内孔等摩擦表面。

（13）缺陷的修补

1）铸件产生的缺陷与表 6-11 的规定不符时，也可进行焊补，但需在能够确保使用强度和使用功能，且不因铸件的焊补而影响泵件最终精度的情况下，焊补应符合 JB/T 6880.1—2013 中附录 A 中的规定。

表 6-11 铸造缺陷

| 缺陷所在面 | | 缺陷尺寸 | 缺陷深度 | 缺陷所在面的同一表面上允许存在的铸造缺陷处数 | | | 缺陷问题 |
|---|---|---|---|---|---|---|---|
| | | | | ≤250mm | >250~630mm | >630mm | |
| 加工后的表面 | 静密封面 | 最大不超过3mm，并且不超过所在面最小尺寸的1/5 | 最深不超过5mm，并且不超过壁厚的1/5 | ≤1处 | ≤2处 | ≤3处 | 1. 缺陷的边缘距离所在面的边缘，不得小于缺陷尺寸的2倍 2. 缺陷的边缘至所在面的边缘距离不小于其中较大缺陷尺寸的2倍 |
| | 定心、定位、配合面、结合面 | 最大不超过5mm，并且不超过所在面最小尺寸的1/4 | | | | | |
| | 传递力矩的零件（在不影响外观的情况下）和受冲刷的部位 | 最大不超过2mm | 最深不超过5mm，并且不超过壁厚的1/5 | ≤1处 | ≤2处 | ≤3处 | |
| | 不影响使用强度和外观的其余加工表面 | 最大不超过6mm，并且不超过所在面最小尺寸的1/5 | | | | | |
| 非加工表面 | 承受流体压力的面及流体的过流面 | 最大不超过6mm，并且不超过所在面最小尺寸的1/10 | 最深不超过5mm，并且不超过壁厚的1/5 | ≤1处 | ≤2处 | ≤3处 | |
| | 不影响使用强度和外观的其余非加工表面 | 最大不超过8mm，并且不超过所在面最小尺寸的1/5 | | | | | |

注：为获得好的外观质量，对表中规定的铸造缺陷，最好用色泽相近的填补剂进行填补。

2）铸件在有些情况下不得进行焊补，如铸件出现局部裂纹、冷隔等。若铸件具有较大的焊补价值，需要进行焊补时，应在能够保证使用强度、使用寿命、安全可靠的情况下进行焊补。

3）不允许焊补的情况：图样中明确规定不允许焊补的零件或部位。

（14）焊补许可条件

1）铸件需要焊补时，需取得相关职能部门同意。

2）按其使用性能，对重要件或重要部位及必须考虑安全因素的零件或部位，焊补时应履行由技术负责人审批的焊补通知单手续，焊补通知单应包括以下内容：

① 焊补情况。

② 焊补方法。

③ 检查方法。

④ 是否进行焊补后的消除应力处理或退火处理（根据需要）。

⑤ 是否需要焊补记录（根据需要）。

（15）特殊要求　需求方在对水压试验、气压试验、无损检测等方面有具体要求时，应在图样中清楚标注或在订货协议中商定。

# 6.4　泵用灰铸铁件试验方法

要掌握泵铸件的试验方法，则要了解其工作原理。以离心泵为例，泵在起动前，泵壳内应先充满液体，起动后叶轮在电动机带动下高速旋转，当叶轮转动时，叶轮入口处的压力降低，低于大气压，而沿着叶轮半径方向水的压力不断升高，远高于大气压，这样，在进水管内形成一定的吸力。在外界的大气压下，低处的水推开进水阀门，沿进水管进入泵壳，又被叶轮甩出水管，这样低处的水可不断被抽往高处。

掌握了泵的工作原理后，便可采用一定的方法对其铸件一一进行试验，采用灰铸铁铸造而成的泵铸件具有一定特点，其抗压强度和硬度接近碳素钢，减震性好，对于泵用灰铸铁铸件的试验方法如下：

（1）试棒（块）和试样

1）单铸试棒。用于确定材料性能等级的单铸试棒，应和其所代表的铸件在具有相近冷却条件或导热性的砂型中立浇（铸型见图6-5）。同一铸型中必须要同时浇注三根以上的试棒，试棒间的最少吃砂量不得少于50mm，试棒的长度 $L$ 根据试样和夹持装置的长度确定，如图6-5所示。

试棒的长度 $L$ 取决于 A 型或 B 型试样（见图6-6和图6-7）及夹持段的长度。试棒的其他尺寸应当满足图6-5的规定。

用单铸试棒加工的试样尺寸见表6-12。

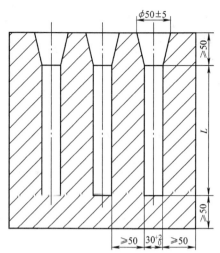

图 6-5　单铸试棒铸型

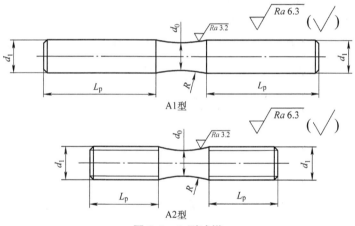

图 6-6　A 型试样

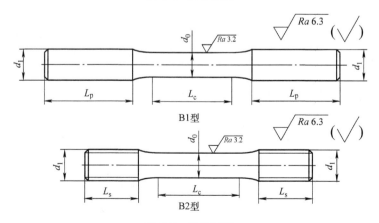

图 6-7　B 型试样

表 6-12　单铸试棒加工的试样尺寸　　　　　　（单位：mm）

| 名称 | | | 尺寸 | 加工公差 |
|---|---|---|---|---|
| 最小的平行段长度 $L_c$ | | | 60 | — |
| 试样直径 $d_0$ | | | 20 | ±0.25 |
| 圆弧半径 $R$ | | | 25 | $^{+5}_{0}$ |
| 夹持端 | 圆柱状 | 最小直径 $d_1$ | 25 | — |
| | | 最小长度 $L_p$ | 65 | — |
| | 螺纹状 | 螺纹直径与螺距 $d_2$ | M30×3.5 | — |
| | | 最小长度 $L_s$ | 30 | — |

如需方对单铸试棒和加工试样尺寸有特殊规定时，应按需方技术要求执行。

试棒须用浇注铸件的同一批铁液浇注，并在本批次铁液浇注后期浇注试棒。

单铸试棒的取样频次应符合 6.5 中（3）的规定。

试棒开箱落砂温度不得高于 500℃，如果铸件需要热处理，则试棒应和所代表的铸件同炉处理；铸件进行消除应力的时效处理时，试棒可不予处理。注意，经供需双方协商同意，铸件在高于 500℃时落砂，则单铸试棒也可以在高于 500℃时开箱落砂。

2）附铸试棒（块）

当铸件壁厚超过 20mm，而质量又超过 2000kg 时，也可采用与铸件冷却条件相似的附铸试棒（见图 6-8）或附铸试块（见图 6-9）加工成试样来测定抗拉强度，测定结果比单铸试棒的抗拉强度更接近铸件材质的性能，测定值应符合表 6-13 的规定。

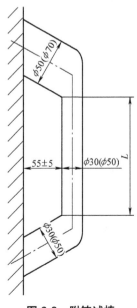

图 6-8　附铸试棒

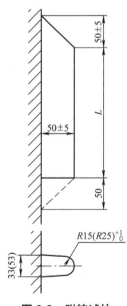

图 6-9　附铸试块

表 6-13　灰铸铁的牌号和力学性能

| 牌号 | 铸件壁厚 /mm | | 最小抗拉强度 $R_m$(min)(强制性值) | | 铸件本体预期抗拉强度 $R_m$(min)/MPa |
|---|---|---|---|---|---|
| | > | ≤ | 单铸试棒/MPa | 附铸试棒或试块/MPa | |
| HT100 | 5 | 40 | 100 | — | — |
| HT150 | 5 | 10 | 150 | — | 155 |
| | 10 | 20 | | — | 130 |
| | 20 | 40 | | 120 | 110 |
| | 40 | 80 | | 110 | 95 |
| | 80 | 150 | | 100 | 80 |
| | 150 | 300 | | *90* | — |
| HT200 | 5 | 10 | 200 | — | 205 |
| | 10 | 20 | | — | 180 |
| | 20 | 40 | | 170 | 155 |
| | 40 | 80 | | 150 | 130 |
| | 80 | 150 | | 140 | 115 |
| | 150 | 300 | | *130* | — |
| HT225 | 5 | 10 | 225 | — | 230 |
| | 10 | 20 | | — | 200 |
| | 20 | 40 | | 190 | 170 |
| | 40 | 80 | | 170 | 150 |
| | 80 | 150 | | 155 | 135 |
| | 150 | 300 | | *145* | — |
| HT250 | 5 | 10 | 250 | — | 250 |
| | 10 | 20 | | — | 225 |
| | 20 | 40 | | 210 | 195 |
| | 40 | 80 | | 190 | 170 |
| | 80 | 150 | | 170 | 155 |
| | 150 | 300 | | *160* | — |

（续）

| 牌号 | 铸件壁厚 /mm | | 最小抗拉强度 $R_m$（min）（强制性值） | | 铸件本体预期抗拉强度 $R_m$（min）/MPa |
|---|---|---|---|---|---|
| | > | ≤ | 单铸试棒 /MPa | 附铸试棒或试块 /MPa | |
| HT275 | 10 | 20 | 275 | — | 250 |
| | 20 | 40 | | 230 | 220 |
| | 40 | 80 | | 205 | 190 |
| | 80 | 150 | | 190 | 175 |
| | 150 | 300 | | *175* | — |
| HT300 | 10 | 20 | 300 | — | 270 |
| | 20 | 40 | | 250 | 240 |
| | 40 | 80 | | 220 | 210 |
| | 80 | 150 | | 210 | 195 |
| | 150 | 300 | | *190* | — |
| HT350 | 10 | 20 | 350 | — | 315 |
| | 20 | 40 | | 290 | 280 |
| | 40 | 80 | | 260 | 250 |
| | 80 | 150 | | 230 | 225 |
| | 150 | 300 | | *210* | — |

注：1. 当铸件壁厚超过 300mm 时，其力学性能由供需双方商定。

　　2. 当某牌号的铁液浇注壁厚均匀、形状简单的铸件时，壁厚变化引起抗拉强度的变化，可从本表查出参考数据，当铸件壁厚不均匀，或有型芯时，此表只能给出不同壁厚处大致的抗拉强度值，铸件的设计应根据关键部位的实测值进行。

　　3. 表中斜体字数值表示指导值其余抗拉强度值均为强制性值，铸件本体预期抗拉强度值不作为强制性值。

　　附铸试棒（块）的安排方式应使其冷却条件与所代表的铸件相近，试棒（块）的类型以及附铸的部位应由供需双方商定。如双方没有商定，则应附铸在铸件有代表性的部位。附铸试棒（块）的长度 L 均根据试样和夹持装置的长度确定。图中括号内的数字分别适用于直径 φ50mm 试棒和半径 R25mm 试块。

　　如果铸件需要热处理，附铸试棒（块）应在铸件热处理后再切下。

　　试棒和试块的长度 L（见图 6-8 和图 6-9）取决于试样长度及夹持端的长度。注意，

$\phi 30mm$ 的附铸试棒和 $R15mm$ 的附铸试块适用于壁厚小于 80mm 的铸件，$\phi 50mm$ 的附铸试棒和 $R25mm$ 的附铸试块适用于壁厚在 80mm 以上的铸件。

3）铸件本体试棒。本体试样的取样位置由供需双方商定。铸件本体试棒的加工尺寸见表 6-14。

表 6-14　本体试样的尺寸　　　　　　（单位：mm）

| 试样直径 $d_0$ | 最小的平行段长度 $L_c$ | 圆弧半径 $R$ | 夹持端圆柱状 | | 夹持端螺纹状 | |
|---|---|---|---|---|---|---|
| | | | 最小直径 $d_1$ | 最小长度 $L_p$ | 螺纹直径与螺距 $d_2$ | 最小长度 $L_s$ |
| 6±0.1 | 13 | ≥ $1.5d_0$ | 10 | 30 | M10 × 1.5 | 15 |
| 8±0.1 | 25 | ≥ $1.5d_0$ | 12 | 30 | M12 × 1.75 | 15 |
| 10±0.1 | 30 | ≥ $1.5d_0$ | 16 | 40 | M16 × 2.0 | 20 |
| 12.5±0.1 | 40 | ≥ $1.5d_0$ | 18 | 48 | M20 × 2.5 | 24 |
| 16±0.1 | 50 | ≥ $1.5d_0$ | 24 | 55 | M24 × 3.0 | 26 |
| 20±0.1 | 60 | 25 | 25 | 65 | M28 × 3.5 | 30 |
| 25±0.1 | 75 | ≥ $1.5d_0$ | 32 | 70 | M36 × 4.0 | 35 |
| 32±0.1 | 90 | ≥ $1.5d_0$ | 42 | 80 | M45 × 4.5 | 50 |

注：1. 在铸件应力最大处或铸件最重要工作部位或在能制取最大试样尺寸的部位取样。

2. 加工试样时应尽可能选取大尺寸加工试样。

（2）力学性能实验　拉伸试验应按 GB/T 228.1—2021 的规定执行。

硬度的测试方法按 GB/T 231.2—2012 的规定执行；检测硬度时，应在铸造表面 1.5mm 以下处测试。

（3）化学分析　光谱化学分析按 GB/T 4336—2016 的规定执行。

铸件常规化学成分分析方法按 GB/T 223.3—1988、GB/T 223.4—2008 和 GB/T 223.60—1997 的规定执行。

（4）金相检验　铸件金相检验按 GB/T 7216—2009 的规定执行。铸件金相组织的取样部位和检测频率由供需双方商定。铸件金相组织的检验应在铸件表面 1.5mm 以下处取样检测。

（5）公称质量

1）成批和大量生产时，从供需双方共同认定的首批合格铸件中随机抽取不少于

10 件的铸件，以实称质量的平均值作为公称质量。

2）小批和单件生产时，以计算质量或供需双方共同认定的任一个合格铸件的实称质量作为公称质量。

3）以标准样品的实称质量作为公称质量。

（6）表面质量　铸件的表面质量包括外表面和内表面质量。

1）铸件的铸造表面粗糙度应符合 GB/T 6060.1—2018 的规定或需方的图样和技术要求。

2）铸件应清理干净，修整多余部分，去除浇冒口残余、芯骨、粘砂及内腔残余物等。铸件允许的浇冒口残余、披缝、飞刺残余、内腔清洁度等，应符合需方图样、技术要求或供需双方订货协定。

3）除另有规定外，铸件均以铸态交货。

4）铸件交付过程中应符合需方的防护、包装和储运规范。

（7）几何形状和尺寸检验　应选择相应精度的检测量具对铸件的几何形状和尺寸进行检验。也可采用样板或划线检验，但只适用于不能用量具直接检测的部位或相关尺寸。

（8）铸造缺陷

1）不允许有影响铸件使用性能的缺陷存在，如裂纹、冷隔、缩孔等。

2）铸件加工面上允许存在加工余量范围内的表面缺陷。

3）铸件非加工面上及铸件内部允许存在的缺陷种类、范围、数量，应符合需方图样、技术要求或供需双方订货协定。

4）铸件加工面原则上不得焊接、修补，但经过需方许可，在不影响机械加工条件下，对不影响结构性能的缺陷抗压焊接、修补。

（9）缺陷焊补检验

1）对焊后有消除应力要求的焊补，应在消除应力的热处理之后再进行焊补检查。

2）焊补部位的打磨修整，应达到能够确认有无焊补缺陷的要求。

3）焊补部位如果在非加工面上，焊补部位应按母体修理平整。

4）焊补应符合质量要求，焊后不应有焊补缺陷。除必须进行无损检测外，一般只进行目视外观检查。

5）对承受液体压力或气体压力的铸件，应进行焊补后的气密性水压检验或气压检验。

（10）特殊要求检验　对于有些有特殊要求的检验时，如需方对水压试验、气压试验、无损检测等有要求时，应在图样中明确标注，具体按供需双方商定的协议或相关规定进行检验。

## 6.5　泵用灰铸铁件检验规则

离心泵的结构基本上可按轴的位置分为卧式离心泵和立式离心泵两大类，同时根据压出室形式、吸入方式可分为蜗壳式和导叶式。离心泵的组成比较简单，主要由四部分构成：原动机、叶轮、泵壳与轴封装置。原动机是离心泵的动力装置，一般通过联轴器传动，以提供动能；叶轮内一般有 6 ~ 12 片后弯曲的叶片，其主要作用是将原动机的机械能传给被输送的液体；泵壳又称蜗壳，是一个转能装置，同时汇集由叶轮抛出的液体；轴封装置是泵轴与泵壳之间的密封，其主要作用是防止高压液体从泵壳内沿轴的四周漏出或外界空气以向内进入泵壳。

离心泵由多个装置组合而成，而这些装置中的大部分都是通过铸造产生的铸件，且对其铸造而成的铸件的检验十分必要。

对于泵用灰铸铁件的检验规则如下：

（1）检验权利

1）铸件由供方质量部门检查和验收。

2）需方再必要时对铸件进行复检。

3）供方对检验结果的真实性负责，在需方要求时提供生产记录文件。

（2）检验地点

1）除供需双方商定在需方检验外，最终检验一般在供方进行。

2）供需双方对铸件质量发生争议时，检验可通过实验室资格认定的第三方进行。

（3）取样批次的划分　铸件需按批次进行化学成分、力学性能、金相检验。批次按如下方法划分：

1）同一模具生产的同一炉铁液教主的铸件构成一个取样批次。

2）由同一包铁液浇注的铸件构成一个取样批次。

3）每一取样批次的最大质量为清理后的 2000kg 的铸件，经供需双方商定，取样批次可以变动。

4）如果一个铸件的质量大于 2000kg 时，就单独成为一个取样批次。

5）在某一时间间隔内，如炉料、工艺条件或化学成分有变化时，在此期间连续融化的铁液浇注的所有铸件，无论时间间隔有多短，都作为一个取样批次。

6）当连续不断的熔化大量铁液时，每一个取样批次的最大质量不得超过 2h 内所浇注的铸件质量。

7）除2）规定外，如果一种牌号的铁液熔化量很大，而且采用了系统控制的熔化技术和严格监控生产过程，并能逐包（炉）进行一定形式的工艺控制，如激冷试验、化学分析、热分析等，经供需双方商定，也可以若干批量的铸件构成一个取样批次。

（4）检验项目

1）拉伸试验按 GB/T 228.1—2021 的规定执行。

2）硬度的测试按 GB/T 231.1—2018、GB/T 231.2—2012 和 GB/T 231.3—2012 的规定执行。

3）铸件金相检验按 GB/T 7216—2009 的规定执行。

（5）试验结果的评定

1）检验抗拉强度时，先用一根拉伸试样进行试验，如果符合要求，则该批铸件在材质上即为合格；若试验结果达不到要求，则可从同一批试样中另取两根进行复验。

2）复验结果都达到要求，则该批铸件的材质仍为合格，若复验结果中仍有一根达不到要求，则该批铸件初步判为材质不合格。这时，应从该批铸件中任取一件，在供需双方商定的部位切取本体试样进行抗拉强度检测。若检测结构达到要求，则仍可判定该批铸件材质合格，若本体试样检测结果仍达不到要求，则可最终判定该批铸件材质为不合格。

（6）几何形状和尺寸检验　按照图样来对铸件的几何形状和尺寸进行检验。首批铸件和重要件应按图样逐件进行检验。一般铸件及用保证尺寸稳定方法生产出来的铸件，可以进行抽检，具体抽检实施方案可由供需双方商定进行。

（7）铸件的尺寸公差　铸件的尺寸公差按 6.3 中（7）的要求进行检验，检验规则按 6.5 中（6）的规则执行。

（8）质量公差　铸件质量和质量公差按 6.3 中（8）的要求进行抽检。

（9）表面质量　表面质量按 6.3 的（9）要求逐件检验。铸件表面粗糙度检验按 GB/T 6060.1—2018 的规则执行。

（10）机械加工余量　机械加工余量按 6.3 中（10）的要求进行检验。检验规则按 6.5 中（6）的规则执行。

（11）错型值　错型值按 6.3 中（11）的要求逐件检验。

（12）缺陷检验　铸件缺陷的检验按 6.3 中（12）的要求逐件检验。

（13）焊补检验　铸件焊补检验按 6.3 中（13）、（14）的要求和 JB/T 6880.1—2013 中附录 A 的规定逐件检验。

（14）特殊检验　铸件特殊要求的检验按 6.3 中（15）的要求逐件检验。

（15）验收项目　如果没有特殊要求时，只验收如下项目：

1）力学性能。

2）表面质量。

3）几何尺寸。

4）铸件缺陷。

5）图样中要求的项目。

6）供需双方的订货协议中其他商定项目。

## 6.6 泵用铸钢件技术要求

泵用铸钢件需满足一定的技术要求，若生产出的泵用铸钢件不合格，则会造成泵故障，常见的有设备固有故障、安装故障、运行故障和选型错误。例如，泵不能正常启动、泵不出水或流量不足、泵振动与噪声、轴承发热、泵超功率、汽蚀等。

JB/T 6880.2—2021 规定了泵用铸钢件技术要求、试验方法及检验规则等。

因而泵用铸钢件需满足以下技术要求：

（1）力学性能

1）碳钢件的力学性能。各牌号的力学性能应符合表 6-15 规定，其中断面收缩率和冲击吸收能量，如需方无要求时，由供方选择其一。

表 6-15　碳钢件力学性能

| 牌号 | 屈服强度 $R_{eH}$（$R_{p0.2}$）/MPa ≥ | 抗拉强度 $R_m$/MPa ≥ | 伸长率 $A_5$（%）≥ | 根据合同选择 | | |
| --- | --- | --- | --- | --- | --- | --- |
| | | | | 断面收缩率 $Z$（%）≥ | 冲击吸收能量 $KV$/J ≥ | 冲击吸收能量 $KV$/J ≥ |
| ZG 200-400 | 200 | 400 | 25 | 40 | 30 | 47 |
| ZG 230-450 | 230 | 450 | 22 | 32 | 25 | 35 |
| ZG 270-500 | 270 | 500 | 18 | 25 | 22 | 27 |
| ZG 310-570 | 310 | 570 | 15 | 21 | 15 | 24 |
| ZG 340-640 | 340 | 640 | 10 | 18 | 10 | 16 |

注：1. 表中所列的各牌号性能，适应于厚度为 100mm 以下的铸件。当铸件厚度超过 100mm 时，表中规定的 $R_{eH}$（$R_{p0.2}$）屈服强度仅供设计使用。

2. 表中冲击吸收能量，$KV$ 的试样缺口为 2mm。

2）不锈耐酸钢铸件的室温力学性能应符合表 6-16 的规定。

表 6-16　不锈耐酸钢铸件的室温力学性能

| 序号 | 牌号 | 厚度 $t$/mm ≤ | 屈服强度 $R_{p0.2}$/MPa ≥ | 抗拉强度 $R_m$/MPa ≥ | 伸长率 $A$（%）≥ | 冲击吸收能量 $KV_2$/J ≥ |
| --- | --- | --- | --- | --- | --- | --- |
| 1 | ZG15Cr13 | 150 | 450 | 620 | 15 | 20 |
| 2 | ZG20Cr13 | 150 | 390 | 590 | 15 | 20 |
| 3 | ZG10Cr13Ni2Mo | 300 | 440 | 590 | 15 | 27 |
| 4 | ZG06Cr13Ni4Mo | 300 | 550 | 760 | 15 | 50 |

（续）

| 序号 | 牌号 | 厚度 $t$/mm ≤ | 屈服强度 $R_{p0.2}$/MPa ≥ | 抗拉强度 $R_m$/MPa ≥ | 伸长率 $A$（%）≥ | 冲击吸收能量 $KV_2$/J ≥ |
|---|---|---|---|---|---|---|
| 5 | ZG06Cr13Ni4 | 300 | 550 | 750 | 15 | 50 |
| 6 | ZG06Cr16Ni5Mo | 300 | 540 | 760 | 15 | 60 |
| 7 | ZG10Cr12Ni1 | 150 | 355 | 540 | 18 | 45 |
| 8 | ZG03Cr19Ni11 | 150 | 185 | 440 | 30 | 80 |
| 9 | ZG03Cr19Ni11N | 150 | 230 | 510 | 30 | 80 |
| 10 | ZG07Cr19Ni10 | 150 | 175 | 440 | 30 | 60 |
| 11 | ZG07Cr19Ni11Nb | 150 | 175 | 440 | 25 | 40 |
| 12 | ZG03Cr19Ni11Mo2 | 150 | 195 | 440 | 30 | 80 |
| 13 | ZG03Cr19Ni11Mo2N | 150 | 230 | 510 | 30 | 80 |
| 14 | ZG05Cr26Ni6Mo2N | 150 | 420 | 600 | 20 | 30 |
| 15 | ZG07Cr19Ni11Mo2 | 150 | 185 | 440 | 30 | 60 |
| 16 | ZG07Cr19Ni11Mo2Nb | 150 | 185 | 440 | 25 | 40 |
| 17 | ZG03Cr19Ni11Mo3 | 150 | 180 | 440 | 30 | 80 |
| 18 | ZG03Cr19Ni11Mo3N | 150 | 230 | 510 | 30 | 80 |
| 19 | ZG03Cr22Ni6Mo3N | 150 | 420 | 600 | 20 | 30 |
| 20 | ZG03Cr25Ni7Mo4WCuN | 150 | 480 | 650 | 22 | 50 |
| 21 | ZG03Cr26Ni7Mo4CuN | 150 | 480 | 650 | 22 | 50 |
| 22 | ZG07Cr19Ni12Mo3 | 150 | 205 | 440 | 30 | 60 |
| 23 | ZG025Cr20Ni25Mo7Cu1N | 50 | 210 | 480 | 30 | 60 |
| 24 | ZG025Cr20Ni19Mo7CuN | 50 | 260 | 500 | 35 | 50 |
| 25 | ZG03Cr26Ni6Mo3Cu3N | 150 | 480 | 650 | 22 | 50 |
| 26 | ZG03Cr26Ni6Mo3Cu1N | 200 | 480 | 650 | 22 | 60 |
| 27 | ZG03Cr26Ni6Mo3N | 150 | 480 | 650 | 22 | 50 |

（2）化学成分

1）碳钢件的铸件牌号及化学成分应符合表 6-17 的规定。

表 6-17 碳钢件的铸件牌号及化学成分

| 牌号 | 化学成分（质量分数 %）≤ | | | | | | | | | | |
|---|---|---|---|---|---|---|---|---|---|---|---|
| | C | Si | Mn | S | P | 残余元素 | | | | | 残余元素总量 |
| | | | | | | Ni | Cr | Cu | Mo | V | |
| ZG 200-400 | 0.20 | | 0.80 | | | | | | | | |
| ZG 230-450 | 0.30 | | | | | | | | | | |
| ZG 270-500 | 0.40 | 0.60 | | 0.035 | 0.035 | 0.40 | 0.35 | 0.40 | 0.20 | 0.05 | 1.00 |
| ZG 310-570 | 0.50 | | 0.90 | | | | | | | | |
| ZG 340-640 | 0.60 | | | | | | | | | | |

注：1. 对上限减少 0.01% 的碳，允许增加 0.04% 的锰。对 ZG 200-400 的锰最高至 1.00%，其余四个牌号锰高至 1.20%。
2. 除另有规定外，残余元素不作为验收依据。

2）不锈耐酸钢的铸件牌号及化学成分应符合表 6-18 的规定。

表 6-18 不锈耐酸钢的铸件牌号及化学成分

| 序号 | 牌号 | 化学成分（质量分数，%） | | | | | | | | |
|---|---|---|---|---|---|---|---|---|---|---|
| | | C | Si | Mn | P | S | Cr | Mo | Ni | 其他 |
| 1 | ZG15Cr13 | 0.15 | 0.80 | 0.80 | 0.035 | 0.025 | 11.50~13.50 | 0.50 | 1.00 | |
| 2 | ZG20Cr13 | 0.16~0.24 | 1.00 | 0.60 | 0.035 | 0.025 | 11.50~14.00 | — | — | |
| 3 | ZG10Cr13Ni2Mo | 0.10 | 1.00 | 1.00 | 0.035 | 0.025 | 12.00~13.50 | 0.20~0.50 | 1.00~2.00 | |
| 4 | ZG06Cr13Ni4Mo | 0.06 | 1.00 | 1.00 | 0.035 | 0.025 | 12.00~13.50 | 0.70 | 3.50~5.00 | Cu0.50, V0.05, W0.10 |
| 5 | ZG06Cr13Ni4 | 0.06 | 1.00 | 1.00 | 0.035 | 0.025 | 12.00~13.00 | 0.70 | 3.50~5.00 | |
| 6 | ZG06Cr16Ni5Mo | 0.06 | 0.80 | 1.00 | 0.035 | 0.025 | 15.00~17.00 | 0.70~1.50 | 4.00~6.00 | |
| 7 | ZG10Cr12Ni1 | 0.10 | 0.40 | 0.50~0.80 | 0.030 | 0.020 | 11.5~12.50 | 0.50 | 0.8~1.5 | Cu0.30, V0.30 |

（续）

| 序号 | 牌号 | 化学成分（质量分数，%） | | | | | | | | |
|---|---|---|---|---|---|---|---|---|---|---|
| | | C | Si | Mn | P | S | Cr | Mo | Ni | 其他 |
| 8 | ZG03Cr19Ni11 | 0.03 | 1.50 | 2.00 | 0.035 | 0.025 | 18.00 ~ 20.00 | — | 9.00 ~ 12.00 | N0.20 |
| 9 | ZG03Cr19Ni11N | 0.03 | 1.50 | 2.00 | 0.040 | 0.030 | 18.00 ~ 20.00 | — | 9.00 ~ 12.00 | N0.12 ~ 0.20 |
| 10 | ZG07Cr19Ni10 | 0.07 | 1.50 | 1.50 | 0.040 | 0.030 | 18.00 ~ 20.00 | — | 8.00 ~ 11.00 | |
| 11 | ZG07Cr19Ni11Nb | 0.07 | 1.50 | 1.50 | 0.040 | 0.030 | 18.00 ~ 20.00 | — | 9.00 ~ 12.00 | Nb8C ~ 1.00 |
| 12 | ZG03Cr19Ni11Mo2 | 0.03 | 1.50 | 2.00 | 0.035 | 0.025 | 18.00 ~ 20.00 | 2.00 ~ 2.50 | 9.00 ~ 12.00 | N0.20 |
| 13 | ZG03Cr19Ni11Mo2N | 0.03 | 1.50 | 2.00 | 0.035 | 0.030 | 18.00 ~ 20.00 | 2.00 ~ 2.50 | 9.00 ~ 12.00 | N0.10 ~ 0.20 |
| 14 | ZG05Cr26Ni6Mo2N | 0.05 | 1.00 | 2.00 | 0.035 | 0.025 | 25.00 ~ 27.00 | 1.30 ~ 2.00 | 4.50 ~ 6.50 | N0.12 ~ 0.20 |
| 15 | ZG07Cr19Ni11Mo2 | 0.07 | 1.50 | 1.50 | 0.040 | 0.030 | 18.00 ~ 20.00 | 2.00 ~ 2.50 | 9.00 ~ 12.00 | |
| 16 | ZG07Cr19Ni11Mo2Nb | 0.07 | 1.50 | 1.50 | 0.040 | 0.030 | 18.00 ~ 20.00 | 2.00 ~ 2.50 | 9.00 ~ 12.00 | Nb8C ~ 1.00 |
| 17 | ZG03Cr19Ni11Mo3 | 0.03 | 1.50 | 1.50 | 0.040 | 0.030 | 18.00 ~ 20.00 | 3.00 ~ 3.50 | 9.00 ~ 12.00 | |
| 18 | ZG03Cr19Ni11Mo3N | 0.03 | 1.50 | 1.50 | 0.040 | 0.030 | 18.00 ~ 20.00 | 3.00 ~ 3.50 | 9.00 ~ 12.00 | N0.10 ~ 0.20 |
| 19 | ZG03Cr22Ni6Mo3N | 0.03 | 1.00 | 2.00 | 0.035 | 0.025 | 21.00 ~ 23.00 | 2.50 ~ 3.50 | 4.50 ~ 6.50 | N0.12 ~ 0.20 |
| 20 | ZG03Cr25Ni7Mo4WCuN | 0.03 | 1.00 | 1.50 | 0.030 | 0.020 | 24.00 ~ 26.00 | 3.00 ~ 4.00 | 6.00 ~ 8.50 | Cu1.00 N0.15 ~ 0.25 W1.00 |

（续）

| 序号 | 牌号 | 化学成分（质量分数，%） | | | | | | | | |
|---|---|---|---|---|---|---|---|---|---|---|
| | | C | Si | Mn | P | S | Cr | Mo | Ni | 其他 |
| 21 | ZG03Cr26Ni7Mo4CuN | 0.03 | 1.00 | 1.00 | 0.035 | 0.025 | 25.00～27.00 | 3.00～5.00 | 6.00～8.00 | N0.12～0.22 Cu1.30 |
| 22 | ZG07Cr19Ni12Mo3 | 0.07 | 1.50 | 1.50 | 0.040 | 0.030 | 18.00～20.00 | 3.00～3.50 | 10.00～13.00 | |
| 23 | ZG025Cr20Ni25Mo7Cu1N | 0.025 | 1.00 | 2.00 | 0.035 | 0.020 | 19.00～21.00 | 6.00～7.00 | 24.00～26.00 | N0.15～0.25 Cu0.50～1.50 |
| 24 | ZG025Cr20Ni19Mo7CuN | 0.025 | 1.00 | 1.20 | 0.030 | 0.010 | 19.50～20.50 | 6.00～7.00 | 17.50～19.50 | N0.18～0.24 Cu0.50～1.00 |
| 25 | ZG03Cr26Ni6Mo3Cu3N | 0.03 | 1.00 | 1.50 | 0.035 | 0.025 | 24.50～26.50 | 2.50～3.50 | 5.00～7.00 | N0.12～0.22 Cu2.75～3.50 |
| 26 | ZG03Cr26Ni6Mo3Cu1N | 0.03 | 1.00 | 2.00 | 0.030 | 0.020 | 24.50～26.50 | 2.50～3.50 | 5.50～7.00 | N0.12～0.25 Cu0.80～1.30 |
| 27 | ZG03Cr26Ni6Mo3N | 0.03 | 1.00 | 2.00 | 0.035 | 0.025 | 24.50～26.50 | 2.50～3.50 | 5.50～7.00 | N0.12～0.25 |

注：表中的单个值为最大值。

（3）晶间腐蚀倾向

要求做晶间腐蚀倾向试验的铸件，可在订货合同中规定。各牌号晶间腐蚀倾向的试验方法按表6-19的规定选择。

表 6-19　各牌号晶间腐蚀试验方法

| 牌号 | 晶间腐蚀试验方法 | 牌号 | 晶间腐蚀试验方法 |
|---|---|---|---|
| ZG15Cr13 | | ZG03Cr19Ni11Mo2N | ①、③ |
| ZG20Cr13 | | ZG07Cr19Ni11Mo2 | ①、③ |
| ZG10Cr13Ni2Mo | | ZG07Cr19Ni11Mo2Nb | ①、③ |
| ZG06Cr13Ni4<br>ZG06Cr13Ni4Mo | | ZG03Cr19Ni11Mo3 | ①、③ |
| ZG06Cr16Ni5Mo | | ZG03Cr19Ni11Mo3N | ①、③ |
| ZG03Cr19Ni11 | ①、②、③ | ZG07Cr19Ni12Mo3 | ①、③ |
| ZG03Cr19Ni11N | ①、②、③ | ZG03Cr26Ni6Mo3Cu3N | |
| ZG07Cr19Ni10 | ①、③ | ZG03Cr26Ni6Mo3Cu1N | |
| ZG07Cr19Ni11Nb | ①、②、③ | ZG03Cr14Ni14Si4 | ③ |
| ZG03Cr19Ni11Mo2 | ①、②、③ | | |

注：① 为不锈钢 10% 草酸浸蚀试验方法。
　　② 为不锈钢 65% 硝酸腐蚀试验方法。
　　③ 为不锈钢硫酸硫酸铜腐蚀试验方法。

（4）热处理

1）碳钢件，除另有规定外，热处理工艺由供方自行决定。

碳钢件的热处理按 GB/T 16923—2008 和 GB/T 16924—2008 的规定执行。

2）不锈耐酸钢铸件需进行热处理，其规范应符合表 6-20 的规定。如有特殊要求可在订货合同中另行规定。

表 6-20　不锈耐酸钢铸件热处理工艺

| 序号 | 牌号 | 热处理工艺 |
|---|---|---|
| 1 | ZG15Cr13 | 加热到 950～1050℃，保温，空冷；并在 650～750℃，回火，空冷 |
| 2 | ZG20Cr13 | 加热到 950～1050℃，保温，空冷或油冷；并在 680～740℃，回火，空冷 |
| 3 | ZG10Cr13Ni2Mo | 加热到 1000～1050℃，保温，空冷；并在 620～720℃，回火，空冷或炉冷 |
| 4 | ZG06Cr13Ni4Mo | 加热到 1000～1050℃，保温，空冷；并在 570～620℃，回火，空冷或炉冷 |

（续）

| 序号 | 牌号 | 热处理工艺 |
|---|---|---|
| 5 | ZG06Cr13Ni4 | 加热到 1000 ~ 1050℃，保温，空冷；并在 570 ~ 620℃，回火，空冷或炉冷 |
| 6 | ZG06Cr16Ni5Mo | 加热到 1020 ~ 1070℃，保温，空冷；并在 580 ~ 630℃，回火，空冷或炉冷 |
| 7 | ZG10Cr12Ni1 | 加热到 1020 ~ 1060℃，保温，空冷；并在 680 ~ 730℃，回火，空冷或炉冷 |
| 8 | ZG03Cr19Ni11 | 加热到 1050 ~ 1150℃，保温，固溶处理，水淬。也可根据铸件厚度空冷或其他快冷方法 |
| 9 | ZG03Cr19Ni11N | 加热到 1050 ~ 1150℃，保温，固溶处理，水淬。也可根据铸件厚度空冷或其他快冷方法 |
| 10 | ZG07Cr19Ni10 | 加热到 1050 ~ 1150℃，保温，固溶处理，水淬。也可根据铸件厚度空冷或其他快冷方法 |
| 11 | ZG07Cr19Ni11Nb | 加热到 1050 ~ 1150℃，保温，固溶处理，水淬。也可根据铸件厚度空冷或其他快冷方法 |
| 12 | ZG03Cr19Ni11Mo2 | 加热到 1080 ~ 1150℃，保温，固溶处理，水淬。也可根据铸件厚度空冷或其他快冷方法 |
| 13 | ZG03Cr19Ni11Mo2N | 加热到 1080 ~ 1150℃，保温，固溶处理，水淬。也可根据铸件厚度空冷或其他快冷方法 |
| 14 | ZG05Cr26Ni6Mo2N | 加热到 1120 ~ 1150℃，保温，固溶处理，水淬。也可为防止形状复杂的铸件开裂，可随炉冷却至 1010~1040℃时再固溶处理，水淬 |
| 15 | ZG07Cr19Ni11Mo2 | 加热到 1080 ~ 1150℃，保温，固溶处理，水淬。也可根据铸件厚度空冷或其他快冷方法 |
| 16 | ZG07Cr19Ni11Mo2Nb | 加热到 1080 ~ 1150℃，保温，固溶处理，水淬。也可根据铸件厚度空冷或其他快冷方法 |
| 17 | ZG03Cr19Ni11Mo3 | 加热到 ≥ 1120℃，保温，固溶处理，水淬。也可根据铸件厚度空冷或其他快冷方法 |
| 18 | ZG03Cr19Ni11Mo3N | 加热到 ≥ 1120℃，保温，固溶处理，水淬。也可根据铸件厚度空冷或其他快冷方法 |

（续）

| 序号 | 牌号 | 热处理工艺 |
|------|------|-----------|
| 19 | ZG03Cr22Ni6Mo3N | 加热到 1120～1150℃，保温，固溶处理，水淬。也可为防止形状复杂的铸件开裂，可随炉冷却至 1010～1040℃时再固溶处理，水淬 |
| 20 | ZG03Cr25Ni7Mo4WCuN | 加热到 1120～1150℃，保温，固溶处理，水淬。也可为防止形状复杂的铸件开裂，可随炉冷却至 1010～1040℃时再固溶处理，水淬 |
| 21 | ZG03Cr26Ni7Mo4CuN | 加热到 1120～1150℃，保温，固溶处理，水淬。也可为防止形状复杂的铸件开裂，可随炉冷却至 1010～1040℃时再固溶处理，水淬 |
| 22 | ZG07Cr19Ni12Mo3 | 加热到 1120～1180℃，保温，固溶处理，水淬。也可根据铸件厚度空冷或其他快冷方法 |
| 23 | ZG025Cr20Ni25Mo7Cu1N | 加热到 1200～1240℃，保温，固溶处理，水淬 |
| 24 | ZG025Cr20Ni19Mo7CuN | 加热到 1080～1150℃，保温，固溶处理，水淬。也可根据铸件厚度空冷或其他快冷方法 |
| 25 | ZG03Cr26Ni6Mo3Cu3N | 加热到 1120～1150℃，保温，固溶处理，水淬。为防止形状复杂的铸件开裂，也可随炉冷却至 1010～1040℃时再固溶处理，水淬 |
| 26 | ZG03Cr26Ni6Mo3Cu1N | 加热到 1120～1150℃，保温，固溶处理，水淬。为防止形状复杂的铸件开裂，也可随炉冷却至 1010～1040℃时再固溶处理，水淬 |
| 27 | ZG03Cr26Ni6Mo3N | 加热到 1120～1150℃，保温，固溶处理，水淬。为防止形状复杂的铸件开裂，也可随炉冷却至 1010～1040℃时再固溶处理，水淬 |

（5）几何形状和尺寸　铸件的几何形状和尺寸应符合图样要求。

（6）尺寸公差

1）一般部位尺寸公差应与表 6-21 的规定相符合。公差带设置应对称于铸件基本尺寸。

2）过流部位尺寸公差应符合如下规定：

①离心泵铸件过流部位尺寸公差与 JB/T 6879—2021 的规定相符合。

②混流泵、轴流泵开式叶片与 JB/T 5413—2007 的规定相符合。

③一些有特殊要求的，应在图样中注明。

（7）质量和质量公差

1）对于铸件质量，应按密度 7.8kg/cm³ 计算。

2）对于铸件质量公差，其应与 GB/T 11351—2017 的规定相符合。铸件质量公差等级应不低于 MT14 级。

表 6-21　一般部位尺寸公差　　　　　　　（单位：mm）

| 毛坯基本尺寸 | | 一般偏差 | 壁厚偏差 | 最大错箱 |
|---|---|---|---|---|
| 大于 | 至 | | | |
| 0 | 10 | 1.0 | 1.4 | 1.0 |
| 10 | 16 | 1.5 | 2.2 | 1.5 |
| 16 | 25 | 2.3 | 2.3 | |
| 25 | 40 | 3.5 | 4.5 | 2.5 |
| 40 | 63 | 4.0 | 5.0 | |
| 63 | 100 | 4.5 | 5.5 | |
| 100 | 160 | 5.0 | 6.0 | |
| 160 | 250 | 5.5 | 7.0 | |
| 250 | 400 | 6.0 | | 2.5 |
| 400 | 630 | 7.0 | | |
| 630 | 1000 | 8.0 | | |
| 1000 | 1600 | 9.0 | | |
| 1600 | 2500 | 10.5 | | |
| 2500 | 4000 | 12.0 | | 3.5 |
| 4000 | 6300 | 14.0 | | |
| 6300 | 10000 | 16.0 | | |

注：1. 最大错箱值不能与一般尺寸偏差或壁厚偏差相加。

　　2. 如有特殊要求时，公差应直接在铸件基本尺寸后面标注。例如 $95^{+1.4}_{-0.8}$。

3）当铸件质量上极限偏差和下极限偏差要求不相同，或者有其他特殊要求时，应在图样或协议中明确标注。

4）当验收依据为铸件质量公差时，应在图样或技术文件（包括协议）中明确标注。

（8）表面质量

1）铸件的表面粗糙度，如果在图样上未进行标注，应与表 6-22 中的规定相符合。

2）混流泵、轴流泵开式叶片过流表面粗糙度，应与 JB/T 5413—2007 中规定的要求相符合。

表 6-22　铸件表面粗糙度

| 部位 | 过流表面 | | | 外观表面 |
|---|---|---|---|---|
| 铸件最大尺寸 /mm | ≤ 400 | >400 ~ 1000 | >1000 | 任何尺寸 |
| 表面粗糙度 Ra/μm | ≤ 25 | ≤ 50 | ≤ 100 | ≤ 100 |

3）铸件上的各部位应保持洁净，将型砂、芯砂、芯骨、粘砂及内腔等夹杂物清理干净。铸件表面应保持平滑，将其多肉、结疤、冒口进行清除，如采用火焰或电弧切割方法清理，应在热处理前进行。

4）铸件浇冒口切割后的残留量应与表 6-23 中的规定相符合。

表 6-23　铸件浇冒口切割后的残留量　　　　（单位：mm）

| 冒口直径或宽度 | | | | ≤ 150 | >150 ~ 300 | >300 |
|---|---|---|---|---|---|---|
| 切割残留量 | 电弧气刨切割 | 非加工面 | | ±2.0 | +3.0 −2.0 | +4.0 −2.0 |
| | | 加工面 | 碳素钢 | +3.0 −1.0 | +4.0 −2.0 | +5.0 −2.5 |
| | | | 不锈耐酸钢 | +5.0 −1.0 | +6.0 −2.0 | +8.0 −2.5 |
| | 火焰切割 | 非加工面 | | +4.0 −2.0 | +5.0 −2.0 | +6.0 −2.0 |
| | | 加工面 | 碳素钢 | +6.0 −1.0 | +7.0 −2.0 | +11 −2.5 |
| | | | 不锈耐酸钢 | +8.0 −1.0 | +9.0 −2.0 | |

5）应当对铸件的非加工面上浇冒口的残留部分进行打磨修整，使之与铸件表面圆滑过渡。

（9）错型值　铸件错型值应与表 6-21 中的规定相符合，若需进一步限制错型值时，应在图样中注明。

（10）机械加工余量　铸件的机械加工余量应与 GB/T 6414—2017 的规定相符合；有特殊要求时，应在图样或其他技术文件（包括协议）中明确标注。

（11）缺陷

1）对于铸件的非加工表面和加工后的表面，其存在的铸造缺陷应与表 6-24 中的规定相符合。

2）泵叶轮、导叶铸件，叶片入口处的铸造缺陷应符合以下规定：

① 泵叶片入口处出现的缺肉：当导叶或叶轮直径小于或等于 400mm 时，其径向深度应低于 5mm；当导叶或叶轮直径大于 400mm 时，其径向深度应低于 8mm，轴向长度应低于叶片宽度的 1/4，并且存在该缺陷的叶片数应低于叶片总数的 1/3。

② 泵叶片单面出现的冷隔：对于导叶和闭式叶轮，冷隔长度应低于叶片长度的 1/5；对于半开式及全开式叶轮，冷隔长度应低于叶片长度的 1/10，并且存在该缺陷的叶片数应低于叶片总数的 1/3。

表 6-24　铸件表面残存铸造缺陷

| 缺陷所在面 | | 缺陷尺寸 | 缺陷深度 | 缺陷所在面的统一表面上允许存在的铸造缺陷处数 | | | 缺陷间距 |
|---|---|---|---|---|---|---|---|
| | | | | ≤250mm | >250~630mm | >630mm | |
| 加工后的表面 | 静密封面 | 最大不超过3mm，并且不超过所在面最小尺寸的1/5 | 最深不超过5mm，并且不超过壁厚的1/3 | 1处 | 2处 | 3处 | 1）缺陷边缘距离所在面边缘，不得小于缺陷尺寸的5倍　2）相邻两缺陷间的距离不得小于其中较大缺陷尺寸的5倍 |
| | 定心、定位、配合面、结合面 | 最大不超过5mm，并且不超过所在面最小尺寸的1/3 | | | | | |
| | 不影响使用强度和外观的其余加工表面 | 最大不超过8mm，并且不超过所在面最小尺寸的1/5 | | | | | |
| 非加工表面 | 承受流体压力的面及流体过流面 | 最大不超过6mm，并且不超过所在面最小尺寸的1/5 | 最深不超过6mm，并且不超过壁厚的1/4 | 3处 | 4处 | 5处 | |
| | 不影响外观和强度的其余非加工表面 | 最大不超过15mm，并且不超过所在面最小尺寸的1/3 | | | | | |

③ 对于下述所列类型的泵零件部位，在泵铸件经过精加工后，不得存在铸造缺陷，且不可在精加工前或精加工后进行焊补：

a）动摩擦部位，如装填料处的轴套、往复泵缸体内孔等摩擦表面。

b）动密封部位，如密封环、平衡盘等密封表面。

c）安全性要求高的部位，如往复泵的高压泵缸体等。

3）缺陷尺寸的确定与计算：

① 形状为圆形的，按径向最大尺寸确定。

② 形状为非圆形的，按式（6-1）计算。

4）缺陷所在面尺寸的确定：

① 形状为圆形的平面，按直径计算。

② 形状为非圆形的平面，按宽度方向的最大尺寸确定。

③ 形状为曲面的表面，如外圆表面、内圆表面、壳体流道等，圆形的按直径计算，不是圆形的按径向的最小尺寸确定。

（12）对于缺陷的修补

1）在对缺陷进行修补时，若具有以下情况之一时，不得进行焊补：

① 铸件存在蜂窝状气孔。

② 铸件试压泄漏，焊补后不能确保其质量。

③ 图样中明确规定的，不允许焊补的零件或部位。

2）如果铸件缺陷与表 6-24 中的规定不符时，也可进行焊补，但需在能够确保使用强度和使用功能且不因铸件的焊补而影响泵件最终精度的情况下进行。除订货合同中规定不允许焊补者及重大焊补外，制造厂可在未经需方同意情况下进行焊补。焊补后，铸件应符合质量要求。焊补程序认可试验可由双方在订货时协商。

3）关于重大焊补的事先协商：

① 重大焊补应事先征得需方同意。为焊补而制备的凹坑，其深度超过铸件壁厚的 22% 或 25mm 者（两者中取较小者）；或其面积超过 65cm$^2$ 者；或当承压铸件的水压试验渗漏时，均认为是重大焊补。

② 焊补图（草图）。应在图样或照片上标出各个焊补的部位和范围，这些文件应在完成订货时提交给需方。

（13）一些特殊要求 若需求方在水压试验、气压试验、无损检测等方面有特殊要求时，应在图样中明确标注或在订货协议时商定。

# 6.7 泵用铸钢件试验方法

铸钢件具有更大的设计灵活性，冶金制造最强的灵活性和可变性，提高整体结构强度和大范围的质量变化等特点，因而离心泵用铸钢件具有较大的优势，其试验方法如下：

（1）铸件力学性能分析

1）碳钢件铸件的力学性能检验。

① 试块。力学能用试块，应在浇注过程中单独铸出或附铸在铸件上，当试块附铸在铸件上时，附铸的位置、方法和力学性能由供需双方协商。除另有规定外，试块类型的选用由供方自行决定。

单铸试块的形状尺寸和试样的切取位置应符合图 6-10 的要求。

附铸试块的形状、尺寸和取样位置由供需双方商定。

除另有规定外，试块与其所代表的铸件用同炉方式进行热处理，并作标记。

供方在铸件热处理之前，如需方或其代表要参加试验并在铸件上作标记，不应完全切掉附铸试块，热处理后附铸试块也要作标记。

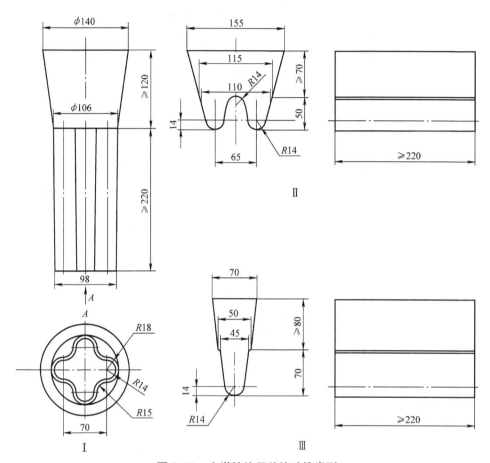

图 6-10　力学性能用单铸试块类型

② 拉伸试验。拉伸试验按 GB/T 228.1—2021 的规定执行。

③ 冲击试验。冲击试验按 GB/T 229—2020 的规定执行。

2）不锈耐酸钢铸件的力学性能检验。

① 每批铸件均应进行力学性能检验。

② 检验用的试样毛坯应与其代表的铸件为同一批钢水浇注并同炉热处理。也允许在铸件本体上取样，取样部位及性能要求由双方协商确定。试样形状、尺寸及切取位置按图 6-11 或图 6-12 制作，也可参照 GB/T 11352—2009 的图样制作。对于采用特种铸造方法生产的铸件，其试样制作方法可由供需双方商定。

③ 检验用的试样应始终与其代表的铸件在同一热处理炉内进行热处理。

④ 每批铸件采用一个拉伸试样、三个冲击试样，试验分别按 GB/T 228.1—2021 和 GB/T 229—2020 的规定进行。

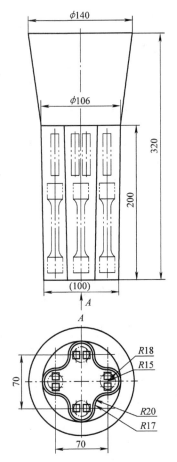

图 6-11  试样形状、尺寸及切取位置（一）

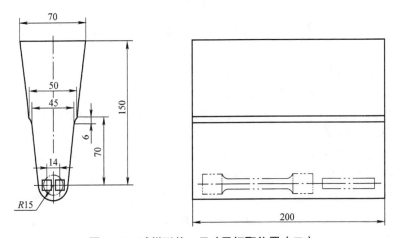

图 6-12  试样形状、尺寸及切取位置（二）

（2）铸件化学分析

1）碳钢件铸件。

化学分析法用常学分析或光谱分析化学分析或光谱分析用试块，应在浇铸过程中制取。

化学分析用试样的样方法按 GB/T 222—2006 的规定执行。

常规化学分析方法按 GB/T 223.3—1988、GB/T 223.4—2008 和 GB/T 223.60—1997 规定进行。

光谱分析方法按 GB/T 4336—2016 的规定进行。

2）不锈耐酸钢铸件。

每批铸件均需检验经同一热处理炉次处理的同一炉次或同一罐钢水浇注的铸件为一批。化学成分的浇注分析核对分析成品分析按 ISO 4990 中 6.2.2.5 执行。

化学成分分析仲裁方法按 GB/T 223.1—1981、GB/T 223.3—1988、GB/T 223.4—2008、GB/T 223.5—2008、GB/T 223.12—1991、GB/T 223.19—1989、GB/T 223.23—2008、GB/T 223.26—2008、GB/T 223.37—2020 和 GB/T 223.40—2007 进行。

光谱分析，碳钢件铸件应与 GB/T 4336—2016 的规定相符合，不锈耐酸钢铸件应与 GB/T 11170—2008 的规定相符合。

（3）晶间腐蚀　不锈耐酸钢铸件的晶间腐蚀倾向试验应按 GB/T 4334—2020 进行。其试样可在力学性能试块上或铸件上采取。

晶间腐蚀倾向和力学性能等试验项目如有不合格者，可以按 ISO 4990 中 4.2.2.4 进行复验。

各牌号晶间腐蚀倾向试验方法按表 6-19 的规定进行选择。

（4）几何形状和尺寸检验　铸件几何形状和尺寸的检验，应选择相应精度的检测量具。对不能用量具直接检验的部位或相关尺寸，可采用样板或划线的方法进行检验。

（5）公称质量　对于铸件公称质量的确定，其应按 GB/T 11351—2017 规定执行。

（6）表面粗糙度　对于铸件的表面粗糙度的检验，可按 GB/T 6060.1—2018 选定的比较样块进行检验。

（7）表面缺陷　对于铸件表面缺陷的检验，可使用目视方法进行。对于目视不可直接见到的表面，可采取内窥镜探视方法进行检验。

（8）缺陷焊补　对于铸件缺陷焊补的检验，应与 JB/T 6880.2—2021 中附录 A 的规定相符合。

（9）特殊条件检验　对于一些特殊条件的检验，如若需求方在水压试验、气压试验、无损检测等方面有特殊要求时，应在图样中明确标注或在订货协议时商定，按供需双方商定的协议或有关规定进行检验。

## 6.8 泵用铸钢件检验规则

一般来说，铸钢的塑性和韧性较好，表现为延伸率、断面收缩率和冲击韧性好，单就压力来说，一般超过 1.6MPa 压力的场合，宜采用铸钢材质。当泵工作的场所为高压工况下，泵用铸钢件就具有较好的抗压效果，只要泵用铸钢件检验符合规定，便可正常工作。

对于泵用铸钢件检验规则如下：

（1）碳钢铸件　碳钢铸件检验应符合如下规定：

1）检验权利　除另有规定外，铸件的检验由供方质量部门检验。

2）检验地点　除供需双方商定只能在需方做检验外，最终检验一般应在供方进行。

当供方不具备必需的手段，或双方对铸件质量发生争议时，检验可在独立机构进行。

3）批量的划分。

① 按炉次分：铸件由同一炉次钢液浇注，做相同热处理的为一批。

② 按数量或质量分：同一牌号在熔炼工艺稳定的条件下，几个炉次浇注的并经相同工艺多炉次热处理后，以一定数量或以一定质量的铸件为一批，具体要求由供需双方商定。

③ 按件分：以一件为一批。

4）化学成分检验：铸件按熔炼炉次分析，分析结果应符合表 6-17 的规定。

5）力学性能检验。

① 拉伸试验，每一批量取一个拉伸试样，试验结果应符合表 6-15 规定。

② 做冲击试验时，每一批量取 3 个冲击试样进行试验，3 个试样的平均值应符合表 6-15 的规定，其中允许最多只有一个试样的值可低于规定值，且不低于规定值的 2/3。

③ 因下列原因而导致不符合规定的试验结果是无效的：

a）试样安装不当或试验机功能不正常。

b）拉伸试样断在标距之外。

c）试样加工不当。

d）试样存在缺陷。

此时应按①重新进行试验。

6）重新热处理。当力学性能复验结果仍不符合表 6-15 规定时，可将铸件和试块重新进行热处理，然后按①和②重新试验。但未经需方同意的重新热处理次数不得超过两次（回火除外）。

7）试验结果的修约。

① 当力学性能试验结果不符合要求，而不是由于 5）的③所列原因引起，供方可以复验。

② 从同一批量中取两个备用拉伸试样进行试验。如两个试验结果均符合表 6-15 的规定，则该批次铸件的拉伸性能仍为合格。若复验中仍有一个试样结果不合格，则供方可按上述 6）处理。

③ 从同一批量中取 3 个备用的冲击试样进行试验，该结果与原结果相加重新计算平均值。若新计算平均值符合表 6-15 的规定，其中允许最多只有一个试样的值可低于规定值，且不低于规定值的 2/3，则该批铸件的冲击值仍为合格。否则供方应按上述 6）进行处理。

（2）不锈耐酸钢铸件　不锈耐酸钢铸件检验应符合如下规定：

1）检验权利、检验地点、批量的划分分别按照 6.8（1）中 1）、2）、3）的规定，并与之对应相符合。

2）化学成分检验与 6.6（1）的 2）一致。

3）力学性能检验与 6.6（2）的 2）一致。

4）晶间腐蚀倾向检验，根据订货要求进行。

5）当力学性能和晶间腐蚀检验结果与表 6-16 和表 6-19 的规定不符时，可进行复检，复检可以使用相同状态的试样加倍重做。如仍不合格，则可将该批铸件连同备用试样一起重新进行热处理，然后按新铸件的要求重新进行各项检验。

（3）几何形状和尺寸检验　按照图样对铸件的几何形状和尺寸进行检验。首批铸件和重要件需要按照图样，逐件进行检验。抽检可用于一般铸件及用保证尺寸稳定性方法生产出来的铸件，抽检方法按供需双方商定进行。

（4）铸件的尺寸公差　铸件的尺寸公差按 6.6 的（6）要求进行检验。检验规则按 6.8 的（3）规定。

（5）质量及质量公差　铸件质量和质量公差按 6.6 的（7）要求进行抽检。

（6）表面质量　表面质量按 6.6 的（8）要求铸件检验。铸件表面粗糙度的评定方法应符合有关标准的规定。

（7）错型值　错型值按 6.6 的（9）要求逐件检验。

（8）机械加工余量　机械加工余量按 6.6 的（10）要求进行检验。检验规则按 6.8 的（3）规定。

（9）缺陷检验　铸件缺陷的检验按 6.6 的（11）要求逐件检验。

（10）补焊检验　铸件的焊补检验按 6.6 的（12）要求和 JB/T 6880.2—2021 中附录 A 的规定进行检验。

（11）特殊检验　特殊要求的检验按 6.6 的（13）要求逐件检验。

（12）验收项目　一般情况下铸件只验收如下项目：

1）力学性能（根据商定协议进行）。

2）化学成分。

3）几何尺寸。

4）表面质量。

5）铸件缺陷。

6）图样中要求的项目。

7）供需双方协议中商定的项目。

# ▼ 第7章
## 泵产品主要性能参数

## 7.1 清水泵产品性能参数

### 7.1.1 IS 型单级单吸清水离心泵

IS 型泵是单级单吸（轴向吸入）离心泵，其性能、标志、尺寸符合 ISO 2858 的规定。IS 型泵供输送温度低于 80℃的清水或物理、化学性质类似清水的其他液体，泵的吸入压力 ≤ 0.3MPa，适用于工业、农业排灌、城市给排水等领域。

性能范围：

流量 $Q$：$6.3 \sim 400 \text{m}^3/\text{h}$。

扬程 $H$：$5 \sim 125 \text{m}$。

转速 $n$：2900、1450r/min。

IS 型泵为后开门的结构形式，采用单列向心球轴承，泵的轴封为填料密封，泵通过联轴器或加长弹性联轴器由电动机直接驱动。从电动机端看，泵为顺时针方向旋转。

IS 型单级单吸清水离心泵型号含义：如 IS50-32-125，IS—符合国际标准的单级单吸清水离心泵，50—泵吸入口直径，32—泵排出口直径，125—叶轮名义直径。

IS 型单级单吸清水离心泵性能参数详见表 7-1。

表 7-1　IS 型单级单吸清水离心泵性能参数

| 泵型号 | 流量 $Q$ /( m³/h ) | 扬程 $H$ /m | 转速 $n$ /( r/min ) | 功率 /kW | | 泵效率 $\eta$ ( % ) | 汽蚀余量 NPSH /m | 叶轮直径 $D_2$ /mm | 泵外形尺寸 /mm | | | 泵口径 /mm | |
|---|---|---|---|---|---|---|---|---|---|---|---|---|---|
| | | | | 轴功率 | 配带功率 | | | | 长 | 宽 | 高 | 吸入 | 排出 |
| IS50-32-125 | 7.5 | 22 | 2900 | 0.96 | 1.5 | 47 | 2.0 | 133 | 465 | 190 | 252 | 50 | 32 |
| | 12.5 | 20 | | 1.13 | | 60 | 2.0 | | | | | | |
| | 15 | 18.5 | | 1.26 | | 60 | 2.5 | | | | | | |
| IS50-32-125 | 3.75 | 5.4 | 1450 | 0.13 | 0.55 | 43 | 2.0 | 133 | 465 | 190 | 252 | 50 | 32 |
| | 6.3 | 5 | | 0.16 | | 54 | 2.0 | | | | | | |
| | 7.5 | 4.6 | | 0.17 | | 55 | 2.5 | | | | | | |
| IS50-32-160 | 7.5 | 34.3 | 2900 | 1.59 | 3 | 44 | 2.0 | 162 | 465 | 240 | 292 | 50 | 32 |
| | 12.5 | 32 | | 2.02 | | 54 | 2.0 | | | | | | |
| | 15 | 29.6 | | 2.16 | | 56 | 2.5 | | | | | | |

（续）

| 泵型号 | 流量 Q /(m³/h) | 扬程 H /m | 转速 n /(r/min) | 功率 /kW 轴功率 | 功率 /kW 配带功率 | 泵效率 η (%) | 汽蚀余量 NPSH /m | 叶轮直径 D₂ /mm | 泵外形尺寸 /mm 长 | 泵外形尺寸 /mm 宽 | 泵外形尺寸 /mm 高 | 泵口径 /mm 吸入 | 泵口径 /mm 排出 |
|---|---|---|---|---|---|---|---|---|---|---|---|---|---|
| IS50-32-160 | 3.75 | 8.5 | | 0.25 | | 35 | 2.0 | | | | | | |
| | 5 | 8 | 1450 | 0.29 | 0.55 | 48 | 2.0 | 162 | 465 | 240 | 292 | 50 | 32 |
| | 7.5 | 7.5 | | 0.31 | | 49 | 2.5 | | | | | | |
| IS50-32-200 | 7.5 | 52.5 | | 2.82 | | 38 | 2.0 | | | | | | |
| | 12.5 | 50 | 2900 | 3.54 | 5.5 | 48 | 2.0 | 203 | 465 | 240 | 340 | 50 | 32 |
| | 15 | 48 | | 3.95 | | 51 | 2.5 | | | | | | |
| IS50-32-200 | 3.75 | 13.1 | | 0.41 | | 33 | 2.0 | | | | | | |
| | 6.3 | 12.5 | 1450 | 0.51 | 0.75 | 42 | 2.0 | 203 | 465 | 240 | 340 | 50 | 32 |
| | 7.5 | 12 | | 0.56 | | 44 | 2.5 | | | | | | |
| IS50-32-250 | 7.5 | 82 | | 5.87 | | 28.5 | 2.0 | | | | | | |
| | 12.5 | 80 | 2900 | 7.16 | 11 | 38 | 2.0 | 247 | 600 | 320 | 405 | 50 | 32 |
| | 15 | 78.5 | | 7.83 | | 41 | 2.5 | | | | | | |
| IS50-32-250 | 3.75 | 20.5 | | 0.91 | | 23 | 2.0 | | | | | | |
| | 6.3 | 20 | 1450 | 1.07 | 1.5 | 32 | 2.0 | 247 | 600 | 320 | 405 | 50 | 32 |
| | 7.5 | 19.5 | | 1.14 | | 35 | 2.5 | | | | | | |
| IS65-50-125 | 15 | 21.8 | | 1.54 | | 58 | 2.0 | | | | | | |
| | 25 | 20 | 2900 | 1.97 | 3 | 69 | 2.0 | 133 | 465 | 210 | 252 | 65 | 50 |
| | 30 | 18.5 | | 2.22 | | 68 | 3.0 | | | | | | |
| IS65-50-125 | 7.5 | 5.35 | | 0.21 | | 53 | 2.0 | | | | | | |
| | 12.5 | 5 | 1450 | 0.27 | 0.55 | 64 | 2.0 | 133 | 465 | 210 | 252 | 65 | 50 |
| | 15 | 4.7 | | 0.30 | | 65 | 2.5 | | | | | | |
| IS65-50-160 | 15 | 35 | | 2.65 | | 54 | 2.0 | | | | | | |
| | 25 | 32 | 2900 | 3.35 | 5.5 | 65 | 2.0 | 166 | 465 | 240 | 292 | 65 | 50 |
| | 30 | 30 | | 3.71 | | 66 | 2.5 | | | | | | |
| IS65-50-160 | 7.5 | 8.8 | | 0.36 | | 50 | 2.0 | | | | | | |
| | 12.5 | 8 | 1450 | 0.45 | 0.75 | 60 | 2.0 | 166 | 465 | 240 | 292 | 65 | 50 |
| | 15 | 7.2 | | 0.49 | | 60 | 2.5 | | | | | | |
| IS65-40-200 | 15 | 53 | | 4.42 | | 49 | 2.0 | | | | | | |
| | 25 | 50 | 2900 | 5.67 | 7.5 | 60 | 2.0 | 200 | 485 | 265 | 340 | 65 | 40 |
| | 30 | 47 | | 6.29 | | 61 | 2.5 | | | | | | |
| IS65-40-200 | 7.5 | 13.2 | | 0.63 | | 43 | 2.0 | | | | | | |
| | 12.5 | 12.5 | 1450 | 0.77 | 1.1 | 55 | 2.0 | 200 | 485 | 265 | 340 | 65 | 40 |
| | 15 | 11.8 | | 0.85 | | 57 | 2.5 | | | | | | |
| IS65-40-250 | 15 | 82 | | 9.05 | | 37 | 2.0 | | | | | | |
| | 25 | 80 | 2900 | 10.89 | 15 | 50 | 2.0 | 254 | 600 | 320 | 405 | 65 | 40 |
| | 30 | 78 | | 12.02 | | 53 | 2.5 | | | | | | |

（续）

| 泵型号 | 流量 $Q$ /（$m^3$/h） | 扬程 $H$ /m | 转速 $n$ /（r/min） | 功率/kW 轴功率 | 功率/kW 配带功率 | 泵效率 $\eta$（%） | 汽蚀余量 NPSH /m | 叶轮直径 $D_2$ /mm | 泵外形尺寸/mm 长 | 泵外形尺寸/mm 宽 | 泵外形尺寸/mm 高 | 泵口径/mm 吸入 | 泵口径/mm 排出 |
|---|---|---|---|---|---|---|---|---|---|---|---|---|---|
| IS65-40-250 | 7.5 | 21 | 1450 | 1.23 | 2.2 | 35 | 2.0 | 254 | 600 | 320 | 405 | 65 | 40 |
| | 12.5 | 20 | | 1.48 | | 46 | 2.0 | | | | | | |
| | 15 | 19.4 | | 1.65 | | 48 | 2.5 | | | | | | |
| IS65-40-315 | 15 | 127 | 2900 | 18.5 | 30 | 28 | 2.5 | 315 | 625 | 345 | 450 | 65 | 40 |
| | 25 | 125 | | 21.3 | | 40 | 2.5 | | | | | | |
| | 30 | 123 | | 22.8 | | 44 | 3.0 | | | | | | |
| IS65-40-315 | 7.5 | 32.3 | 1450 | 2.63 | 4.0 | 25 | 2.5 | 315 | 625 | 345 | 450 | 65 | 40 |
| | 12.5 | 32 | | 2.94 | | 37 | 2.5 | | | | | | |
| | 15 | 31.5 | | 3.16 | | 41 | 3.0 | | | | | | |
| IS80-65-125 | 30 | 22.5 | 2900 | 2.87 | 5.5 | 64 | 3.0 | 139 | 485 | 240 | 292 | 80 | 65 |
| | 50 | 20 | | 3.63 | | 75 | 3.0 | | | | | | |
| | 60 | 18 | | 3.98 | | 74 | 3.5 | | | | | | |
| IS80-65-125 | 15 | 5.6 | 1450 | 0.42 | 0.75 | 55 | 2.5 | 139 | 485 | 240 | 292 | 80 | 65 |
| | 25 | 5 | | 0.48 | | 71 | 2.5 | | | | | | |
| | 30 | 4.5 | | 0.51 | | 72 | 3.0 | | | | | | |
| IS80-65-160 | 30 | 36 | 2900 | 4.82 | 7.5 | 61 | 2.5 | 166 | 485 | 265 | 340 | 80 | 65 |
| | 50 | 32 | | 5.97 | | 73 | 2.5 | | | | | | |
| | 60 | 29 | | 6.59 | | 72 | 3.0 | | | | | | |
| IS80-65-160 | 15 | 9 | 1450 | 0.67 | 1.1 | 55 | 2.5 | 166 | 485 | 265 | 340 | 80 | 65 |
| | 25 | 8 | | 0.79 | | 69 | 2.5 | | | | | | |
| | 30 | 7.2 | | 0.86 | | 68 | 3.0 | | | | | | |
| IS80-50-200 | 30 | 53 | 2900 | 7.87 | 15 | 55 | 2.5 | 200 | 485 | 265 | 360 | 80 | 50 |
| | 50 | 50 | | 9.87 | | 69 | 2.5 | | | | | | |
| | 60 | 47 | | 10.8 | | 71 | 3.0 | | | | | | |
| IS80-50-200 | 15 | 13.2 | 1450 | 1.06 | 2.2 | 51 | 2.5 | 200 | 485 | 265 | 360 | 80 | 50 |
| | 25 | 12.5 | | 1.31 | | 65 | 2.5 | | | | | | |
| | 30 | 11.8 | | 1.44 | | 67 | 3.0 | | | | | | |
| IS80-50-250 | 30 | 84 | 2900 | 13.2 | 22 | 52 | 2.5 | 250 | 625 | 320 | 405 | 80 | 50 |
| | 50 | 80 | | 17.3 | | 63 | 2.5 | | | | | | |
| | 60 | 75 | | 19.2 | | 64 | 3.0 | | | | | | |
| IS80-50-250 | 15 | 21 | 1450 | 1.75 | 3 | 49 | 2.5 | 250 | 625 | 320 | 405 | 80 | 50 |
| | 25 | 20 | | 2.27 | | 60 | 2.5 | | | | | | |
| | 30 | 18.8 | | 2.52 | | 61 | 3.0 | | | | | | |
| IS80-50-315 | 30 | 128 | 2900 | 25.5 | 37 | 41 | 2.5 | 313 | 625 | 345 | 505 | 80 | 50 |
| | 50 | 125 | | 31.5 | | 54 | 2.5 | | | | | | |
| | 60 | 123 | | 35.3 | | 57 | 3.0 | | | | | | |

（续）

| 泵型号 | 流量 Q /（m³/h） | 扬程 H /m | 转速 n /（r/min） | 功率 /kW 轴功率 | 功率 /kW 配带功率 | 泵效率 η （%） | 汽蚀余量 NPSH /m | 叶轮直径 D₂ /mm | 泵外形尺寸 /mm 长 | 泵外形尺寸 /mm 宽 | 泵外形尺寸 /mm 高 | 泵口径 /mm 吸入 | 泵口径 /mm 排出 |
|---|---|---|---|---|---|---|---|---|---|---|---|---|---|
| IS80-50-315 | 15 | 32.5 | 1450 | 3.4 | 5.5 | 39 | 2.5 | 313 | 625 | 345 | 505 | 80 | 50 |
| | 25 | 32 | | 4.19 | | 52 | 2.5 | | | | | | |
| | 30 | 31.5 | | 4.6 | | 56 | 3.0 | | | | | | |
| IS80-80-125 | 60 | 24 | 2900 | 5.86 | 11 | 67 | 4.0 | 138 | 485 | 280 | 340 | 100 | 80 |
| | 100 | 20 | | 7.0 | | 78 | 4.5 | | | | | | |
| | 120 | 16.5 | | 7.28 | | 74 | 5.0 | | | | | | |
| IS100-80-125 | 30 | 6 | 1450 | 0.77 | 1.1 | 64 | 2.5 | 138 | 485 | 280 | 340 | 100 | 80 |
| | 50 | 5 | | 0.91 | | 75 | 2.5 | | | | | | |
| | 60 | 4 | | 0.92 | | 71 | 3.0 | | | | | | |
| IS100-80-160 | 60 | 36 | 2900 | 8.42 | 15 | 70 | 3.5 | 168 | 600 | 280 | 360 | 100 | 80 |
| | 100 | 32 | | 11.2 | | 78 | 4.0 | | | | | | |
| | 120 | 28 | | 12.2 | | 75 | 5.0 | | | | | | |
| IS100-80-160 | 30 | 9.2 | 1450 | 1.12 | 2.2 | 67 | 2.0 | 168 | 600 | 280 | 360 | 100 | 80 |
| | 50 | 8 | | 1.45 | | 75 | 2.5 | | | | | | |
| | 60 | 6.8 | | 1.57 | | 71 | 3.5 | | | | | | |
| IS100-65-200 | 60 | 54 | 2900 | 13.6 | 22 | 65 | 3.0 | 205 | 600 | 320 | 405 | 100 | 65 |
| | 100 | 50 | | 17.9 | | 76 | 3.6 | | | | | | |
| | 120 | 47 | | 19.9 | | 77 | 4.8 | | | | | | |
| IS100-65-200 | 30 | 13.5 | 1450 | 1.84 | 4 | 60 | 2.0 | 205 | 600 | 320 | 405 | 100 | 65 |
| | 50 | 12.5 | | 2.33 | | 73 | 2.0 | | | | | | |
| | 60 | 11.8 | | 2.61 | | 74 | 2.5 | | | | | | |
| IS100-65-250 | 60 | 87 | 2900 | 23.4 | 45 | 61 | 3.5 | 253 | 600 | 320 | 405 | 100 | 65 |
| | 100 | 80 | | 30.4 | | 72 | 3.8 | | | | | | |
| | 120 | 74.5 | | 33.3 | | 73 | 4.8 | | | | | | |
| IS100-65-250 | 30 | 21.3 | 1450 | 3.16 | 5.5 | 55 | 2.0 | 253 | 625 | 360 | 450 | 100 | 65 |
| | 50 | 20 | | 4.0 | | 68 | 2.0 | | | | | | |
| | 60 | 19 | | 4.44 | | 70 | 2.5 | | | | | | |
| IS100-65-315 | 60 | 133 | 2900 | 39.6 | 75 | 55 | 3.0 | 314 | 655 | 400 | 505 | 100 | 65 |
| | 100 | 125 | | 51.6 | | 66 | 3.6 | | | | | | |
| | 120 | 118 | | 57.5 | | 67 | 4.2 | | | | | | |
| IS100-65-315 | 30 | 34 | 1450 | 5.44 | 75 | 51 | 2.0 | 314 | 655 | 400 | 505 | 100 | 65 |
| | 50 | 32 | | 6.92 | | 63 | 2.0 | | | | | | |
| | 60 | 30 | | 7.67 | | 64 | 2.5 | | | | | | |
| IS125-100-200 | 120 | 57.5 | 2900 | 28 | 45 | 67 | 4.5 | 215 | 625 | 360 | 480 | 125 | 100 |
| | 200 | 50 | | 33.6 | | 81 | 4.5 | | | | | | |
| | 240 | 44.5 | | 36.4 | | 80 | 5.0 | | | | | | |

（续）

| 泵型号 | 流量 $Q$ /( m³/h ) | 扬程 $H$ /m | 转速 $n$ /( r/min ) | 功率 /kW | | 泵效率 $\eta$ ( % ) | 汽蚀余量 NPSH /m | 叶轮直径 $D_2$ /mm | 泵外形尺寸 /mm | | | 泵口径 /mm | |
|---|---|---|---|---|---|---|---|---|---|---|---|---|---|
| | | | | 轴功率 | 配带功率 | | | | 长 | 宽 | 高 | 吸入 | 排出 |
| IS125-100-200 | 60 | 14.5 | 1450 | 3.83 | 7.5 | 62 | 2.5 | 215 | 625 | 360 | 480 | 125 | 100 |
| | 100 | 12.5 | | 4.48 | | 76 | 2.5 | | | | | | |
| | 120 | 11 | | 4.79 | | 75 | 3.0 | | | | | | |
| IS125-100-250 | 120 | 87 | 2900 | 43 | 75 | 66 | 3.8 | 255 | 670 | 400 | 505 | 125 | 100 |
| | 200 | 80 | | 55.9 | | 78 | 4.2 | | | | | | |
| | 240 | 72 | | 62.8 | | 75 | 5.0 | | | | | | |
| IS125-100-250 | 60 | 21.5 | 1450 | 5.59 | 75 | 63 | 2.5 | 255 | 670 | 400 | 505 | 125 | 100 |
| | 100 | 20 | | 7.17 | | 76 | 2.5 | | | | | | |
| | 120 | 18.5 | | 7.84 | | 77 | 3.0 | | | | | | |
| IS125-100-315 | 120 | 132.5 | 2900 | 72.1 | 132 | 60 | 4.0 | 317 | 670 | 400 | 565 | 125 | 100 |
| | 200 | 125 | | 90.8 | | 75 | 4.5 | | | | | | |
| | 240 | 120 | | 101.9 | | 71 | 5.0 | | | | | | |
| IS125-100-315 | 60 | 33.5 | 1450 | 9.4 | 15 | 58 | 2.5 | 317 | 670 | 400 | 565 | 125 | 100 |
| | 100 | 32 | | 11.9 | | 73 | 2.5 | | | | | | |
| | 120 | 30.5 | | 13.5 | | 74 | 3.0 | | | | | | |
| IS125-100-400 | 60 | 52 | 1450 | 16.1 | 30 | 53 | 2.5 | 383 | 670 | 500 | 635 | 125 | 100 |
| | 100 | 50 | | 21 | | 65 | 2.5 | | | | | | |
| | 120 | 48.5 | | 23.6 | | 67 | 3.0 | | | | | | |
| IS150-125-250 | 120 | 22.5 | 1450 | 10.4 | 18.5 | 71 | 3.0 | 260 | 670 | 400 | 605 | 150 | 125 |
| | 200 | 20 | | 13.5 | | 81 | 3.0 | | | | | | |
| | 240 | 17.8 | | 14.7 | | 78 | 3.5 | | | | | | |
| IS150-125-315 | 120 | 34 | 1450 | 15.86 | 30 | 70 | 2.5 | 324 | 670 | 500 | 630 | 150 | 125 |
| | 200 | 32 | | 22.05 | | 79 | 2.5 | | | | | | |
| | 240 | 29 | | 23.68 | | 80 | 3.0 | | | | | | |
| IS150-125-400 | 120 | 53 | 1450 | 27.9 | 45 | 62 | 2.0 | 383 | 670 | 500 | 715 | 150 | 125 |
| | 200 | 50 | | 36.3 | | 75 | 2.8 | | | | | | |
| | 240 | 46 | | 40.6 | | 74 | 3.5 | | | | | | |
| IS200-150-250 | 240 | 21.5 | 1450 | 19.8 | 37 | 71 | 3.5 | 269.5 | 690 | 500 | 655 | 200 | 150 |
| | 400 | 20 | | 26.2 | | 83 | 4.3 | | | | | | |
| | 460 | 17.5 | | 27.4 | | 80 | 5.0 | | | | | | |
| IS200-150-315 | 240 | 37 | 1450 | 34.6 | 55 | 70 | 3.0 | 346 | 830 | 550 | 715 | 200 | 150 |
| | 400 | 32 | | 42.5 | | 82 | 3.5 | | | | | | |
| | 460 | 28.5 | | 44.6 | | 80 | 4.0 | | | | | | |
| IS200-150-400 | 240 | 55 | 1450 | 48.6 | 90 | 74 | 3.0 | 395 | 830 | 550 | 765 | 200 | 150 |
| | 400 | 50 | | 67.2 | | 81 | 3.8 | | | | | | |
| | 460 | 45 | | 74.2 | | 76 | 4.5 | | | | | | |

## 7.1.2 IT 型单级单吸清水泵

IT 型清水泵适用于工业生产、农业排灌、城市给排水等领域，供输送不含固体颗粒（磨料）的清水或物理、化学性质类似清水的其他液体之用。泵的入口压力 ≤ 0.2MPa，出口压力 ≤ 1MPa，温度不高于 80℃。

性能范围：

流量 $Q$：$6.3 \sim 315 \mathrm{m^3/h}$。

扬程 $H$：$20 \sim 80\mathrm{m}$。

转速 $n$：2900r/min、1450r/min。

IT 型泵为悬臂式离心泵，为前开门式结构。采用滚动轴承，油脂润滑。密封为填料密封，泵与原动机联接采用弹性联轴器。从驱动端看，泵的旋转方向为顺时针方向。

IT 型单级单吸清水泵型号含义：如 IT50-32-125，IT—符合国际标准的带托架式单级单吸清水泵，50—泵吸入口直径，32—泵排出口直径，125—叶轮名义直径。

IT 型单级单吸清水泵性能参数详见表 7-2。

表 7-2　IT 型单级单吸清水泵性能参数

| 泵型号 | 流量 $Q$ /（m³/h） | 扬程 $H$ /m | 转速 $n$ /（r/min） | 功率 /kW 轴功率 | 功率 /kW 配带功率 | 泵效率 $\eta$ （%） | 汽蚀余量 NPSH /m | 叶轮直径 $D_2$ /mm | 泵外形尺寸 /mm 长 | 泵外形尺寸 /mm 宽 | 泵外形尺寸 /mm 高 | 泵口径 /mm 吸入 | 泵口径 /mm 排出 |
|---|---|---|---|---|---|---|---|---|---|---|---|---|---|
| IT50-32-125 | 7.5 | 22.0 | | 0.96 | | 47 | 2.0 | | | | | | |
| | 12.5 | 20.0 | 2900 | 1.13 | 2.2 | 60 | 2.0 | | 500 | 360 | 342 | 50 | 32 |
| | 15 | 18.5 | | 1.26 | | 60 | 2.5 | | | | | | |
| IT50-32-160 | 7.5 | 34.3 | | 1.59 | | 44 | 2.0 | | | | | | |
| | 12.5 | 32.0 | 2900 | 2.02 | 3 | 54 | 2.0 | | 500 | 360 | 352 | 50 | 32 |
| | 15 | 30.5 | | 2.16 | | 56 | 2.5 | | | | | | |
| IT50-32-200 | 7.5 | 52.5 | | 2.82 | | 38 | 2.0 | | | | | | |
| | 12.5 | 50.0 | 2900 | 3.54 | 5.5 | 48 | 2.0 | | 500 | 390 | 362 | 50 | 32 |
| | 15 | 48.0 | | 3.95 | | 51 | 2.5 | | | | | | |
| IT50-32-250 | 12.5 | 80.0 | 2900 | | 11.0 | 38.0 | | | 615 | 490 | 460 | 50 | 32 |
| IT65-50-125 | 15 | 21.8 | | 1.54 | | 58 | 2.0 | | | | | | |
| | 25 | 20.0 | 2900 | 1.97 | 3 | 69 | 2.5 | | 515 | 360 | 342 | 65 | 50 |
| | 30 | 18.5 | | 2.22 | | 68 | 3.0 | | | | | | |
| IT65-50-160 | 15 | 35 | | 2.60 | | 55 | 2.0 | | | | | | |
| | 25 | 32 | 2900 | 3.35 | 5.5 | 65 | 2.0 | | 515 | 390 | 352 | 65 | 50 |
| | 30 | 30 | | 3.82 | | 64 | 2.5 | | | | | | |
| IT65-40-200 | 15 | 51.3 | | 4.37 | | 48 | 2.0 | | | | | | |
| | 25 | 50.0 | 2900 | 5.67 | 7.5 | 60 | 2.0 | | 515 | 390 | 362 | 65 | 40 |
| | 30 | 48.4 | | 6.48 | | 61 | 2.5 | | | | | | |

（续）

| 泵型号 | 流量 $Q$ /( m³/h ) | 扬程 $H$ /m | 转速 $n$ /( r/min ) | 功率 /kW | | 泵效率 $\eta$ ( % ) | 汽蚀余量 NPSH /m | 叶轮直径 $D_2$ /mm | 泵外形尺寸 /mm | | | 泵口径 /mm | |
|---|---|---|---|---|---|---|---|---|---|---|---|---|---|
| | | | | 轴功率 | 配带功率 | | | | 长 | 宽 | 高 | 吸入 | 排出 |
| IT65-40-250 | 15 | 82 | 2900 | 9.05 | 15 | 37 | 2.0 | | 630 | 490 | 460 | 65 | 40 |
| | 25 | 80 | | 10.89 | | 50 | 2.0 | | | | | | |
| | 30 | 78 | | 12.02 | | 53 | 2.5 | | | | | | |
| IT80-65-125 | 30 | 22.5 | 2900 | 2.87 | 5.5 | 64 | 3.0 | | 535 | 390 | 342 | 80 | 65 |
| | 50 | 20.0 | | 3.63 | | 75 | 3.0 | | | | | | |
| | 60 | 18.0 | | 3.98 | | 74 | 3.5 | | | | | | |
| IT80-65-160 | 30 | 36 | 2900 | 4.82 | 7.5 | 61 | 2.5 | | 535 | 390 | | 80 | 50 |
| | 50 | 32 | | 5.97 | | 73 | 2.5 | | | | | | |
| | 60 | 29 | | 6.59 | | 72 | 3.0 | | | | | | |
| IT80-50-200 | 30 | 53 | 2900 | 7.87 | 15 | 55 | 2.5 | | 535 | 660 | 550 | 80 | 50 |
| | 50 | 50 | | 9.87 | | 69 | 2.5 | | | | | | |
| | 60 | 47 | | 10.80 | | 71 | 3.0 | | | | | | |
| IT80-50-250 | 30 | 84 | 2900 | 13.2 | 22 | 52 | 2.5 | | 650 | 490 | 460 | 80 | 50 |
| | 50 | 80 | | 17.2 | | 63 | 2.5 | | | | | | |
| | 60 | 75 | | 19.2 | | 64 | 3.0 | | | | | | |
| IT100-80-125 | 60 | 24.0 | 2900 | 5.86 | 22 | 67 | 4.0 | | | | | 100 | 80 |
| | 100 | 20.0 | | 7.00 | | 78 | 4.5 | | | | | | |
| | 120 | 16.5 | | 7.28 | | 74 | 5.0 | | | | | | |
| IT100-80-160 | 60 | 36 | 2900 | 8.42 | 15 | 70 | 3.5 | | 660 | 490 | 440 | 100 | 80 |
| | 100 | 32 | | 11.20 | | 78 | 4.0 | | | | | | |
| | 120 | 29 | | 12.60 | | 75 | 5.0 | | | | | | |
| IT100-65-200 | 60 | 54 | 2900 | 13.6 | 22 | 65 | 3.0 | | 660 | 490 | 440 | 100 | 65 |
| | 100 | 50 | | 17.9 | | 76 | 3.6 | | | | | | |
| | 120 | 47 | | 19.9 | | 77 | 4.8 | | | | | | |
| IT100-65-250 | 60 | 87.0 | 2900 | 23.4 | 37 | 61 | 3.5 | | 750 | 540 | 525 | 100 | 65 |
| | 100 | 80.0 | | 30.4 | | 72 | 3.8 | | | | | | |
| | 120 | 74.5 | | 33.3 | | 73 | 4.8 | | | | | | |
| IT125-80-160 | 96 | 37 | 2900 | 14.0 | 22 | 69 | 5.0 | | 670 | 490 | 440 | 125 | 80 |
| | 160 | 32 | | 17.7 | | 79 | 5.6 | | | | | | |
| | 192 | 27 | | 18.8 | | 75 | 6.2 | | | | | | |
| IT125-80-200 | 96 | 56.6 | 2900 | 21.4 | 37 | 69 | 4.5 | | 670 | 610 | 465 | 125 | 80 |
| | 160 | 50.0 | | 27.6 | | 79 | 5.2 | | | | | | |
| | 192 | 45.0 | | 30.2 | | 78 | 5.7 | | | | | | |
| IT125-80-250 | 96 | 89 | 2900 | 35.8 | 55 | 65 | 4.5 | | 760 | 660 | 550 | 125 | 80 |
| | 160 | 80 | | 45.3 | | 77 | 4.8 | | | | | | |
| | 192 | 72 | | 50.7 | | 74 | 6.1 | | | | | | |
| IT150-100-200 | 96 | 15.35 | 1450 | 5.91 | 11 | 68 | 2.0 | | 760 | 490 | 500 | 150 | 100 |
| | 160 | 12.50 | | 6.80 | | 80 | 3.0 | | | | | | |
| | 192 | 9.70 | | 7.04 | | 72 | 4.5 | | | | | | |

（续）

| 泵型号 | 流量 Q /(m³/h) | 扬程 H /m | 转速 n /(r/min) | 功率/kW 轴功率 | 功率/kW 配带功率 | 泵效率 η (%) | 汽蚀余量 NPSH /m | 叶轮直径 D₂ /mm | 泵外形尺寸/mm 长 | 泵外形尺寸/mm 宽 | 泵外形尺寸/mm 高 | 泵口径/mm 吸入 | 泵口径/mm 排出 |
|---|---|---|---|---|---|---|---|---|---|---|---|---|---|
| IT150-100-250 | 96 | 23.2 | 1450 | 8.48 | 15 | 70 | 2.0 | | 780 | 540 | 535 | 150 | 100 |
| | 160 | 20.0 | | 11.02 | | 80 | 3.0 | | | | | | |
| | 192 | 17.6 | | 11.95 | | 77 | 4.0 | | | | | | |
| IT200-150-200 | 315 | 12.5 | 1450 | | 15 | 81.1 | | | 780 | 540 | 535 | 200 | 150 |
| IT200-150-250 | 189 | 22.6 | 1450 | 16.6 | 30 | 70.0 | 2.7 | | 780 | 540 | 655 | 200 | 150 |
| | 315 | 20.0 | | 20.5 | | 83.5 | 3.5 | | | | | | |
| | 378 | 17.5 | | 22.2 | | 81.0 | 4.0 | | | | | | |
| IT200-150-315 | 189 | 36.0 | 1450 | 25.56 | 45 | 72.5 | 2.5 | | 860 | 610 | 655 | 200 | 150 |
| | 315 | 32.0 | | 33.48 | | 82.0 | 3.2 | | | | | | |
| | 378 | 29.4 | | 37.60 | | 80.5 | 4.2 | | | | | | |

## 7.1.3　IR 型热水离心泵

IR 型热水离心泵是在 IS 系列单级泵的基础上派生的节能产品，适用于输送温度低于 150℃ 的清水和物理、化学性质类似水的介质。泵的吸入压力 ≤ 0.8MPa，可用于热水锅炉及换热器配套，作为循环水泵、给水泵。也可作其他用途的输水泵，如城市给水、矿山排水。

性能范围：

流量 $Q$：$6.3 \sim 400 \mathrm{m^3/h}$。

扬程 $H$：$5 \sim 80 \mathrm{m}$。

转速 $n$：2900 r/min、1450r/min。

IR 型泵为单级单吸卧式离心泵，结构形式与 IS 系列基本相同。采用单列向心球轴承，轴封为软填料密封和机械密封，传动方式为直联方式。

IR 型热水离心泵型号含义：如 IR50-32-125，IR—热水泵，50—泵吸入口直径，32—泵排出口直径，125—叶轮名义直径。

IR 型热水离心泵性能参数详见表 7-3。其中，$n = 1450\mathrm{r/min}$ 的性能参数可参考相同规格的 IS 型泵。

表 7-3　IR 型热水离心泵性能参数

| 泵型号 | 流量 Q /(m³/h) | 扬程 H /m | 转速 n /(r/min) | 功率/kW 轴功率 | 功率/kW 配带功率 | 泵效率 η (%) | 汽蚀余量 NPSH /m | 叶轮直径 D₂ /mm | 泵外形尺寸/mm 长 | 泵外形尺寸/mm 宽 | 泵外形尺寸/mm 高 | 泵口径/mm 吸入 | 泵口径/mm 排出 |
|---|---|---|---|---|---|---|---|---|---|---|---|---|---|
| IR50-32-125 | 7.5 | 21.4 | 2900 | 0.93 | 2.2 | 47 | 2.0 | 133 | 465 | 190 | 252 | 50 | 32 |
| | 12.5 | 20 | | 1.13 | | 60 | 2.0 | | | | | | |
| | 15 | 19.1 | | 1.30 | | 60 | 2.5 | | | | | | |

（续）

| 泵型号 | 流量 Q /(m³/h) | 扬程 H /m | 转速 n /(r/min) | 功率/kW | | 泵效率 η /(%) | 汽蚀余量 NPSH /m | 叶轮直径 D₂ /mm | 泵外形尺寸 /mm | | | 泵口径 /mm | |
|---|---|---|---|---|---|---|---|---|---|---|---|---|---|
| | | | | 轴功率 | 配带功率 | | | | 长 | 宽 | 高 | 吸入 | 排出 |
| IR50-32-160 | 7.5 | 33 | 2900 | 1.53 | 3 | 44 | 2.0 | 162 | 465 | 240 | 292 | 50 | 32 |
| | 12.5 | 32 | | 2.02 | | 54 | 2.0 | | | | | | |
| | 15 | 30.5 | | 2.23 | | 56 | 2.5 | | | | | | |
| IR50-32-200 | 7.5 | 51.2 | 2900 | 2.75 | 5.5 | 38 | 2.0 | 203 | 465 | 240 | 340 | 50 | 32 |
| | 12.5 | 50 | | 3.54 | | 48 | 2.0 | | | | | | |
| | 15 | 48.4 | | 3.88 | | 51 | 2.0 | | | | | | |
| IR50-32-250 | 7.5 | 80.6 | 2900 | 5.77 | 11 | 28.5 | 2.0 | 247 | 600 | 320 | 405 | 50 | 32 |
| | 12.5 | 80 | | 7.16 | | 38 | 2.0 | | | | | | |
| | 15 | 79.3 | | 7.9 | | 41 | 2.5 | | | | | | |
| IR65-50-125 | 15 | 21.8 | 2900 | 1.54 | 3 | 58 | 2.0 | 133 | 465 | 210 | 252 | 65 | 50 |
| | 25 | 20 | | 1.97 | | 69 | 2.5 | | | | | | |
| | 30 | 18.5 | | 2.22 | | 68 | 3.0 | | | | | | |
| IR65-50-160 | 15 | 35 | 2900 | 2.6 | 5.5 | 65 | 2.0 | 166 | 465 | 240 | 292 | 65 | 50 |
| | 25 | 32 | | 3.4 | | | 2.0 | | | | | | |
| | 30 | 30 | | 3.82 | | | 2.5 | | | | | | |
| IR65-40-200 | 15 | 51.3 | 2900 | 4.37 | 7.5 | 48 | 2.0 | 200 | 485 | 265 | 340 | 65 | 40 |
| | 25 | 50 | | 5.7 | | 60 | 2.0 | | | | | | |
| | 30 | 48.4 | | 6.48 | | 61 | 2.5 | | | | | | |
| IR65-40-250 | 15 | 82 | 2900 | 9.05 | 15 | 37 | 2.0 | 254 | 600 | 320 | 405 | 65 | 40 |
| | 25 | 80 | | 10.9 | | 50 | 2.0 | | | | | | |
| | 30 | 78 | | 12.0 | | 53 | 2.5 | | | | | | |
| IR80-65-125 | 30 | 22.5 | 2900 | 2.87 | 5.5 | 64 | 3.0 | 139 | 485 | 240 | 292 | 80 | 65 |
| | 50 | 20 | | 3.63 | | 75 | 3.0 | | | | | | |
| | 60 | 18 | | 3.98 | | 74 | 3.5 | | | | | | |
| IR80-50-160 | 30 | 35.5 | 2900 | 4.76 | 7.5 | 61 | 2.5 | 166 | 485 | 265 | 340 | 80 | 65 |
| | 50 | 32 | | 6.0 | | 73 | 2.5 | | | | | | |
| | 60 | 28.5 | | 6.46 | | 72 | 3.0 | | | | | | |
| IR80-50-200 | 30 | 53 | 2900 | 7.87 | 15 | 69 | 2.5 | 200 | 485 | 265 | 360 | 80 | 50 |
| | 50 | 50 | | 9.9 | | | 2.5 | | | | | | |
| | 60 | 47 | | 10.8 | | | 3.0 | | | | | | |
| IR80-50-250 | 30 | 84 | 2900 | 13.2 | 22 | 63 | 2.5 | 250 | 625 | 320 | 405 | 80 | 50 |
| | 50 | 80 | | 17.3 | | | 2.5 | | | | | | |
| | 60 | 75 | | 19.2 | | | 3.0 | | | | | | |
| IR100-80-125 | 60 | 24 | 2900 | 5.86 | 11 | 67 | 4.0 | 138 | 485 | 280 | 340 | 100 | 80 |
| | 100 | 20 | | 7.0 | | 78 | 4.5 | | | | | | |
| | 120 | 16.5 | | 7.28 | | 74 | 5.0 | | | | | | |
| IR100-80-160 | 60 | 36 | 2900 | 8.4 | 15 | 70 | 3.5 | 168 | 600 | 280 | 360 | 100 | 80 |
| | 100 | 32 | | 11.2 | | 78 | 4.0 | | | | | | |
| | 120 | 29 | | 12.6 | | 75 | 5.0 | | | | | | |

（续）

| 泵型号 | 流量 Q /（m³/h） | 扬程 H /m | 转速 n /（r/min） | 功率 /kW 轴功率 | 功率 /kW 配带功率 | 泵效率 η （%） | 汽蚀余量 NPSH /m | 叶轮直径 D₂ /mm | 泵外形尺寸 /mm 长 | 泵外形尺寸 /mm 宽 | 泵外形尺寸 /mm 高 | 泵口径 /mm 吸入 | 泵口径 /mm 排出 |
|---|---|---|---|---|---|---|---|---|---|---|---|---|---|
| IR100-65-200 | 60 | 54 | 2900 | 13.6 | 22 | 65 | 3.0 | 205 | 600 | 320 | 405 | 100 | 65 |
|  | 100 | 50 |  | 17.9 |  | 76 | 3.6 |  |  |  |  |  |  |
|  | 120 | 47 |  | 19.9 |  | 77 | 4.8 |  |  |  |  |  |  |
| IR100-65-250 | 60 | 87 | 2900 | 23.4 | 37 | 87 | 3.5 | 253 | 625 | 360 | 450 | 100 | 65 |
|  | 100 | 80 |  | 30.3 |  | 80 | 3.8 |  |  |  |  |  |  |
|  | 120 | 74.5 |  | 33.3 |  | 74.5 | 4.8 |  |  |  |  |  |  |
| IR125-80-160 | 96 | 37 | 2900 | 14.0 | 22 | 69 | 5.0 | 173 | 625 | 320 | 405 | 125 | 80 |
|  | 100 | 32 |  | 17.7 |  | 79 | 5.6 |  |  |  |  |  |  |
|  | 192 | 27 |  | 18.8 |  | 75 | 6.2 |  |  |  |  |  |  |
| IR125-80-200 | 96 | 56.5 | 2900 | 21.4 | 37 | 69 | 4.5 | 208 | 625 | 345 | 430 | 125 | 80 |
|  | 160 | 50 |  | 27.6 |  | 79 | 5.2 |  |  |  |  |  |  |
|  | 192 | 45 |  | 30.2 |  | 78 | 5.7 |  |  |  |  |  |  |
| IR125-80-250 | 96 | 89 | 2900 | 35.8 | 55 | 65 | 4.5 | 257 | 625 | 400 | 505 | 125 | 80 |
|  | 160 | 80 |  | 45.3 |  | 77 | 4.8 |  |  |  |  |  |  |
|  | 192 | 72 |  | 50.7 |  | 74 | 6.1 |  |  |  |  |  |  |
| IR125-100-200 | 120 | 57.5 | 2900 | 28.0 | 45 | 67 | 4.5 | 215 | 625 | 360 | 480 | 125 | 100 |
|  | 200 | 50 |  | 33.6 |  | 81 | 4.5 |  |  |  |  |  |  |
|  | 240 | 44.5 |  | 36.4 |  | 80 | 5.0 |  |  |  |  |  |  |
| IR125-100-250 | 120 | 87 | 2900 | 43 | 75 | 66 | 3.8 | 255 | 670 | 400 | 505 | 125 | 100 |
|  | 200 | 80 |  | 55.9 |  | 78 | 4.2 |  |  |  |  |  |  |
|  | 240 | 72 |  | 62.8 |  | 75 | 5.0 |  |  |  |  |  |  |
| IR150-100-250 | 120 | 22.6 | 1450 | 10.4 | 18.5 | 71 | 3.0 | 260 | 670 | 400 | 605 | 150 | 125 |
|  | 200 | 20 |  | 13.5 |  | 81 | 3.0 |  |  |  |  |  |  |
|  | 240 | 17.0 |  | 14.5 |  | 77 | 3.5 |  |  |  |  |  |  |
| IR150-125-315 | 120 | 34 | 1450 | 15.9 | 30 | 70 | 2.5 | 324 | 670 | 500 | 630 | 150 | 125 |
|  | 200 | 32 |  | 22.1 |  | 79 | 2.5 |  |  |  |  |  |  |
|  | 240 | 29 |  | 23.7 |  | 80 | 3.0 |  |  |  |  |  |  |
| IR150-125-400 | 120 | 53 | 1450 | 27.9 | 40 | 62 | 2.0 | 395 | 670 | 500 | 715 | 150 | 125 |
|  | 200 | 50 |  | 36.3 |  | 75 | 2.8 |  |  |  |  |  |  |
|  | 240 | 46 |  | 40.6 |  | 74 | 3.5 |  |  |  |  |  |  |
| IR200-150-250 | 240 | 22.1 | 1450 | 20.6 | 37 | 70 | 3.6 | 269.5 | 690 | 500 | 655 | 200 | 150 |
|  | 400 | 20 |  | 26.2 |  | 83 | 4.6 |  |  |  |  |  |  |
|  | 460 | 18.4 |  | 29.2 |  | 79 | 4.9 |  |  |  |  |  |  |
| IR200-150-315 | 240 | 37 | 1450 | 34.6 | 55 | 70 | 3.0 | 346 | 830 | 550 | 715 | 200 | 150 |
|  | 400 | 32 |  | 42.5 |  | 82 | 3.5 |  |  |  |  |  |  |
|  | 460 | 28.5 |  | 44.6 |  | 80 | 4.0 |  |  |  |  |  |  |

（续）

| 泵型号 | 流量 $Q$ /( m³/h ) | 扬程 $H$ /m | 转速 $n$ /( r/min ) | 功率 /kW | | 泵效率 $\eta$ ( % ) | 汽蚀余量 NPSH /m | 叶轮直径 $D_2$ /mm | 泵外形尺寸 /mm | | | 泵口径 /mm | |
|---|---|---|---|---|---|---|---|---|---|---|---|---|---|
| | | | | 轴功率 | 配带功率 | | | | 长 | 宽 | 高 | 吸入 | 排出 |
| IR200-150-400 | 240 | 55 | 1450 | 48.6 | 90 | 74 | 3.0 | 395 | 830 | 550 | 765 | 200 | 150 |
| | 400 | 50 | | 67.2 | | 81 | 3.8 | | | | | | |
| | 460 | 45 | | 74.2 | | 76 | 4.5 | | | | | | |

## 7.1.4  S 型单级双吸离心泵

S 型泵是卧式单级双吸水平中开离心泵，供输送温度不高于 80℃的清水或物理化学性质类似于水的其他液体。适用于工厂、矿山、城市、电站给排水，农业排灌和各种水利工程。

S 型泵的性能优越，产品品种系列化、部件通用化、零件标准化程度高。

性能范围：

流量 $Q$：133 ～ 3170m³/h。

扬程 $H$：10 ～ 125m。

入口直径：$\Phi$150 ～ 600mm。

S 型泵进出口均在泵轴心线下方，与轴线垂直呈水平方向。泵轴由两个单列向心球轴承支承，轴承装在泵体两端的轴承体内，用黄油润滑。泵壳为中开，轴封采用软填料密封，在填料之间装有水封环，泵工作时通入少量高压水，起冷却、润滑和水封作用。

S 型单级双吸离心泵型号含义：如 150S50A，150—泵吸入口直径，S—单级双吸式离心泵，50—设计点扬程，A—叶轮外径改变标志（顺序以 A、B、C……表示）。

S 型单级双吸离心泵性能参数详见表 7-4。

表 7-4  S 型单级双吸离心泵性能参数

| 泵型号 | 流量 $Q$ /( m³/h ) | 扬程 $H$ /m | 转速 $n$ /( r/min ) | 功率 /kW | | 泵效率 $\eta$ ( % ) | 汽蚀余量 NPSH /m | 叶轮直径 $D_2$ /mm | 泵质量 $W$ /kg | 泵外形尺寸 /mm | | | 泵口径 /mm | |
|---|---|---|---|---|---|---|---|---|---|---|---|---|---|---|
| | | | | 轴功率 | 配带功率 | | | | | 长 | 宽 | 高 | 吸入 | 排出 |
| 150S50 | 130 | 52 | 2950 | 25.3 | 37 | 72.9 | 3.9 | 206 | 147 | 704.5 | 550 | 455 | 150 | 100 |
| | 160 | 50 | | 27.3 | | 80 | | | | | | | | |
| | 220 | 40 | | 31.1 | | 77.2 | | | | | | | | |
| 150S50A | 116 | 43.8 | 2950 | 18.5 | 30 | 72 | 3.9 | 185 | 147 | 704.5 | 550 | 455 | 150 | 100 |
| | 144 | 40 | | 20.9 | | 75 | | | | | | | | |
| | 180 | 35 | | 24.5 | | 70 | | | | | | | | |
| 150S50B | 103 | 38 | 2950 | 17.2 | 22 | 65 | 3.9 | | | 704.5 | 550 | 455 | 150 | 100 |
| | 133 | 36 | | 18.6 | | 70 | | | | | | | | |
| | 160 | 32 | | 19.4 | | 72 | | | | | | | | |

（续）

| 泵型号 | 流量 Q /(m³/h) | 扬程 H /m | 转速 n /(r/min) | 功率/kW 轴功率 | 配带功率 | 泵效率 η (%) | 汽蚀余量 NPSH /m | 叶轮直径 $D_2$ /mm | 泵质量 W /kg | 泵外形尺寸/mm 长 | 宽 | 高 | 泵口径/mm 吸入 | 排出 |
|---|---|---|---|---|---|---|---|---|---|---|---|---|---|---|
| 150S78 | 126 | 84 | 2950 | 40 | 55 | 72 | 3.5 | 245 | 158 | 704.5 | 550 | 472.5 | 150 | 100 |
|  | 160 | 78 |  | 45 |  | 75.5 |  |  |  |  |  |  |  |  |
|  | 198 | 70 |  | 52.4 |  | 72 |  |  |  |  |  |  |  |  |
| 150S78A | 111.6 | 67 | 2950 | 30 | 45 | 68 | 3.5 | 223 | 158 | 704.5 | 550 | 472.5 | 150 | 100 |
|  | 144 | 62 |  | 33.8 |  | 72 |  |  |  |  |  |  |  |  |
|  | 180 | 55 |  | 38.5 |  | 70 |  |  |  |  |  |  |  |  |
| 200S42 | 216 | 48 | 2950 | 34.8 | 45 | 81 | 6 |  |  | 744.5 | 620 | 547 | 200 | 150 |
|  | 280 | 42 |  | 38.1 |  | 84.2 |  |  |  |  |  |  |  |  |
|  | 342 | 35 |  | 40.2 |  | 81 |  |  |  |  |  |  |  |  |
| 200S42A | 198 | 43 | 2950 | 30.5 | 37 | 76 | 6 |  |  | 744.5 | 620 | 547 | 200 | 150 |
|  | 270 | 36 |  | 33.1 |  | 80 |  |  |  |  |  |  |  |  |
|  | 310 | 31 |  | 34.4 |  | 76 |  |  |  |  |  |  |  |  |
| 200S63 | 216 | 69 | 2950 | 54.8 | 75 | 74 | 5.8 | 235 | 187 | 744.5 | 620 | 549 | 200 | 150 |
|  | 280 | 63 |  | 58.3 |  | 82.7 |  |  |  |  |  |  |  |  |
|  | 351 | 50 |  | 66.4 |  | 72 |  |  |  |  |  |  |  |  |
| 200S63A | 180 | 54.5 | 2950 | 38.2 | 55 | 70 | 5.8 |  | 187 | 744.5 | 620 | 549 | 200 | 150 |
|  | 270 | 46 |  | 45.1 |  | 75 |  |  |  |  |  |  |  |  |
|  | 324 | 37.5 |  | 47.3 |  | 70 |  |  |  |  |  |  |  |  |
| 200S95 | 183 | 103 | 2950 | 83.1 | 132 | 62 | 5.3 | 282 | 240 | 861.5 | 680 | 555 | 200 | 125 |
|  | 280 | 95 |  | 91.7 |  | 79.2 |  |  |  |  |  |  |  |  |
|  | 324 | 85 |  | 100 |  | 75 |  |  |  |  |  |  |  |  |
| 200S95A | 198 | 94 | 2950 | 74.5 | 110 | 68 | 5.3 | 270 | 240 | 861.5 | 680 | 555 | 200 | 125 |
|  | 270 | 87 |  | 85.3 |  | 75 |  |  |  |  |  |  |  |  |
|  | 310 | 80 |  | 91.1 |  | 74 |  |  |  |  |  |  |  |  |
| 200S95B | 245 | 72 | 2950 | 64.9 | 75 | 74 | 5.0 | 250 | 240 | 861.5 | 680 | 555 | 200 | 125 |
| 250S14 | 360 | 17.5 | 1450 | 21.4 | 30 | 80 | 3.8 | 245 | 305 | 882.5 | 745 | 709 | 250 | 200 |
|  | 485 | 14 |  | 21.5 |  | 85.8 |  |  |  |  |  |  |  |  |
|  | 576 | 11 |  | 22.1 |  | 78 |  |  |  |  |  |  |  |  |
| 250S14A | 320 | 13.7 | 1450 | 15.4 | 18.5 | 78 | 3.8 |  | 305 | 882.5 | 745 | 709 | 250 | 200 |
|  | 432 | 11 |  | 15.8 |  | 82 |  |  |  |  |  |  |  |  |
|  | 504 | 8.6 |  | 15.8 |  | 75 |  |  |  |  |  |  |  |  |
| 250S24 | 360 | 27 | 1450 | 33.1 | 45 | 80 | 3.5 |  |  | 923.5 | 850 | 738 | 250 | 200 |
|  | 485 | 24 |  | 36.9 |  | 85.8 |  |  |  |  |  |  |  |  |
|  | 576 | 19 |  | 36.4 |  | 82 |  |  |  |  |  |  |  |  |
| 250S24A | 342 | 22.2 | 1450 | 25.8 | 37 | 80 | 3.5 |  |  | 923.5 | 850 | 738 | 250 | 200 |
|  | 414 | 20.3 |  | 27.6 |  | 83 |  |  |  |  |  |  |  |  |
|  | 482 | 17.4 |  | 28.6 |  | 80 |  |  |  |  |  |  |  |  |

（续）

| 泵型号 | 流量 Q /(m³/h) | 扬程 H /m | 转速 n /(r/min) | 功率/kW 轴功率 | 功率/kW 配带功率 | 泵效率 η (%) | 汽蚀余量 NPSH /m | 叶轮直径 D₂ /mm | 泵质量 W /kg | 泵外形尺寸/mm 长 | 泵外形尺寸/mm 宽 | 泵外形尺寸/mm 高 | 泵口径/mm 吸入 | 泵口径/mm 排出 |
|---|---|---|---|---|---|---|---|---|---|---|---|---|---|---|
| 250S39 | 360 | 42.5 | 1450 | 54.8 | 75 | 76 | 3.2 | 367 | 400 | 944 | 890 | 745 | 250 | 200 |
| | 485 | 39 | | 61.5 | | 83.6 | | | | | | | | |
| | 612 | 32.9 | | 68.6 | | 79 | | | | | | | | |
| 250S39A | 424 | 35.5 | 1450 | 42.4 | 55 | 74 | 3.2 | | | 944 | 890 | 745 | 250 | 200 |
| | 468 | 30.5 | | 49.3 | | 79 | | | | | | | | |
| | 576 | 25 | | 50.9 | | 77 | | | | | | | | |
| 250S65 | 360 | 71 | 1450 | 92.8 | 160 | 75 | 3 | | | 1046.5 | 850 | 796 | 250 | 150 |
| | 485 | 65 | | 109 | | 78.6 | | | | | | | | |
| | 612 | 56 | | 129.6 | | 72 | | | | | | | | |
| 250S65A | 342 | 61 | 1450 | 76.8 | 132 | 74 | 3 | | | 1046.5 | 850 | 796 | 250 | 150 |
| | 468 | 54 | | 89.4 | | 77 | | | | | | | | |
| | 540 | 50 | | 98 | | 75 | | | | | | | | |
| 300S12 | 612 | 14.5 | 1450 | 30.2 | 37 | 80 | 5.5 | 251 | 413 | 978.5 | 950 | 808 | 300 | 300 |
| | 790 | 12 | | 30.4 | | 84.8 | | | | | | | | |
| | 900 | 10 | | 33.1 | | 74 | | | | | | | | |
| 300S12A | 522 | 11.8 | 1450 | 23.3 | 30 | 72 | 5.5 | | 413 | 978.5 | 950 | 808 | 300 | 300 |
| | 684 | 10 | | 23.9 | | 78 | | | | | | | | |
| | 792 | 8.7 | | 24.7 | | 76 | | | | | | | | |
| 300S19 | 612 | 22 | 1450 | 45.9 | 55 | 80 | 5.2 | 290 | 434 | 958.5 | 900 | 803 | 300 | 250 |
| | 790 | 19 | | 47 | | 86.8 | | | | | | | | |
| | 935 | 14 | | 47.6 | | 75 | | | | | | | | |
| 300S19A | 504 | 20 | 1450 | 38.7 | 45 | 71 | 5.2 | | 434 | 958.5 | 900 | 803 | 300 | 250 |
| | 720 | 16 | | 39.2 | | 80 | | | | | | | | |
| | 829 | 13 | | 39.1 | | 75 | | | | | | | | |
| 300S32 | 612 | 36 | 1450 | 75 | 90 | 80 | 4.6 | 445 | 599 | 1092.5 | 880 | 824 | 300 | 250 |
| | 790 | 32 | | 79.2 | | 86.8 | | | | | | | | |
| | 900 | 28 | | 86 | | 80 | | | | | | | | |
| 300S32A | 551 | 31 | 1450 | 58.1 | 75 | 80 | 4.6 | | | 1092.5 | 880 | 824 | 300 | 250 |
| | 720 | 26 | | 60.7 | | 84 | | | | | | | | |
| | 810 | 24 | | 68 | | 78 | | | | | | | | |
| 300S58 | 576 | 65 | 1450 | 136 | 200 | 75 | 4.4 | 445 | 599 | 1138.5 | 1070 | 830 | 300 | 250 |
| | 790 | 58 | | 147.9 | | 84.2 | | | | | | | | |
| | 972 | 50 | | 165.5 | | 80 | | | | | | | | |
| 300S58A | 529 | 55 | 1450 | 99.9 | 160 | 79 | 4.4 | | 599 | 1138.5 | 1070 | 830 | 300 | 250 |
| | 720 | 49 | | 118.6 | | 81 | | | | | | | | |
| | 893 | 42 | | 131 | | 78 | | | | | | | | |
| 300S58B | 504 | 47.2 | 1450 | 88.8 | 132 | 73 | 4.4 | 394 | 599 | 1138.5 | 1070 | 830 | 300 | 250 |
| | 684 | 43 | | 100 | | 80 | | | | | | | | |
| | 835 | 37 | | 108 | | 78 | | | | | | | | |

（续）

| 泵型号 | 流量 Q /(m³/h) | 扬程 H /m | 转速 n /(r/min) | 功率/kW 轴功率 | 功率/kW 配带功率 | 泵效率 η (%) | 汽蚀余量 NPSH /m | 叶轮直径 D₂ /mm | 泵质量 W /kg | 泵外形尺寸/mm 长 | 泵外形尺寸/mm 宽 | 泵外形尺寸/mm 高 | 泵口径/mm 吸入 | 泵口径/mm 排出 |
|---|---|---|---|---|---|---|---|---|---|---|---|---|---|---|
| 300S90 | 590 | 93 | 1450 | 202 | 315 | 74 | 4 | 290 | 434 | 1188.5 | 1046 | 898 | 300 | 200 |
| | 790 | 90 | | 242.8 | | 79.6 | | | | | | | | |
| | 936 | 82 | | 279 | | 75 | | | | | | | | |
| 300S90A | 576 | 86 | 1450 | 190 | 280 | 71 | 4 | | 434 | 1188.5 | 1046 | 898 | 300 | 200 |
| | 756 | 78 | | 217 | | 74 | | | | | | | | |
| | 918 | 70 | | 247 | | 71 | | | | | | | | |
| 300S90B | 540 | 72 | 1450 | 151 | 220 | 70 | 4 | | 434 | 1188.5 | 1046 | 898 | 300 | 200 |
| | 720 | 67 | | 180 | | 73 | | | | | | | | |
| | 900 | 57 | | 200 | | 70 | | | | | | | | |
| 350S16 | 972 | 20 | 1450 | 64 | 75 | 83 | 7.1 | 290 | 632 | 1090.5 | 1168 | 970 | 350 | 350 |
| | 1260 | 16 | | 64.5 | | 85.3 | | | | | | | | |
| | 1440 | 13.4 | | 71 | | 74 | | | | | | | | |
| 350S16A | 864 | 16 | 1450 | 51 | 55 | 74 | 7.1 | | | 1090.5 | 1168 | 970 | 350 | 350 |
| | 1044 | 13.4 | | 48.8 | | 78 | | | | | | | | |
| | 1260 | 10 | | 49 | | 70 | | | | | | | | |
| 350S26 | 972 | 32 | 1450 | 99.7 | 132 | 85 | 6.7 | 340 | 672 | 1161.5 | 1040 | 963 | 350 | 300 |
| | 1260 | 26 | | 102 | | 87.5 | | | | | | | | |
| | 1440 | 22 | | 105 | | 82 | | | | | | | | |
| 350S26A | 864 | 26 | 1450 | 76.5 | 110 | 80 | 6.7 | | 672 | 1161.5 | 1040 | 963 | 350 | 300 |
| | 1116 | 21.5 | | 78.8 | | 83 | | | | | | | | |
| | 1296 | 16.5 | | 80 | | 73 | | | | | | | | |
| 350S44 | 972 | 50 | 1450 | 164 | 220 | 81 | 6.3 | | | 1250.5 | 1080 | 980 | 350 | 300 |
| | 1260 | 44 | | 173 | | 87.5 | | | | | | | | |
| | 1476 | 37 | | 189 | | 79 | | | | | | | | |
| 350S44A | 864 | 41 | 1450 | 121 | 160 | 80 | 6.3 | | | 1250.5 | 1080 | 980 | 350 | 300 |
| | 1116 | 36 | | 131 | | 84 | | | | | | | | |
| | 1332 | 30 | | 136 | | 80 | | | | | | | | |
| 350S75 | 972 | 80 | 1450 | 271 | 355 | 78 | 5.8 | | | 1271.5 | 1250 | 1008 | 350 | 250 |
| | 1260 | 75 | | 303 | | 85.2 | | | | | | | | |
| | 1440 | 65 | | 319 | | 80 | | | | | | | | |
| 350S75A | 900 | 70 | 1450 | 220 | 280 | 78 | 5.8 | | | 1271.5 | 1250 | 1008 | 350 | 250 |
| | 1170 | 65 | | 247 | | 84 | | | | | | | | |
| | 1332 | 56 | | 257 | | 79 | | | | | | | | |
| 350S75B | 828 | 59 | 1450 | 177 | 220 | 75 | 5.8 | | | 1271.5 | 1250 | 1008 | 350 | 250 |
| | 1080 | 55 | | 197 | | 82 | | | | | | | | |
| | 1224 | 47.5 | | 206 | | 77 | | | | | | | | |
| 350S125 | 850 | 140 | 1450 | 462 | 710 | 70 | 5.4 | | | 1447.5 | 1210 | 1080 | 350 | 200 |
| | 1260 | 125 | | 534 | | 80.5 | | | | | | | | |
| | 1660 | 100 | | 623 | | 72.5 | | | | | | | | |

（续）

| 泵型号 | 流量 Q /(m³/h) | 扬程 H /m | 转速 n /(r/min) | 功率/kW 轴功率 | 功率/kW 配带功率 | 泵效率 η (%) | 汽蚀余量 NPSH /m | 叶轮直径 D₂ /mm | 泵质量 W /kg | 泵外形尺寸/mm 长 | 泵外形尺寸/mm 宽 | 泵外形尺寸/mm 高 | 泵口径/mm 吸入 | 泵口径/mm 排出 |
|---|---|---|---|---|---|---|---|---|---|---|---|---|---|---|
| 350S125A | 803 | 125 | 1450 | 391 | 630 | 70 | 5.4 | | | 1447.5 | 1210 | 1080 | 350 | 200 |
| | 1181 | 112 | | 462 | | 78 | | | | | | | | |
| | 1570 | 90 | | 550 | | 70 | | | | | | | | |
| 350S125B | 745 | 108 | 1450 | 313 | 500 | 70 | 5.4 | | | 1447.5 | 1210 | 1080 | 350 | 200 |
| | 1098 | 96 | | 373 | | 77 | | | | | | | | |
| | 1458 | 77 | | 422 | | 72.5 | | | | | | | | |
| 500S13 | 1620 | 15 | 970 | 83.8 | 110 | 79 | 6 | | | 1311.5 | 1550 | 1251 | 500 | 500 |
| | 2020 | 13 | | 86.2 | | 83 | | | | | | | | |
| | 2340 | 10.4 | | 82.8 | | 80 | | | | | | | | |
| 500S22 | 1620 | 24.5 | 970 | 140.4 | 200 | 77 | 6 | 460 | 1722 | 1375.5 | 1460 | 1266 | 500 | 400 |
| | 2020 | 22 | | 144.1 | | 84 | | | | | | | | |
| | 2340 | 19.4 | | 145.4 | | 85 | | | | | | | | |
| 500S22A | 1400 | 20 | 970 | 103 | 132 | 74 | 6 | | 1722 | 1375.5 | 1460 | 1266 | 500 | 400 |
| | 1746 | 17 | | 101 | | 80 | | | | | | | | |
| | 2020 | 14 | | 93.9 | | 82 | | | | | | | | |
| 500S35 | 1620 | 40 | 970 | 207.6 | 280 | 85 | 6 | | | 1373.5 | 1350 | 1270 | 500 | 350 |
| | 2020 | 35 | | 219 | | 88 | | | | | | | | |
| | 2340 | 28 | | 209.9 | | 85 | | | | | | | | |
| 500S35A | 1400 | 31 | 970 | 144 | 220 | 82 | 6 | | | 1373.5 | 1350 | 1270 | 500 | 350 |
| | 1746 | 27 | | 151 | | 85 | | | | | | | | |
| | 2020 | 21 | | 116.9 | | 84 | | | | | | | | |
| 500S59 | 1620 | 68 | 970 | 379.7 | 450 | 79 | 6 | | | 1637.5 | 1640 | 1300 | 500 | 350 |
| | 2020 | 59 | | 391 | | 83 | | | | | | | | |
| | 2340 | 47 | | 374.4 | | 80 | | | | | | | | |
| 500S59A | 1500 | 57 | 970 | 315 | 400 | 74 | 6 | | | 1637.5 | 1640 | 1300 | 500 | 350 |
| | 1872 | 49 | | 333 | | 75 | | | | | | | | |
| | 2170 | 39 | | 320 | | 72 | | | | | | | | |
| 500S59B | 1400 | 46 | 970 | 240.2 | 315 | 73 | 6 | | | 1637.5 | 1640 | 1300 | 500 | 350 |
| | 1746 | 40 | | 257 | | 74 | | | | | | | | |
| | 2020 | 32 | | 247.9 | | 71 | | | | | | | | |
| 500S98 | 1620 | 114 | 970 | 644.8 | 800 | 78 | 6 | | | 1639.5 | 1550 | 1381 | 500 | 300 |
| | 2020 | 98 | | 678 | | 79.5 | | | | | | | | |
| | 2340 | 79 | | 680.3 | | 74 | | | | | | | | |
| 500S98A | 1500 | 96 | 970 | 509.3 | 630 | 77 | 6 | | | 1639.5 | 1550 | 1381 | 500 | 300 |
| | 1872 | 83 | | 540 | | 78.5 | | | | | | | | |
| | 2170 | 67 | | 542.4 | | 73 | | | | | | | | |
| 500S98B | 1400 | 86 | 970 | 431.4 | 560 | 76 | 6 | | | 1639.5 | 1550 | 1381 | 500 | 300 |
| | 1746 | 74 | | 452 | | 78 | | | | | | | | |
| | 2020 | 59 | | 432.8 | | 75 | | | | | | | | |

（续）

| 泵型号 | 流量 Q /(m³/h) | 扬程 H /m | 转速 n /(r/min) | 功率 /kW 轴功率 | 功率 /kW 配带功率 | 泵效率 η (%) | 汽蚀余量 NPSH /m | 叶轮直径 D₂ /mm | 泵质量 W /kg | 泵外形尺寸 /mm 长 | 泵外形尺寸 /mm 宽 | 泵外形尺寸 /mm 高 | 泵口径 /mm 吸入 | 泵口径 /mm 排出 |
|---|---|---|---|---|---|---|---|---|---|---|---|---|---|---|
| 600S22 | 3170 | 22 | 970 | 218.3 | 280 | 87 | | | | 1472 | 1790 | 1476 | 600 | 500 |
| 600S32 | 3170 | 32 | 970 | 314 | 355 | 88 | | | | 1610 | 1600 | 1490 | 600 | 500 |
| 600S47 | 3170 | 47 | 970 | 461.1 | 560 | 88 | | | | 1695 | 1595 | 1505 | 600 | 400 |
| 600S75 | 3170 | 75 | 970 | 752.9 | 800 | 86 | | | | 1695 | 1900 | 1550 | 600 | 400 |

## 7.1.5  G型管道式离心泵

G型管道式离心泵的形式为立式。泵的吸入、排出口直径相同，其中心线在同一水平线上，且与立轴正交。G型管道式离心泵是适用于输送温度 0 ~ 100℃ 的清水或弱腐蚀性液体的管道式离心泵。

泵与电动机同轴直接连接。从电动机端看，叶轮顺时针方向旋转。

G型管道式离心泵型号含义：如10G-8，10—泵吸入口直径，G—管道泵，8—设计点扬程。

G型管道式离心泵性能参数详见表7-5。

表 7-5  G型管道式离心泵性能参数

| 泵型号 | 流量 Q /(m³/h) | 扬程 H /m | 转速 n /(r/min) | 功率 /kW 轴功率 | 功率 /kW 配带功率 | 泵效率 η (%) | 汽蚀余量 NPSH /m | 叶轮直径 D₂ /mm | 泵外形尺寸 /mm 长 | 泵外形尺寸 /mm 宽 | 泵外形尺寸 /mm 高 | 泵口径 /mm 吸入 | 泵口径 /mm 排出 |
|---|---|---|---|---|---|---|---|---|---|---|---|---|---|
| 10G-8 | 0.2 | 8 | 2900 | 0.04 | 16 | 2.0 | | | | | 10 | 10 | |
| 10G-12.5 | 0.2 | 12.5 | 2900 | 0.09 | 12 | 2.0 | | | | | 10 | 10 | |
| 15G-8 | 0.4 | 8 | 2900 | 0.06 | 23 | 2.0 | | | | | 15 | 15 | |
| 15G-12.5 | 0.4 | 12.5 | 2900 | 0.12 | 18 | 2.0 | | | | | 15 | 15 | |
| 20G-8 | 0.8 | 8 | 2900 | 0.09 | 31 | 2.0 | | | | | 20 | 20 | |
| 20G-12.5 | 0.8 | 12.5 | 2900 | 0.18 | 25 | 2.0 | | | | | 20 | 20 | |
| 20G-20 | 0.8 | 20 | 2900 | 0.37 | 20 | 2.0 | | | | | 20 | 20 | |
| 25G-8 | 1.6 | 8 | 2900 | 0.18 | 39 | 2.0 | | | | | 25 | 25 | |
| 25G-12.5 | 1.6 | 12.5 | 2900 | 0.25 | 33 | 2.0 | | | | | 25 | 25 | |
| 25G-20 | 1.6 | 20 | 2900 | 0.55 | 27 | 2.0 | | | | | 25 | 25 | |
| 25G-32 | 1.6 | 32 | 2900 | 1.1 | 22 | 2.0 | | | | | 25 | 25 | |
| 32G-8 | 3.2 | 8 | 2900 | 0.25 | 46 | 2.0 | | | | | 32 | 32 | |
| 32G-12.5 | 3.2 | 12.5 | 2900 | 0.37 | 41 | 2.0 | | | | | 32 | 32 | |
| 32G-20 | 3.2 | 20 | 2900 | 0.75 | 35 | 2.0 | | | | | 32 | 32 | |

（续）

| 泵型号 | 流量 Q /(m³/h) | 扬程 H /m | 转速 n /(r/min) | 功率 /kW 轴功率 | 功率 /kW 配带功率 | 泵效率 η (%) | 汽蚀余量 NPSH /m | 叶轮直径 D₂ /mm | 泵外形尺寸 /mm 长 | 泵外形尺寸 /mm 宽 | 泵外形尺寸 /mm 高 | 泵口径 /mm 吸入 | 泵口径 /mm 排出 |
|---|---|---|---|---|---|---|---|---|---|---|---|---|---|
| 32G-32 | 3.2 | 32 | 2900 | 1.5 | 29 | 2.0 | | | | | | 32 | 32 |
| 32G-50 | 3.2 | 50 | 2900 | 3.0 | 24 | 2.0 | | | | | | 32 | 32 |
| 40G-8 | 3.2 | 8 | 2900 | 0.37 | 56 | 2.3 | | | | | | 40 | 40 |
| 40G-12.5 | 3.2 | 12.5 | 2900 | 0.55 | 52 | 2.3 | | | | | | 40 | 40 |
| 40G-20 | 6.3 | 20 | 2900 | 0.75 | 46 | 2.3 | | | | | | 40 | 40 |
| 40G-32 | 6.3 | 32 | 2900 | 2.2 | 39 | 2.3 | | | | | | 40 | 40 |
| 40G-50 | 6.3 | 50 | 2900 | 4.0 | 30 | 2.3 | | | | | | 40 | 40 |
| 40G-80 | 6.3 | 80 | 2900 | 7.5 | 26 | 2.3 | | | | | | 40 | 40 |
| 50G-8 | 12.5 | 8 | 2900 | 0.75 | 64 | 2.5 | | | | | | 50 | 50 |
| 50G-12.5 | 12.5 | 12.5 | 2900 | 1.1 | 62 | 2.5 | | | | | | 50 | 50 |
| 50G-20 | 12.5 | 20 | 2900 | 1.5 | 58 | 2.5 | | | | | | 50 | 50 |
| 50G-32 | 12.5 | 32 | 2900 | 3.0 | 52 | 2.5 | | | | | | 50 | 50 |
| 50G-50 | 12.5 | 50 | 2900 | 5.5 | 45 | 2.5 | | | | | | 50 | 50 |
| 50G-80 | 12.5 | 80 | 2900 | 11 | 36 | 2.5 | | | | | | 50 | 50 |
| 65G-8 | 25 | 8 | 2900 | 1.1 | 69 | 3.0 | | | | | | 65 | 65 |
| 65G-12.5 | 25 | 12.5 | 2900 | 1.5 | 69 | 3.0 | | | | | | 65 | 65 |
| 60G-20 | 25 | 20 | 2900 | 3.0 | 67 | 3.0 | | | | | | 65 | 65 |
| 65G-32 | 25 | 32 | 2900 | 5.5 | 63 | 3.0 | | | | | | 65 | 65 |
| 65G-50 | 25 | 50 | 2900 | 7.5 | 57 | 3.0 | | | | | | 65 | 65 |
| 65G-80 | 25 | 80 | 2900 | 15 | 50 | 3.0 | | | | | | 65 | 65 |
| 80G-12.5 | 50 | 12.5 | 2900 | 3.0 | 73 | 3.5 | | | | | | 80 | 80 |
| 80G-20 | 50 | 20 | 2900 | 5.5 | 73 | 3.5 | | | | | | 80 | 80 |
| 80G-32 | 50 | 32 | 2900 | 7.5 | 71 | 3.5 | | | | | | 80 | 80 |
| 80G-50 | 50 | 50 | 2900 | 15 | 67 | 3.5 | | | | | | 80 | 80 |
| 80G-80 | 50 | 80 | 2900 | 22 | 61 | 3.5 | | | | | | 80 | 80 |
| 100G-20 | 100 | 20 | 2900 | 11 | 76 | 4.5 | | | | | | 100 | 100 |
| 100G-32 | 100 | 32 | 2900 | 15 | 76 | 4.5 | | | | | | 100 | 100 |
| 100G-50 | 100 | 50 | 2900 | 22 | 74 | 4.5 | | | | | | 100 | 100 |
| 100G-80 | 100 | 80 | 2900 | 37 | 70 | 4.5 | | | | | | 100 | 100 |
| 150G-12.5 | 200 | 12.5 | 2900 | 11 | 79 | 4.5 | | | | | | 150 | 150 |
| 150G-20 | 200 | 20 | 2900 | 18.5 | 79 | 4.5 | | | | | | 150 | 150 |
| 150G-32 | 200 | 32 | 2900 | 30 | 77 | 4.5 | | | | | | 150 | 150 |
| 150G-50 | 200 | 50 | 2900 | 45 | 73 | 4.5 | | | | | | 150 | 150 |

## 7.1.6  D、DG 型多级离心泵

D、DG 型泵是卧式单吸多级节段式离心泵。供输送清水（杂质的质量分数小于1%，颗粒度小于 0.1mm）或物理化学性质类似水的其他液体。D 型泵输送介质温度小于 80℃，适用于矿山排水、工厂和城市给、排水等场合。DG 型泵输送的介质温度小于 105℃，适用于各种锅炉给水。

性能范围：

流量 $Q$：6.3 ~ 450m³/h。

扬程 $H$：75 ~ 650m。

D 型泵吸入口为水平方向，出口垂直向上，DG 型泵出、入口均垂直向上。轴承采用单列滚子轴承，用油脂润滑。轴封为软填料密封。泵通过弹性联轴器由原动机直接驱动，从原动机端看泵，泵为顺时针方向旋转。

D、DG 型多级离心泵型号含义：如 D（DG）6-25×3，D（DG）—节段式多级离心泵，6—设计点流量，25—单级扬程，3—级数。

D、DG 型多级离心泵性能参数详见表 7-6。其中，D（DG）6-25×3 型泵外形尺寸为机组尺寸。

表 7-6  D、DG 型多级离心泵性能参数

| 泵型号 | 流量 $Q$ /(m³/h) | 扬程 $H$ /m | 转速 $n$ /(r/min) | 功率 /kW 轴功率 | 功率 /kW 配带功率 | 泵效率 $\eta$ (%) | 汽蚀余量 NPSH /m | 叶轮直径 $D_2$ /mm | 泵质量 W/kg D | 泵质量 W/kg DG | 泵外形尺寸 /mm 长 | 泵外形尺寸 /mm 宽 | 泵外形尺寸 /mm 高 | 泵口径 /mm 吸入 | 泵口径 /mm 排出 |
|---|---|---|---|---|---|---|---|---|---|---|---|---|---|---|---|
| D 6-25×3 DG | 3.75 6.3 7.5 | 76.5 75 73.5 | 2950 | 2.4 2.8 3.0 | 4 | 34 46.5 50 | 2.0 2.0 2.5 | 138 | 86 | 90 | 1175 | 440 | 400 | 40 | 40 |
| D 6-25×4 DG | 3.75 6.3 7.5 | 102 100 98 | 2950 | 3.1 3.7 4.0 | 5.5 | 34 46.5 50 | 2.0 2.0 2.5 | 138 | 96 | 100 | 1225 | 440 | 400 | 40 | 40 |
| D 6-25×5 DG | 3.75 6.3 7.5 | 127.5 125 122.5 | 2950 | 3.8 4.6 5.0 | 5.5 | 34 46.5 50 | 2.0 2.0 2.5 | 138 | 106 | 110 | 1275 | 440 | 400 | 40 | 40 |
| D 6-25×6 DG | 3.75 6.3 7.5 | 153 150 147 | 2950 | 4.6 5.5 6.0 | 7.5 | 34 46.5 50 | 2.0 2.0 2.5 | 138 | 116 | 120 | 1450 | 485 | 410 | 40 | 40 |
| D 6-25×7 DG | 3.75 6.3 7.5 | 178.5 175 171.5 | 2950 | 5.4 6.5 7.0 | 7.5 | 34 46.5 50 | 2.0 2.0 2.5 | 138 | 126 | 130 | 1500 | 485 | 410 | 40 | 40 |
| D 6-25×8 DG | 3.75 6.3 7.5 | 204 200 196 | 2950 | 6.1 7.2 8.0 | 11 | 34 46.5 50 | 2.0 2.0 2.5 | 138 | 136 | 140 | 1550 | 485 | 410 | 40 | 40 |

（续）

| 泵型号 | 流量 Q /(m³/h) | 扬程 H /m | 转速 n /(r/min) | 功率/kW 轴功率 | 功率/kW 配带功率 | 泵效率 η (%) | 汽蚀余量 NPSH /m | 叶轮直径 D₂ /mm | 泵质量 W/kg D | 泵质量 W/kg DG | 泵外形尺寸 /mm 长 | 泵外形尺寸 /mm 宽 | 泵外形尺寸 /mm 高 | 泵口径 /mm 吸入 | 泵口径 /mm 排出 |
|---|---|---|---|---|---|---|---|---|---|---|---|---|---|---|---|
| D | 3.75 | 229.5 | | 6.8 | | 34 | 2.0 | | | | | | | | |
| 6-25×9 | 6.3 | 225 | 2950 | 8.3 | 11 | 46.5 | 2.0 | 138 | 146 | 150 | 1600 | 485 | 410 | 40 | 40 |
| DG | 7.5 | 220.5 | | 9.0 | | 50 | 2.5 | | | | | | | | |
| D | 3.75 | 255 | | 7.7 | | 34 | 2.0 | | | | | | | | |
| 6-25×10 | 6.3 | 250 | 2950 | 9.2 | 11 | 46.5 | 2.0 | 138 | 156 | 160 | 1695 | 485 | 410 | 40 | 40 |
| DG | 7.5 | 245 | | 10.0 | | 50 | 2.5 | | | | | | | | |
| D | 3.75 | 280.5 | | 8.4 | | 34 | 2.0 | | | | | | | | |
| 6-25×11 | 6.3 | 275 | 2950 | 10.2 | 15 | 46.5 | 2.0 | 138 | 166 | 170 | 1745 | 485 | 410 | 40 | 40 |
| DG | 7.5 | 269.5 | | 11.0 | | 50 | 2.5 | | | | | | | | |
| D | 3.75 | 306 | | 9.2 | | 34 | 2.0 | | | | | | | | |
| 6-25×12 | 6.3 | 300 | 2950 | 11.1 | 15 | 46.5 | 2.0 | 138 | 176 | 180 | 1795 | 485 | 410 | 40 | 40 |
| DG | 7.5 | 294 | | 12.0 | | 50 | 2.5 | | | | | | | | |
| D | 7.5 | 84.6 | | 3.93 | | 44 | 2.0 | | | | | | | | |
| 12-25×3 | 12.5 | 75 | 2950 | 4.73 | 5.5 | 54 | 2.0 | 146 | 86 | 90 | 1175 | 445 | 400 | 50 | 50 |
| DG | 15.0 | 69 | | 5.32 | | 53 | 2.5 | | | | | | | | |
| D | 7.5 | 112.8 | | 5.24 | | 44 | 2.0 | | | | | | | | |
| 12-25×4 | 12.5 | 100 | 2950 | 6.30 | 7.5 | 54 | 2.0 | 146 | 96 | 100 | 1350 | 480 | 410 | 50 | 50 |
| DG | 15.0 | 92 | | 7.09 | | 53 | 2.5 | | | | | | | | |
| D | 7.5 | 141 | | 6.55 | | 44 | 2.0 | | | | | | | | |
| 12-25×5 | 12.5 | 125 | 2950 | 7.88 | 11 | 54 | 2.0 | 146 | 106 | 110 | 1400 | 480 | 410 | 50 | 50 |
| DG | 15.0 | 115 | | 8.86 | | 53 | 2.5 | | | | | | | | |
| D | 7.5 | 169.2 | | 7.85 | | 44 | 2.0 | | | | | | | | |
| 12-25×6 | 12.5 | 150 | 2950 | 9.46 | 11 | 54 | 2.0 | 146 | 116 | 120 | 1450 | 480 | 410 | 50 | 50 |
| DG | 15.0 | 138 | | 10.64 | | 53 | 2.5 | | | | | | | | |
| D | 7.5 | 197.4 | | 9.16 | | 44 | 2.0 | | | | | | | | |
| 12-25×7 | 12.5 | 175 | 2950 | 11.0 | 15 | 54 | 2.0 | 146 | 126 | 130 | 1500 | 480 | 410 | 50 | 50 |
| DG | 15.0 | 161 | | 12.41 | | 53 | 2.5 | | | | | | | | |
| D | 7.5 | 225.6 | | 10.47 | | 44 | 2.0 | | | | | | | | |
| 12-25×8 | 12.5 | 200 | 2950 | 12.61 | 15 | 54 | 2.0 | 146 | 136 | 140 | 1595 | 480 | 410 | 50 | 50 |
| DG | 15.0 | 184 | | 14.18 | | 53 | 2.5 | | | | | | | | |
| D | 7.5 | 253.8 | | 11.78 | | 44 | 2.0 | | | | | | | | |
| 12-25×9 | 12.5 | 225 | 2950 | 14.18 | 18.5 | 54 | 2.0 | 146 | 146 | 150 | 1645 | 480 | 410 | 50 | 50 |
| DG | 15.0 | 207 | | 15.95 | | 53 | 2.5 | | | | | | | | |
| D | 7.5 | 282 | | 13.09 | | 44 | 2.0 | | | | | | | | |
| 12-25×10 | 12.5 | 250 | 2950 | 15.76 | 18.5 | 54 | 2.0 | 146 | 156 | 160 | 1720 | 510 | 430 | 50 | 50 |
| DG | 15.0 | 230 | | 17.73 | | 53 | 2.5 | | | | | | | | |
| D | 7.5 | 310.2 | | 14.4 | | 44 | 2.0 | | | | | | | | |
| 12-25×11 | 12.5 | 275 | 2950 | 17.34 | 22 | 54 | 2.0 | 146 | 166 | 170 | 1770 | 510 | 420 | 50 | 50 |
| DG | 15.0 | 253 | | 19.5 | | 53 | 2.5 | | | | | | | | |

（续）

| 泵型号 | 流量 Q /(m³/h) | 扬程 H /m | 转速 n /(r/min) | 功率 /kW 轴功率 | 配带功率 | 泵效率 η (%) | 汽蚀余量 NPSH /m | 叶轮直径 D₂ /mm | 泵质量 W/kg D | DG | 泵外形尺寸 /mm 长 | 宽 | 高 | 泵口径 /mm 吸入 | 排出 |
|---|---|---|---|---|---|---|---|---|---|---|---|---|---|---|---|
| D 12-25×12 DG | 7.5 12.5 15.0 | 338.4 300 276 | 2950 | 15.7 18.9 21.3 | 22 | 44 54 53 | 2.0 2.0 2.5 | 146 | 176 | 180 | 1925 | 550 | 450 | 50 | 50 |
| D 12-50×2 DG | 12.5 | 100 | 2950 | 7.9 | 10 | 43 | 3 | | | | | | | 50 | 50 |
| D 12-50×3 DG | 12.5 | 150 | 2950 | 11.9 | 13 | 43 | 3 | | | | | | | 50 | 50 |
| D 12-50×4 DG | 12.5 | 200 | 2950 | 15.8 | 17 | 43 | 3 | | | | | | | 50 | 50 |
| D 12-50×5 DG | 12.5 | 250 | 2950 | 19.8 | 22 | 43 | 3 | | | | | | | 50 | 50 |
| D 12-50×6 DG | 12.5 | 300 | 2950 | 23.7 | 30 | 43 | 3 | | | | | | | 50 | 50 |
| D 25-30×3 DG | 15 25 30 | 102 90 82.5 | 2950 | 8.33 9.88 10.7 | 16 | 50 62 63 | 2.2 2.2 2.6 | 160 | 175 | 188 | 1450 | 530 | 460 | 65 | 65 |
| D 25-30×4 DG | 15 25 30 | 136 120 110 | 2950 | 11.11 13.1 14.26 | 18.5 | 50 62 63 | 2.2 2.2 2.6 | 160 | 192 | 205 | 1560 | 530 | 460 | 65 | 65 |
| D 25-30×5 DG | 15 25 30 | 170 150 137.5 | 2950 | 13.98 16.47 17.83 | 22 | 50 62 63 | 2.2 2.2 2.6 | 160 | 209 | 222 | 1650 | 530 | 470 | 65 | 65 |
| D 25-30×6 DG | 15 25 30 | 204 180 165 | 2950 | 16.67 19.77 21.4 | 30 | 50 62 63 | 2.2 2.2 2.6 | 160 | 226 | 239 | 1825 | 575 | 490 | 65 | 65 |
| D 25-30×7 DG | 15 25 30 | 238 210 192.5 | 2950 | 19.44 23.1 24.96 | 30 | 50 62 63 | 2.2 2.2 2.6 | 160 | 243 | 256 | 1885 | 575 | 490 | 65 | 65 |
| D 25-30×8 DG | 15 25 30 | 272 240 220 | 2950 | 22.22 26.4 28.53 | 37 | 50 62 63 | 2.2 2.2 2.6 | 160 | 260 | 273 | 1950 | 575 | 490 | 65 | 65 |
| D 25-30×9 DG | 15 25 30 | 306 270 247.5 | 2950 | 25.0 29.65 32.1 | 37 | 50 62 63 | 2.2 2.2 2.6 | 160 | 276 | 290 | 2015 | 575 | 490 | 65 | 65 |

（续）

| 泵型号 | 流量 Q /(m³/h) | 扬程 H /m | 转速 n /(r/min) | 功率 /kW 轴功率 | 功率 /kW 配带功率 | 泵效率 η (%) | 汽蚀余量 NPSH /m | 叶轮直径 $D_2$ /mm | 泵质量 W/kg D | 泵质量 W/kg DG | 泵外形尺寸 /mm 长 | 泵外形尺寸 /mm 宽 | 泵外形尺寸 /mm 高 | 泵口径 /mm 吸入 | 泵口径 /mm 排出 |
|---|---|---|---|---|---|---|---|---|---|---|---|---|---|---|---|
| D | 15 | 340 | | 27.8 | | 50 | 2.2 | | | | | | | | |
| 25-30×10 | 25 | 300 | 2950 | 32.9 | 45 | 62 | 2.2 | 160 | 294 | 307 | 2150 | 610 | 515 | 65 | 65 |
| DG | 30 | 375 | | 35.7 | | 63 | 2.6 | | | | | | | | |
| D | 15 | 154.5 | | 17.5 | | 36 | 2.8 | | | | | | | | |
| 25-50×3 | 25 | 150 | 2950 | 20.4 | 30 | 50 | 3 | 200 | | | | | | 65 | 65 |
| DG | 30 | 144 | | 21.6 | | 54.5 | 3.1 | | | | | | | | |
| D | 15 | 206 | | 23.4 | | 36 | 2.8 | | | | | | | | |
| 25-50×4 | 25 | 200 | 2950 | 27.2 | 40 | 50 | 3 | 200 | | | | | | 65 | 65 |
| DG | 30 | 192 | | 28.8 | | 54.5 | 3.1 | | | | | | | | |
| D | 15 | 257.5 | | 29.2 | | 36 | 2.8 | | | | | | | | |
| 25-50×5 | 25 | 250 | 2950 | 34.0 | 55 | 50 | 3 | 200 | | | | | | 65 | 65 |
| DG | 30 | 240 | | 36.0 | | 54.5 | 3.1 | | | | | | | | |
| D | 15 | 309 | | 35.0 | | 36 | 2.8 | | | | | | | | |
| 25-50×6 | 25 | 300 | 2950 | 40.8 | 55 | 50 | 3 | 200 | | | | | | 65 | 65 |
| DG | 30 | 289 | | 43.1 | | 54.5 | 3.1 | | | | | | | | |
| D | 15 | 360.5 | | 40.9 | | 36 | 2.8 | | | | | | | | |
| 25-50×7 | 25 | 350 | 2950 | 47.9 | 75 | 50 | 3 | 200 | | | | | | 65 | 65 |
| DG | 30 | 336 | | 50.3 | | 54.5 | 3.1 | | | | | | | | |
| D | 15 | 412 | | 46.7 | | 36 | 2.8 | | | | | | | | |
| 25-50×8 | 25 | 400 | 2950 | 54.4 | 75 | 50 | 3 | 200 | | | | | | 65 | 65 |
| DG | 30 | 384 | | 57.5 | | 54.5 | 3.1 | | | | | | | | |
| D | 15 | 463.5 | | 52.6 | | 36 | 2.8 | | | | | | | | |
| 25-50×9 | 25 | 450 | 2950 | 61.2 | 100 | 50 | 3 | 200 | | | | | | 65 | 65 |
| DG | 30 | 432 | | 64.7 | | 54.5 | 3.1 | | | | | | | | |
| D | 15 | 515 | | 58.4 | | 36 | 2.8 | | | | | | | | |
| 25-50×10 | 25 | 500 | 2950 | 68.0 | 100 | 50 | 3 | 200 | | | | | | 65 | 65 |
| DG | 30 | 480 | | 71.9 | | 54.5 | 3.1 | | | | | | | | |
| D | 15 | 566 | | 64.2 | | 36 | 2.8 | | | | | | | | |
| 25-50×11 | 25 | 550 | 2950 | 74.8 | 100 | 50 | 3 | 200 | | | | | | 65 | 65 |
| DG | 30 | 528 | | 79.1 | | 54.5 | 3.1 | | | | | | | | |
| D | 15 | 618 | | 70.1 | | 36 | 2.8 | | | | | | | | |
| 25-50×12 | 25 | 600 | 2950 | 81.6 | 125 | 50 | 3 | 200 | | | | | | 65 | 65 |
| DG | 30 | 567 | | 86.3 | | 54.5 | 3.1 | | | | | | | | |
| D | 30 | 102 | | 13.02 | | 64 | 2.4 | | | | | | | | |
| 46-30×3 | 46 | 90 | 2950 | 16.11 | 22 | 70 | 3.0 | 164 | 180 | 188 | 1520 | 530 | 470 | 80 | 80 |
| DG | 55 | 81 | | 17.84 | | 68 | 4.6 | | | | | | | | |
| D | 30 | 136 | | 17.36 | | 64 | 2.4 | | | | | | | | |
| 46-30×4 | 46 | 120 | 2950 | 21.48 | 30 | 70 | 3.0 | 164 | 197 | 205 | 1690 | 575 | 490 | 80 | 80 |
| DG | 55 | 108 | | 23.79 | | 68 | 4.6 | | | | | | | | |

（续）

| 泵型号 | 流量 $Q$ /(m³/h) | 扬程 $H$ /m | 转速 $n$ /(r/min) | 功率/kW 轴功率 | 功率/kW 配带功率 | 泵效率 $\eta$ (%) | 汽蚀余量 NPSH /m | 叶轮直径 $D_2$ /mm | 泵质量 W/kg D | 泵质量 W/kg DG | 泵外形尺寸/mm 长 | 泵外形尺寸/mm 宽 | 泵外形尺寸/mm 高 | 泵口径/mm 吸入 | 泵口径/mm 排出 |
|---|---|---|---|---|---|---|---|---|---|---|---|---|---|---|---|
| D | 30 | 170 | | 21.7 | | 64 | 2.4 | | | | | | | | |
| 46-30×5 | 46 | 150 | 2950 | 26.85 | 37 | 70 | 3.0 | 164 | 214 | 222 | 1755 | 575 | 490 | 80 | 80 |
| DG | 55 | 135 | | 29.74 | | 68 | 4.6 | | | | | | | | |
| D | 30 | 204 | | 26.04 | | 64 | 2.4 | | | | | | | | |
| 46-30×6 | 46 | 180 | 2950 | 32.21 | 37 | 70 | 3.0 | 164 | 231 | 239 | 1820 | 575 | 490 | 80 | 80 |
| DG | 55 | 162 | | 35.68 | | 68 | 4.6 | | | | | | | | |
| D | 30 | 238 | | 30.38 | | 64 | 2.4 | | | | | | | | |
| 46-30×7 | 46 | 210 | 2950 | 37.58 | 45 | 70 | 3.0 | 164 | 248 | 256 | 1925 | 615 | 515 | 80 | 80 |
| DG | 55 | 189 | | 41.63 | | 68 | 4.6 | | | | | | | | |
| D | 30 | 274 | | 34.72 | | 64 | 2.4 | | | | | | | | |
| 46-30×8 | 46 | 240 | 2950 | 42.95 | 55 | 70 | 3.0 | 164 | 265 | 273 | 2105 | 664 | 440 | 80 | 80 |
| DG | 55 | 216 | | 47.58 | | 68 | 4.6 | | | | | | | | |
| D | 30 | 306 | | 39.06 | | 64 | 2.4 | | | | | | | | |
| 46-30×9 | 46 | 270 | 2950 | 48.32 | 55 | 70 | 3.0 | 164 | 282 | 290 | 2170 | 664 | 440 | 80 | 80 |
| DG | 55 | 243 | | 53.53 | | 68 | 4.6 | | | | | | | | |
| D | 30 | 340 | | 43.4 | | 64 | 2.4 | | | | | | | | |
| 46-30×10 | 46 | 300 | 2950 | 53.69 | 75 | 70 | 3.0 | 164 | 299 | 307 | 2305 | 720 | 470 | 80 | 80 |
| DG | 55 | 270 | | 59.47 | | 68 | 4.6 | | | | | | | | |
| D | 30 | 166.5 | | 25.19 | | 54 | 2.5 | | | | | | | | |
| 46-50×3 | 46 | 150 | 2950 | 29.83 | 37 | 63 | 2.8 | 210 | | 264 | 1717 | 570 | 630 | 80 | 80 |
| DG | 55 | 138 | | 32.3 | | 64 | 3.2 | | | | | | | | |
| D | 30 | 222 | | 33.59 | | 54 | 2.5 | | | | | | | | |
| 46-50×4 | 46 | 200 | 2950 | 39.77 | 45 | 63 | 2.8 | 210 | | 285 | 1817 | 620 | 690 | 80 | 80 |
| DG | 55 | 184 | | 43.06 | | 64 | 3.2 | | | | | | | | |
| D | 30 | 277.5 | | 41.98 | | 54 | 2.5 | | | | | | | | |
| 46-50×5 | 46 | 250 | 2950 | 49.71 | 55 | 63 | 2.8 | 210 | | 307 | 1992 | 670 | 710 | 80 | 80 |
| DG | 55 | 230 | | 53.83 | | 64 | 3.2 | | | | | | | | |
| D | 30 | 330 | | 50.38 | | 54 | 2.5 | | | | | | | | |
| 46-50×6 | 46 | 300 | 2950 | 59.65 | 75 | 63 | 2.8 | 210 | | 327 | 2122 | 720 | 710 | 80 | 80 |
| DG | 55 | 276 | | 64.59 | | 64 | 3.2 | | | | | | | | |
| D | 30 | 388.5 | | 58.78 | 75 | 54 | 2.5 | | | | | | | | |
| 46-50×7 | 46 | 350 | 2950 | 69.6 | 75 | 63 | 2.8 | 210 | | 348 | 2182 | 720 | 710 | 80 | 80 |
| DG | 55 | 322 | | 75.36 | 90 | 64 | 3.2 | | | | | | | | |
| D | 30 | 440 | | 67.18 | | 54 | 2.5 | | | | | | | | |
| 46-50×8 | 46 | 400 | 2950 | 79.54 | 90 | 63 | 2.8 | 210 | | 273 | 2292 | 720 | 710 | 80 | 80 |
| DG | 55 | 368 | | 84.12 | | 64 | 3.2 | | | | | | | | |
| D | 30 | 499.5 | | 75.57 | | 54 | 2.5 | | | | | | | | |
| 46-50×9 | 46 | 450 | 2950 | 89.48 | 110 | 63 | 2.8 | 210 | | 390 | 2473 | 820 | 785 | 80 | 80 |
| DG | 55 | 414 | | 96.89 | | 64 | 3.2 | | | | | | | | |

（续）

| 泵型号 | 流量 Q /(m³/h) | 扬程 H /m | 转速 n /(r/min) | 轴功率 | 配带功率 | 泵效率 η (%) | 汽蚀余量 NPSH /m | 叶轮直径 $D_2$ /mm | D | DG | 长 | 宽 | 高 | 吸入 | 排出 |
|---|---|---|---|---|---|---|---|---|---|---|---|---|---|---|---|
| D 46-50×10 DG | 30 | 555 | | 83.97 | | 54 | 2.5 | 210 | | 411 | 2533 | 820 | 785 | 80 | 80 |
| | 46 | 500 | 2950 | 99.42 | 110 | 63 | 2.8 | | | | | | | | |
| | 55 | 460 | | 107.66 | | 64 | 3.2 | | | | | | | | |
| D 46-50×11 DG | 30 | 610.5 | | 92.37 | | 54 | 2.5 | 210 | | 432 | 2641 | 820 | 785 | 80 | 80 |
| | 46 | 550 | 2950 | 109.36 | 132 | 63 | 2.8 | | | | | | | | |
| | 55 | 506 | | 118.42 | | 64 | 3.2 | | | | | | | | |
| D 46-50×12 DG | | 666 | | 100.8 | | 54 | 2.5 | 210 | | 453 | 2701 | 820 | 785 | 80 | 80 |
| | 46 | 600 | 2950 | 119.3 | 132 | 63 | 2.8 | | | | | | | | |
| | 55 | 552 | | 129.2 | | 64 | 3.2 | | | | | | | | |
| D 85-45×2 | 55 | 102 | | 24.25 | | 63 | 3.2 | 200 | 199.3 | | 1613 | 580 | 575 | 100 | 100 |
| | 85 | 90 | 2950 | 28.94 | 37 | 72 | 4.2 | | | | | | | | |
| | 100 | 78 | | 30.35 | | 70 | 5.2 | | | | | | | | |
| D 85-45×3 | 55 | 153 | | 36.38 | | 63 | 3.2 | 200 | 224.7 | | 1842 | 675 | 615 | 100 | 100 |
| | 85 | 135 | 2950 | 43.3 | 55 | 72 | 4.2 | | | | | | | | |
| | 100 | 117 | | 45.52 | | 70 | 5.2 | | | | | | | | |
| D 85-45×4 | 55 | 204 | | 48.5 | | 63 | 3.2 | 200 | 250.1 | | 1986 | 730 | 645 | 100 | 100 |
| | 85 | 180 | 2950 | 57.87 | 75 | 72 | 4.2 | | | | | | | | |
| | 100 | 156 | | 60.7 | | 70 | 5.2 | | | | | | | | |
| D 85-45×5 | 55 | 255 | | 60.63 | | 63 | 3.2 | 200 | 275.4 | | 2110 | 730 | 595 | 100 | 100 |
| | 85 | 225 | 2950 | 72.34 | 90 | 72 | 4.2 | | | | | | | | |
| | 100 | 195 | | 75.86 | | 70 | 5.2 | | | | | | | | |
| D 85-45×6 | 55 | 306 | | 72.75 | | 63 | 3.2 | 200 | 300.8 | | | | | 100 | 100 |
| | 85 | 270 | 2950 | 86.81 | 110 | 72 | 4.2 | | | | | | | | |
| | 100 | 234 | | 91.04 | | 70 | 5.2 | | | | | | | | |
| D 85-45×7 | 55 | 357 | | 84.88 | | 63 | 3.2 | 200 | 326.1 | | | | | 100 | 100 |
| | 85 | 315 | 2950 | 101.3 | 132 | 72 | 4.2 | | | | | | | | |
| | 100 | 273 | | 106.2 | | 70 | 5.2 | | | | | | | | |
| D 85-45×8 | 55 | 408 | | 97.0 | | 63 | 3.2 | 200 | 351.5 | | | | | 100 | 100 |
| | 85 | 360 | 2950 | 115.7 | 132 | 72 | 4.2 | | | | | | | | |
| | 100 | 312 | | 121.4 | | 70 | 5.2 | | | | | | | | |
| D 85-45×9 | 55 | 459 | | 109.1 | | 63 | 3.2 | 200 | 376.8 | | | | | 100 | 100 |
| | 85 | 405 | 2950 | 130.2 | 160 | 72 | 4.2 | | | | | | | | |
| | 100 | 351 | | 136.6 | | 70 | 5.2 | | | | | | | | |
| D 85-67×3 DG | 85 | 201 | 2950 | 68.4 | 75 | 68 | 4 | 235 | | | | | | 100 | 100 |
| D 85-67×4 DG | 85 | 268 | 2950 | 91.2 | 110 | 68 | 4 | 235 | | | | | | 100 | 100 |

（续）

| 泵型号 | 流量 Q /(m³/h) | 扬程 H /m | 转速 n /(r/min) | 功率/kW 轴功率 | 功率/kW 配带功率 | 泵效率 η (%) | 汽蚀余量 NPSH /m | 叶轮直径 D₂ /mm | 泵质量 W/kg D | 泵质量 W/kg DG | 泵外形尺寸 /mm 长 | 泵外形尺寸 /mm 宽 | 泵外形尺寸 /mm 高 | 泵口径 /mm 吸入 | 泵口径 /mm 排出 |
|---|---|---|---|---|---|---|---|---|---|---|---|---|---|---|---|
| D 85-67×5 DG | 85 | 335 | 2950 | 114 | 132 | 68 | 4 | 235 | | | | | | 100 | 100 |
| D 85-67×6 DG | 85 | 402 | 2950 | 136.9 | 160 | 68 | 4 | 235 | | | | | | 100 | 100 |
| D 85-67×7 DG | 85 | 469 | 2950 | 159.6 | 190 | 68 | 4 | 235 | | | | | | 100 | 100 |
| D 85-67×8 DG | 85 | 536 | 2950 | 182.4 | 240 | 68 | 4 | 235 | | | | | | 100 | 100 |
| D 85-67×9 DG | 85 | 603 | 2950 | 205.2 | 240 | 68 | 4 | 235 | | | | | | 100 | 100 |
| D 155-30×2 | 119 155 190 | 64 60 54 | 1480 | 28.76 32.84 36.68 | 55 | 72 77 76.5 | 2.7 3.2 3.9 | 305 | 490 | | 2065 | 650 | 780 | 150 | 150 |
| D 155-30×3 | 119 155 190 | 96 90 81 | 1480 | 43.14 49.26 55.02 | 75 | 72 77 76.5 | 2.7 3.2 3.9 | 305 | | | 2250 | 710 | 780 | 150 | 150 |
| D 155-30×4 | 119 155 190 | 128 120 108 | 1480 | 57.52 65.68 73.36 | 90 | 72 77 76.5 | 2.7 3.2 3.9 | 305 | 630 | | 2415 | 710 | 780 | 150 | 150 |
| D 155-30×5 | 119 155 190 | 160 150 135 | 1480 | 71.90 82.10 91.70 | 110 | 72 77 76.5 | 2.7 3.2 3.9 | 305 | 700 | | 2670 | 670 | 780 | 150 | 150 |
| D 155-30×6 | 119 155 190 | 192 180 162 | 1480 | 86.28 98.52 110.04 | 132 | 72 77 76.5 | 2.7 3.2 3.9 | 305 | 770 | | 2835 | 670 | 780 | 150 | 150 |
| D 155-30×7 | 119 155 190 | 224 210 189 | 1480 | 100.66 114.97 128.38 | 160 | 72 77 76.5 | 2.7 3.2 3.9 | 305 | 840 | | 2950 | 670 | 780 | 150 | 150 |
| D 155-30×8 | 119 155 190 | 256 240 216 | 1480 | 115.04 131.36 147.72 | 180 | 72 77 76.5 | 2.7 3.2 3.9 | 305 | 910 | | 3595 | 670 | 780 | 150 | 150 |

（续）

| 泵型号 | 流量 Q /(m³/h) | 扬程 H /m | 转速 n /(r/min) | 功率/kW | | 泵效率 η (%) | 汽蚀余量 NPSH /m | 叶轮直径 D₂ /mm | 泵质量 W/kg | | 泵外形尺寸 /mm | | | 泵口径 /mm | |
|---|---|---|---|---|---|---|---|---|---|---|---|---|---|---|---|
| | | | | 轴功率 | 配带功率 | | | D₂ /mm | D | DG | 长 | 宽 | 高 | 吸入 | 排出 |
| D 155-30×9 | 119 155 190 | 288 270 243 | 1480 | 129.42 147.78 165.06 | 180 | 72 77 76.5 | 2.7 3.2 3.9 | 305 | 980 | | 3710 | 670 | 780 | 150 | 150 |
| D 155-30×10 | 119 155 190 | 320 300 270 | 1480 | 143.80 164.20 183.40 | 225 | 72 77 76.5 | 2.7 3.2 3.9 | 305 | 1050 | | 3785 | 670 | 780 | 150 | 150 |
| D 155-67×3 DG | 100 155 185 | 228 201 177 | 2950 | 97.0 114.7 123.9 | 132 | 64 74 72 | 3.2 5.0 6.6 | 235 | | 952 | 1407 | 670 | 770 | 150 | 150 |
| D 155-67×4 DG | 100 155 185 | 304 268 236 | 2950 | 129.4 152.9 165.1 | 185 | 64 74 72 | 3.2 5.0 6.6 | 235 | | 1024 | 1495 | 670 | 770 | 150 | 150 |
| D 155-67×5 DG | 100 155 185 | 380 335 295 | 2950 | 161.7 191.1 206.4 | 220 | 64 74 72 | 3.2 5.0 6.6 | 235 | | 1145 | 1583 | 670 | 770 | 150 | 150 |
| D 155-67×6 DG | 100 155 185 | 456 402 354 | 2950 | 194 229.3 247.7 | 275 | 64 74 72 | 3.2 5.0 6.6 | 235 | | 1435 | 1671 | 670 | 770 | 150 | 150 |
| D 155-67×7 DG | 100 155 185 | 532 469 413 | 2950 | 226.4 267.5 289 | 350 | 64 74 72 | 3.2 5.0 6.6 | 235 | | 1558 | 1759 | 670 | 770 | 150 | 150 |
| D 155-67×8 DG | 100 155 185 | 608 536 472 | 2950 | 258.7 305.7 330.3 | 350 | 64 74 72 | 3.2 5.0 6.6 | 235 | | 1700 | 1847 | 670 | 770 | 150 | 150 |
| D 155-67×9 DG | 100 155 185 | 684 603 531 | 2950 | 291.1 344 371.6 | 440 | 64 74 72 | 3.2 5.0 6.6 | 235 | | 1860 | 1935 | 670 | 770 | 150 | 150 |
| D 280-43×2 | 185 280 335 | 94 86 76 | 1480 | 68.6 85.17 92.4 | 110 | 69 77 75 | 2.5 4.0 5.2 | 360 | 667 | | 1190 | 790 | 880 | 200 | 200 |
| D 280-43×3 | 185 280 335 | 141 129 114 | 1480 | 103 127.7 138.7 | 160 | 69 77 75 | 2.5 4.0 5.2 | 360 | 787 | | 1320 | 790 | 880 | 200 | 200 |
| D 280-43×4 | 185 280 335 | 188 172 152 | 1480 | 137.3 170.3 184.9 | 230 | 69 77 75 | 2.5 4.0 5.2 | 360 | 908 | | 1450 | 790 | 880 | 200 | 200 |

（续）

| 泵型号 | 流量 Q /(m³/h) | 扬程 H /m | 转速 n /(r/min) | 功率/kW 轴功率 | 功率/kW 配带功率 | 泵效率 η (%) | 汽蚀余量 NPSH /m | 叶轮直径 D₂ /mm | 泵质量 W/kg | 泵外形尺寸/mm D | 泵外形尺寸/mm DG | 泵外形尺寸/mm 长 | 泵外形尺寸/mm 宽 | 泵外形尺寸/mm 高 | 泵口径/mm 吸入 | 泵口径/mm 排出 |
|---|---|---|---|---|---|---|---|---|---|---|---|---|---|---|---|---|
| D 280-43×5 | 185 | 235 | | 171.6 | | 69 | 2.5 | | | | | | | | | |
| | 280 | 215 | 1480 | 212.9 | 300 | 77 | 4.0 | 360 | 1028 | | | 1580 | 790 | 880 | 200 | 200 |
| | 335 | 190 | | 231.1 | | 75 | 5.2 | | | | | | | | | |
| D 280-43×6 | 185 | 282 | | 205.9 | | 69 | 2.5 | | | | | | | | | |
| | 280 | 258 | 1480 | 255.5 | 300 | 77 | 4.0 | 360 | 1149 | | | 1710 | 790 | 880 | 200 | 200 |
| | 335 | 228 | | 277.3 | | 75 | 5.2 | | | | | | | | | |
| D 280-43×7 | 185 | 329 | | 240.2 | | 69 | 2.5 | | | | | | | | | |
| | 280 | 301 | 1480 | 298.1 | 350 | 77 | 4.0 | 360 | 1271 | | | 1872 | 790 | 880 | 200 | 200 |
| | 335 | 266 | | 323.6 | | 75 | 5.2 | | | | | | | | | |
| D 280-43×8 | 185 | 376 | | 274.5 | | 69 | 2.5 | | | | | | | | | |
| | 280 | 344 | 1480 | 340.7 | 410 | 77 | 4.0 | 360 | 1391 | | | 2002 | 790 | 880 | 200 | 200 |
| | 335 | 304 | | 369.8 | | 75 | 5.2 | | | | | | | | | |
| D 280-43×9 | 185 | 423 | | 308.9 | | 69 | 2.5 | | | | | | | | | |
| | 280 | 387 | 1480 | 382.2 | 430 | 77 | 4.0 | 360 | 1512 | | | 2132 | 790 | 880 | 200 | 200 |
| | 335 | 342 | | 416 | | 75 | 5.2 | | | | | | | | | |
| D 280-65×6 | 185 | 408 | | 337 | | 61 | 2.3 | | | | | | | | | |
| | 280 | 390 | 1480 | 407.4 | 500 | 73 | 3.0 | 430 | 1552 | | | 2028 | 870 | 1030 | 200 | 200 |
| | 335 | 372 | | 452.5 | | 75 | 4.2 | | | | | | | | | |
| D 280-65×7 | 185 | 476 | | 393.1 | | 61 | 2.3 | | | | | | | | | |
| | 280 | 455 | 1480 | 475.3 | 680 | 73 | 3.0 | 430 | 1734 | | | 2158 | 870 | 1030 | 200 | 200 |
| | 335 | 434 | | 528 | | 75 | 4.2 | | | | | | | | | |
| D 280-65×8 | 185 | 544 | | 449.3 | | 61 | 2.3 | | | | | | | | | |
| | 280 | 520 | 1480 | 543.2 | 680 | 73 | 3.0 | 430 | 1916 | | | 2288 | 870 | 1030 | 200 | 200 |
| | 335 | 496 | | 603.3 | | 75 | 4.2 | | | | | | | | | |
| D 280-65×9 | 185 | 612 | | 505.5 | | 61 | 2.3 | | | | | | | | | |
| | 280 | 585 | 1480 | 611.1 | 850 | 63 | 3.0 | 430 | 2098 | | | 2418 | 870 | 1030 | 200 | 200 |
| | 335 | 558 | | 678.8 | | 75 | 4.2 | | | | | | | | | |
| D 280-65×10 | 185 | 680 | | 561.6 | | 61 | 2.3 | | | | | | | | | |
| | 280 | 650 | 1480 | 679 | 850 | 63 | 3.0 | 430 | 2280 | | | 2548 | 870 | 1030 | 200 | 200 |
| | 335 | 620 | | 754.2 | | 75 | 4.2 | | | | | | | | | |
| D 450-60×3 | 335 | 195 | | 247.1 | | 72 | 3.1 | | | | | | | | | |
| | 450 | 180 | 1480 | 229.2 | 360 | 79 | 4.2 | 430 | 1750 | | | 1702 | 950 | 1110 | 250 | 250 |
| | 500 | 171 | | 298.5 | | 78 | 5.3 | | | | | | | | | |
| D 450-60×4 | 335 | 260 | | 329.4 | | 72 | 3.1 | | | | | | | | | |
| | 450 | 240 | 1480 | 372.4 | 500 | 79 | 4.2 | 430 | 2000 | | | 1855 | 950 | 1110 | 250 | 250 |
| | 500 | 228 | | 398 | | 78 | 5.3 | | | | | | | | | |

（续）

| 泵型号 | 流量 Q /(m³/h) | 扬程 H /m | 转速 n /(r/min) | 功率 /kW | | 泵效率 η (%) | 汽蚀余量 NPSH /m | 叶轮直径 D₂ /mm | 泵质量 W/kg | | 泵外形尺寸 /mm | | | 泵口径 /mm | |
|---|---|---|---|---|---|---|---|---|---|---|---|---|---|---|---|
| | | | | 轴功率 | 配带功率 | | | | D | DG | 长 | 宽 | 高 | 吸入 | 排出 |
| D 450-60×5 | 335 | 325 | 1480 | 411.8 | 680 | 72 | 3.1 | 430 | 2250 | | 2008 | 950 | 1110 | 250 | 250 |
| | 450 | 300 | | 465.4 | | 79 | 4.2 | | | | | | | | |
| | 500 | 285 | | 497.5 | | 78 | 5.3 | | | | | | | | |
| D 450-60×6 | 335 | 390 | 1480 | 494.2 | 680 | 72 | 3.1 | 430 | 2500 | | 2161 | 950 | 1110 | 250 | 250 |
| | 450 | 360 | | 558.5 | | 79 | 4.2 | | | | | | | | |
| | 500 | 342 | | 597 | | 78 | 5.3 | | | | | | | | |
| D 450-60×7 | 335 | 455 | 1480 | 576.5 | 850 | 72 | 3.1 | 430 | 2750 | | 2314 | 950 | 1110 | 250 | 250 |
| | 450 | 420 | | 651.5 | | 79 | 4.2 | | | | | | | | |
| | 500 | 399 | | 696.5 | | 78 | 5.3 | | | | | | | | |
| D 450-60×8 | 335 | 520 | 1480 | 658.9 | 850 | 72 | 3.1 | 430 | 3000 | | 2467 | 950 | 1110 | 250 | 250 |
| | 450 | 480 | | 744.6 | | 79 | 4.2 | | | | | | | | |
| | 500 | 456 | | 796 | | 78 | 5.3 | | | | | | | | |
| D 450-60×9 | 335 | 585 | 1480 | 741.2 | 1050 | 72 | 3.1 | 430 | 3250 | | 2620 | 950 | 1110 | 250 | 250 |
| | 450 | 540 | | 837.7 | | 79 | 4.2 | | | | | | | | |
| | 500 | 513 | | 895.6 | | 78 | 5.3 | | | | | | | | |
| D 450-60×10 | 335 | 650 | 1480 | 823.6 | 1050 | 72 | 3.1 | 430 | 3500 | | 2773 | 950 | 1110 | 250 | 250 |
| | 450 | 600 | | 930.8 | | 79 | 4.2 | | | | | | | | |
| | 500 | 570 | | 995.1 | | 78 | 5.3 | | | | | | | | |

## 7.1.7  D 型低扬程节段式多级离心泵

D 型低扬程节段式多级离供输送不含固体颗粒，温度低于 80℃的清水和物理、化学性质类似清水的液体。适用于矿山、工厂和城市给排水。若改变泵过流部分零件的材质可供矿山排送 pH 为 2 ~ 4 的酸性矿坑水。

性能范围：

流量 $Q$：12.6 ~ 230m³/h。

扬程 $H$：20 ~ 230m。

D 型泵是卧式、单吸、多级节段式离心泵。泵的入口为水平方向，出口垂直向上。用拉紧螺栓将泵的进水段（吸入段）、中段和出水段（吐出段）联结成一体。轴承用油脂润滑。转子向力由平衡盘平衡。采用填料密封。轴两端有填料箱，内装软填料，填料箱中通入有一定压力的水，起水封作用。在轴的轴封处装有可更换的轴套，以保护泵轴。泵通过弹性联轴器由原动机直接驱动。从原动机方向看泵，泵为顺时针方向旋转。

D 型低扬程节段式多级离心泵型号含义：如 50D8×3，50—泵排出口直径，D—单级多吸节段式离心泵，8—单级扬程，3—级数。

D 型低扬程节段式多级离心泵性能参数详见表 7-7。

表 7-7　D 型低扬程节段式多级离心泵性能参数

| 泵型号 | 流量 Q /(m³/h) | 扬程 H /m | 转速 n /(r/min) | 功率/kW 轴功率 | 功率/kW 配带功率 | 泵效率 η (%) | 汽蚀余量 NPSH /m | 叶轮直径 D₂ /mm | 泵质量 W /kg | 泵外形尺寸/mm 长 | 泵外形尺寸/mm 宽 | 泵外形尺寸/mm 高 | 泵口径/mm 吸入 | 泵口径/mm 排出 |
|---|---|---|---|---|---|---|---|---|---|---|---|---|---|---|
| 50D8×3 | 12.6 | 29.1 | 2950 | 1.815 | 2.2 | 55 | 2.95 | 94 | 65 | | | | 65 | 50 |
| | 18.0 | 25.5 | | 1.935 | | 64.5 | 3.4 | | | | | | | |
| | 21.6 | 21.9 | | 1.98 | | 65 | 3.8 | | | | | | | |
| 50D8×4 | 12.6 | 38.8 | 2950 | 2.42 | 3 | 55 | 2.95 | 94 | 77 | | | | 65 | 50 |
| | 18.0 | 34.0 | | 2.58 | | 64.5 | 3.4 | | | | | | | |
| | 21.6 | 29.2 | | 2.64 | | 65 | 3.8 | | | | | | | |
| 50D8×5 | 12.6 | 48.5 | 2950 | 3.025 | 4 | 55 | 2.95 | 94 | 90 | | | | 65 | 50 |
| | 18.0 | 42.5 | | 3.225 | | 64.5 | 3.4 | | | | | | | |
| | 21.6 | 36.5 | | 3.30 | | 65 | 3.8 | | | | | | | |
| 50D8×6 | 12.6 | 58.2 | 2950 | 3.63 | 5.5 | 55 | 2.95 | 94 | 102 | | | | 65 | 50 |
| | 18.0 | 51.0 | | 3.87 | | 64.5 | 3.4 | | | | | | | |
| | 21.6 | 43.8 | | 3.96 | | 65 | 3.8 | | | | | | | |
| 50D8×7 | 12.6 | 67.9 | 2950 | 4.235 | 5.5 | 55 | 2.95 | 94 | 117 | | | | 65 | 50 |
| | 18.0 | 59.5 | | 4.515 | | 64.5 | 3.4 | | | | | | | |
| | 21.6 | 51.1 | | 4.62 | | 65 | 3.8 | | | | | | | |
| 50D8×8 | 12.6 | 77.6 | 2950 | 4.84 | 7.5 | 55 | 2.95 | 94 | 129 | | | | 65 | 50 |
| | 18.0 | 68.0 | | 5.16 | | 64.5 | 3.4 | | | | | | | |
| | 21.6 | 58.4 | | 5.28 | | 65 | 3.8 | | | | | | | |
| 50D8×9 | 12.6 | 87.3 | 2950 | 5.445 | 7.5 | 55 | 2.95 | 94 | 141 | | | | 65 | 50 |
| | 18.0 | 76.5 | | 5.805 | | 64.5 | 3.4 | | | | | | | |
| | 21.6 | 65.7 | | 5.940 | | 65 | 3.8 | | | | | | | |
| 80D12×2 | 21.6 | 27.6 | 2950 | 2.66 | 4 | 61 | 3.2 | 110 | 100 | | | | 80 | 80 |
| | 34.6 | 22.8 | | 3.07 | | 70 | 3.3 | | | | | | | |
| | 39.6 | 19 | | 3.01 | | 68 | 3.4 | | | | | | | |
| 80D12×3 | 21.6 | 41.4 | 2950 | 3.99 | 5.5 | 61 | 3.2 | 110 | 118 | | | | 80 | 80 |
| | 34.6 | 34.2 | | 4.6 | | 70 | 3.3 | | | | | | | |
| | 39.6 | 28.5 | | 4.52 | | 68 | 3.4 | | | | | | | |
| 80D12×4 | 21.6 | 55.2 | 2950 | 5.32 | 7.5 | 61 | 3.2 | 110 | 136 | | | | 80 | 80 |
| | 34.6 | 45.6 | | 6.14 | | 70 | 3.3 | | | | | | | |
| | 39.6 | 38 | | 6.03 | | 68 | 3.4 | | | | | | | |
| 80D12×5 | 21.6 | 69 | 2950 | 6.65 | 11 | 61 | 3.2 | 110 | 154 | | | | 80 | 80 |
| | 34.6 | 57 | | 7.67 | | 70 | 3.3 | | | | | | | |
| | 39.6 | 47.5 | | 7.53 | | 68 | 3.4 | | | | | | | |
| 80D12×6 | 21.6 | 82.8 | 2950 | 7.98 | 11 | 61 | 3.2 | 110 | 172 | | | | 80 | 80 |
| | 34.6 | 68.4 | | 9.21 | | 70 | 3.3 | | | | | | | |
| | 39.6 | 57 | | 9.04 | | 68 | 3.4 | | | | | | | |

（续）

| 泵型号 | 流量 Q /(m³/h) | 扬程 H /m | 转速 n /(r/min) | 功率 /kW 轴功率 | 配带功率 | 泵效率 η (%) | 汽蚀余量 NPSH /m | 叶轮直径 D₂ /mm | 泵质量 W /kg | 泵外形尺寸 /mm 长 | 宽 | 高 | 泵口径 /mm 吸入 | 排出 |
|---|---|---|---|---|---|---|---|---|---|---|---|---|---|---|
| 80D12×7 | 21.6 | 96.6 | 2950 | 9.32 | 15 | 61 | 3.2 | 110 | 190 | | | | 80 | 80 |
| | 34.6 | 79.8 | | 10.74 | | 70 | 3.3 | | | | | | | |
| | 39.6 | 66.5 | | 10.55 | | 68 | 3.4 | | | | | | | |
| 80D12×8 | 21.6 | 110.4 | 2950 | 10.65 | 15 | 61 | 3.2 | 110 | 208 | | | | 80 | 80 |
| | 34.6 | 91.2 | | 12.28 | | 70 | 3.3 | | | | | | | |
| | 39.6 | 76 | | 12.05 | | 68 | 3.4 | | | | | | | |
| 80D12×9 | 21.6 | 124.2 | 2950 | 11.98 | 15 | 61 | 3.2 | 110 | 225 | | | | 80 | 80 |
| | 34.6 | 102.6 | | 13.81 | 18.5 | 70 | 3.3 | | | | | | | |
| | 39.6 | 85.5 | | 13.56 | | 68 | 3.4 | | | | | | | |
| 100D16×3 | 37.6 | 59.4 | 2950 | 9.21 | 13 | 66 | 3.3 | 134 | | | | | 100 | 100 |
| | 54.0 | 51 | | 10.26 | | 73 | 3.4 | | | | | | | |
| | 72.0 | 33.6 | | 9.99 | | 66 | 3.7 | | | | | | | |
| 100D16×4 | 37.6 | 79.2 | 2950 | 12.28 | 17 | 66 | 3.3 | 134 | | | | | 100 | 100 |
| | 54.0 | 68 | | 13.68 | | 73 | 3.4 | | | | | | | |
| | 72.0 | 44.8 | | 13.32 | | 66 | 3.7 | | | | | | | |
| 100D16×5 | 37.6 | 99 | 2950 | 15.35 | 22 | 66 | 3.3 | 134 | | | | | 100 | 100 |
| | 54.0 | 85 | | 17.10 | | 73 | 3.4 | | | | | | | |
| | 72.0 | 56 | | 16.65 | | 66 | 3.7 | | | | | | | |
| 100D16×6 | 37.6 | 118.8 | 2950 | 18.42 | 22 | 66 | 3.3 | 134 | | | | | 100 | 100 |
| | 54.0 | 102 | | 20.52 | | 73 | 3.4 | | | | | | | |
| | 72.0 | 67.2 | | 19.98 | | 66 | 3.7 | | | | | | | |
| 100D16×7 | 37.6 | 138.6 | 2950 | 21.49 | 30 | 66 | 3.3 | 134 | | | | | 100 | 100 |
| | 54.0 | 119 | | 23.94 | | 73 | 3.4 | | | | | | | |
| | 72.0 | 78.4 | | 23.31 | | 66 | 3.7 | | | | | | | |
| 100D16×8 | 37.6 | 158.4 | 2950 | 24.56 | 30 | 66 | 3.3 | 134 | | | | | 100 | 100 |
| | 54.0 | 136 | | 27.36 | | 73 | 3.4 | | | | | | | |
| | 72.0 | 89.6 | | 26.64 | | 66 | 3.7 | | | | | | | |
| 100D16×9 | 37.6 | 178.2 | 2950 | 27.63 | 40 | 66 | 3.3 | 134 | | | | | 100 | 100 |
| | 54.0 | 153 | | - | | 73 | 3.4 | | | | | | | |
| | 72.0 | 100.8 | | 29.97 | | 66 | 3.7 | | | | | | | |
| 125D25×2 | 72.0 | 51.20 | 2950 | 14.20 | 22 | 70.5 | 4 | 156 | 261 | | | | 125 | 125 |
| | 101 | 43.00 | | 15.20 | | 77.5 | | | | | | | | |
| | 191 | 35.00 | | 15.30 | | 74.0 | | | | | | | | |
| 125D25×3 | 72.0 | 76.80 | 2950 | 21.30 | 30 | 70.5 | 4 | 156 | 298 | | | | 125 | 125 |
| | 101 | 64.50 | | 22.80 | | 77.5 | | | | | | | | |
| | 191 | 52.50 | | 22.95 | | 74.0 | | | | | | | | |

（续）

| 泵型号 | 流量 Q /(m³/h) | 扬程 H /m | 转速 n /(r/min) | 功率 /kW 轴功率 | 功率 /kW 配带功率 | 泵效率 η (%) | 汽蚀余量 NPSH /m | 叶轮直径 D₂ /mm | 泵质量 W /kg | 泵外形尺寸 /mm 长 | 泵外形尺寸 /mm 宽 | 泵外形尺寸 /mm 高 | 泵口径 /mm 吸入 | 泵口径 /mm 排出 |
|---|---|---|---|---|---|---|---|---|---|---|---|---|---|---|
| 125D25×4 | 72.0 | 102.4 | | 28.40 | | 70.5 | | | | | | | | |
| | 101 | 86.0 | 2950 | 30.40 | 37 | 77.5 | 4 | 156 | 335 | | | | 125 | 125 |
| | 191 | 70.0 | | 30.60 | | 74.0 | | | | | | | | |
| 125D25×5 | 72.0 | 128 | | 35.50 | | 70.5 | | | | | | | | |
| | 101 | 107.5 | 2950 | 38.00 | 55 | 77.5 | 4 | 156 | 372 | | | | 125 | 125 |
| | 191 | 87.5 | | 38.25 | | 74.0 | | | | | | | | |
| 125D25×6 | 72.0 | 153.6 | | 42.60 | | 70.5 | | | | | | | | |
| | 101 | 129.0 | 2950 | 45.60 | 55 | 77.5 | 4 | 156 | 409 | | | | 125 | 125 |
| | 191 | 105.0 | | 45.90 | | 74.0 | | | | | | | | |
| 125D25×7 | 72.0 | 179.2 | | 49.70 | | 70.5 | | | | | | | | |
| | 101 | 150.5 | 2950 | 53.20 | 75 | 77.5 | 4 | 156 | 446 | | | | 125 | 125 |
| | 191 | 122.5 | | 53.55 | | 74.0 | | | | | | | | |
| 125D25×8 | 72.0 | 204.8 | | 56.80 | | 70.5 | | | | | | | | |
| | 101 | 172.0 | 2950 | 60.80 | 75 | 77.5 | 4 | 156 | 483 | | | | 125 | 125 |
| | 191 | 140.0 | | 61.20 | | 74.0 | | | | | | | | |
| 125D25×9 | 72.0 | 230.4 | | 63.90 | | 70.5 | | | | | | | | |
| | 101 | 193.5 | 2950 | 68.40 | 90 | 77.5 | 4 | 156 | 520 | | | | 125 | 125 |
| | 191 | 157.5 | | 68.85 | | 74.0 | | | | | | | | |

## 7.1.8　DL 型多级立式离心泵

DL 型泵为单吸节段式多级立式离心泵，供输送清水和物理化学性质类似于水的液体，主要用于高层建筑供水；更换部分零件的材料，可抽送海水或排放污水；增设冷却部件可抽送低于 120℃的热水。

性能范围：

流量 $Q$：12.5～100m³/h。

扬程 $H$：20～200m。

DL 型泵入口位于泵下部的进水段，出口位于泵上部的出口段，均呈水平方向，泵的出口可根据用户需要与入口成 90°、180°、270°。轴上端装有向心推力球轴承，下端装有滑动轴承，滚动轴承用油脂润滑。对热水循环泵采用常温清水冷却。采用机械密封，也可与软填料密封互换，用平衡室内的加压水进行润滑和冷却。泵通过弹性联轴器由立式电动机驱动，泵的旋转方向从电动机端向下看为逆时针方向。

DL 型多级立式离心泵型号含义：如 50DL，50—泵吸入口直径，DL—立式多级离心泵。

DL 型多级立式离心泵性能参数详见表 7-8。

表 7-8　DL 型多级立式离心泵性能参数

| 泵型号 | 流量 Q /(m³/h) | 扬程 H /m | 转速 n /(r/min) | 功率 /kW 轴功率 | 功率 /kW 配带功率 | 泵效率 η (%) | 汽蚀余量 NPSH /m | 叶轮直径 D₂ /mm | 泵质量 W /kg | 泵外形尺寸 /mm 长 | 泵外形尺寸 /mm 宽 | 泵外形尺寸 /mm 高 | 泵口径 /mm 吸入 | 泵口径 /mm 排出 | 级数 |
|---|---|---|---|---|---|---|---|---|---|---|---|---|---|---|---|
| 50DL | 9.0 | 26.6 | 1450 | 1.30 | 3 | 50 | 2.4 | 200 | 235 | 400 | 470 | 1084 | 50 | 40 | 2 |
|  | 12.6 | 24.4 |  | 1.55 |  | 54 |  |  |  |  |  |  |  |  |  |
|  | 16.2 | 21.2 |  | 1.80 |  | 52 |  |  |  |  |  |  |  |  |  |
| 50DL | 9.0 | 39.9 | 1450 | 1.96 | 3 | 50 | 2.4 | 200 | 256 | 400 | 470 | 1152 | 50 | 40 | 3 |
|  | 12.6 | 36.6 |  | 2.33 |  | 54 |  |  |  |  |  |  |  |  |  |
|  | 16.2 | 31.8 |  | 2.70 |  | 52 |  |  |  |  |  |  |  |  |  |
| 50DL | 9.0 | 53.2 | 1450 | 2.61 | 4 | 50 | 2.4 | 200 | 285 | 400 | 470 | 1240 | 50 | 40 | 4 |
|  | 12.6 | 48.8 |  | 3.10 |  | 54 |  |  |  |  |  |  |  |  |  |
|  | 16.2 | 42.4 |  | 3.60 |  | 52 |  |  |  |  |  |  |  |  |  |
| 50DL | 9.0 | 66.5 | 1450 | 3.26 | 5.5 | 50 | 2.4 | 200 | 326 | 400 | 470 | 1383 | 50 | 40 | 5 |
|  | 12.6 | 61 |  | 3.88 |  | 54 |  |  |  |  |  |  |  |  |  |
|  | 16.2 | 53 |  | 4.50 |  | 52 |  |  |  |  |  |  |  |  |  |
| 50DL | 9.0 | 79.8 | 1450 | 3.91 | 5.5 | 50 | 2.4 | 200 | 347 | 400 | 470 | 1451 | 50 | 40 | 6 |
|  | 12.6 | 73.2 |  | 4.65 |  | 54 |  |  |  |  |  |  |  |  |  |
|  | 16.2 | 63.6 |  | 5.49 |  | 52 |  |  |  |  |  |  |  |  |  |
| 50DL | 9.0 | 93.1 | 1450 | 4.56 | 7.5 | 50 | 2.4 | 200 | 381 | 400 | 470 | 1559 | 50 | 40 | 7 |
|  | 12.6 | 85.4 |  | 5.43 |  | 54 |  |  |  |  |  |  |  |  |  |
|  | 16.2 | 74.2 |  | 6.30 |  | 52 |  |  |  |  |  |  |  |  |  |
| 50DL | 9.0 | 106.4 | 1450 | 5.22 | 7.5 | 50 | 2.4 | 200 | 402 | 400 | 470 | 1627 | 50 | 40 | 8 |
|  | 12.6 | 97.6 |  | 6.20 |  | 54 |  |  |  |  |  |  |  |  |  |
|  | 16.2 | 84.8 |  | 7.20 |  | 52 |  |  |  |  |  |  |  |  |  |
| 50DL | 9.0 | 119.7 | 1450 | 5.87 | 11 | 50 | 2.4 | 200 | 468 | 400 | 470 | 1780 | 50 | 40 | 9 |
|  | 12.6 | 109.8 |  | 6.98 |  | 54 |  |  |  |  |  |  |  |  |  |
|  | 16.2 | 95.4 |  | 8.10 |  | 52 |  |  |  |  |  |  |  |  |  |
| 50DL | 9.0 | 133 | 1450 | 6.52 | 11 | 50 | 2.4 | 200 | 489 | 400 | 470 | 1848 | 50 | 40 | 10 |
|  | 12.6 | 122 |  | 7.75 |  | 54 |  |  |  |  |  |  |  |  |  |
|  | 16.2 | 106 |  | 9.00 |  | 52 |  |  |  |  |  |  |  |  |  |
| 65DL | 18 | 37 | 1450 | 3.24 | 5.5 | 56 | 2.4 | 232 | 379 | 475 | 530 | 1306 | 65 | 50 | 2 |
|  | 30 | 32 |  | 4.22 |  | 62 |  |  |  |  |  |  |  |  |  |
|  | 35 | 29 |  | 4.6 |  | 60 |  |  |  |  |  |  |  |  |  |
| 65DL | 18 | 55.5 | 1450 | 4.86 | 7.5 | 56 | 2.4 | 232 | 449 | 475 | 530 | 1426 | 65 | 50 | 3 |
|  | 30 | 48 |  | 6.33 |  | 62 |  |  |  |  |  |  |  |  |  |
|  | 35 | 43.5 |  | 6.9 |  | 60 |  |  |  |  |  |  |  |  |  |
| 65DL | 18 | 74 | 1450 | 6.48 | 11 | 56 | 2.4 | 232 | 536 | 475 | 530 | 1591 | 65 | 50 | 4 |
|  | 30 | 64 |  | 8.44 |  | 62 |  |  |  |  |  |  |  |  |  |
|  | 35 | 58 |  | 9.2 |  | 60 |  |  |  |  |  |  |  |  |  |
| 65DL | 18 | 92.5 | 1450 | 8.1 | 15 | 56 | 2.4 | 232 | 600 | 475 | 530 | 1716 | 65 | 50 | 5 |
|  | 30 | 80 |  | 10.55 |  | 62 |  |  |  |  |  |  |  |  |  |
|  | 35 | 72.5 |  | 11.5 |  | 60 |  |  |  |  |  |  |  |  |  |

（续）

| 泵型号 | 流量 Q /( m³/h) | 扬程 H /m | 转速 n /( r/min ) | 功率 /kW 轴功率 | 功率 /kW 配带功率 | 泵效率 η ( % ) | 汽蚀余量 NPSH /m | 叶轮直径 D₂ /mm | 泵质量 W /kg | 泵外形尺寸 /mm 长 | 泵外形尺寸 /mm 宽 | 泵外形尺寸 /mm 高 | 泵口径 /mm 吸入 | 泵口径 /mm 排出 | 级数 |
|---|---|---|---|---|---|---|---|---|---|---|---|---|---|---|---|
| 65DL | 18 | 111 | 1450 | 9.72 | 15 | 56 | 2.4 | 232 | 644 | 475 | 530 | 1796 | 65 | 50 | 6 |
|  | 30 | 96 |  | 12.66 |  | 62 |  |  |  |  |  |  |  |  |  |
|  | 35 | 87 |  | 13.8 |  | 60 |  |  |  |  |  |  |  |  |  |
| 65DL | 18 | 129.5 | 1450 | 11.34 | 18.5 | 56 | 2.4 | 232 | 728 | 475 | 530 | 1901 | 65 | 50 | 7 |
|  | 30 | 112 |  | 14.77 |  | 62 |  |  |  |  |  |  |  |  |  |
|  | 35 | 101.5 |  | 16.1 |  | 60 |  |  |  |  |  |  |  |  |  |
| 65DL | 18 | 148 | 1450 | 12.96 | 22 | 56 | 2.4 | 232 | 794 | 475 | 530 | 2021 | 65 | 50 | 8 |
|  | 30 | 128 |  | 16.88 |  | 62 |  |  |  |  |  |  |  |  |  |
|  | 35 | 116 |  | 18.4 |  | 60 |  |  |  |  |  |  |  |  |  |
| 65DL | 18 | 166.5 | 1450 | 14.58 | 22 | 56 | 2.4 | 232 | 839 | 475 | 530 | 2101 | 65 | 50 | 9 |
|  | 30 | 144 |  | 18.99 |  | 62 |  |  |  |  |  |  |  |  |  |
|  | 35 | 130.5 |  | 20.7 |  | 60 |  |  |  |  |  |  |  |  |  |
| 65DL | 18 | 185 | 1450 | 16.2 | 30 | 56 | 2.4 | 232 | 962 | 475 | 530 | 2246 | 65 | 50 | 10 |
|  | 30 | 160 |  | 21.1 |  | 62 |  |  |  |  |  |  |  |  |  |
|  | 35 | 145 |  | 23 |  | 60 |  |  |  |  |  |  |  |  |  |
| 80DL | 32.4 | 43.2 | 1450 | 6.28 | 11 | 60.7 | 2 | 250 | 566 | 505 | 550 | 1485 | 80 | 65 | 2 |
|  | 50.4 | 40 |  | 7.84 |  | 70 |  |  |  |  |  |  |  |  |  |
|  | 65.16 | 34.2 |  | 9.12 |  | 66.5 |  |  |  |  |  |  |  |  |  |
| 80DL | 32.4 | 64.8 | 1450 | 9.42 | 15 | 60.7 | 2 | 250 | 640 | 505 | 550 | 1619 | 80 | 65 | 3 |
|  | 50.4 | 60 |  | 11.76 |  | 70 |  |  |  |  |  |  |  |  |  |
|  | 65.16 | 51.3 |  | 13.68 |  | 66.5 |  |  |  |  |  |  |  |  |  |
| 80DL | 32.4 | 86.4 | 1450 | 12.56 | 22 | 60.7 | 2 | 250 | 756 | 505 | 550 | 1733 | 80 | 65 | 4 |
|  | 50.4 | 80 |  | 15.68 |  | 70 |  |  |  |  |  |  |  |  |  |
|  | 65.16 | 68.4 |  | 18.24 |  | 66.5 |  |  |  |  |  |  |  |  |  |
| 80DL | 32.4 | 108 | 1450 | 15.70 | 30 | 60.7 | 2 | 250 | 900 | 505 | 550 | 1927 | 80 | 65 | 5 |
|  | 50.4 | 100 |  | 19.60 |  | 70 |  |  |  |  |  |  |  |  |  |
|  | 65.16 | 85.5 |  | 22.80 |  | 66.5 |  |  |  |  |  |  |  |  |  |
| 80DL | 32.4 | 129.6 | 1450 | 18.84 | 30 | 60.7 | 2 | 250 | 945 | 505 | 550 | 2016 | 80 | 65 | 6 |
|  | 50.4 | 120 |  | 23.52 |  | 70 |  |  |  |  |  |  |  |  |  |
|  | 65.16 | 102.6 |  | 27.36 |  | 66.5 |  |  |  |  |  |  |  |  |  |
| 80DL | 32.4 | 151.2 | 1450 | 21.98 | 37 | 60.7 | 2 | 250 | 1038 | 505 | 550 | 2150 | 80 | 65 | 7 |
|  | 50.4 | 140 |  | 27.44 |  | 70 |  |  |  |  |  |  |  |  |  |
|  | 65.16 | 119.7 |  | 31.92 |  | 66.5 |  |  |  |  |  |  |  |  |  |
| 80DL | 32.4 | 172.8 | 1450 | 25.12 | 45 | 60.7 | 2 | 250 | 1120 | 505 | 550 | 2239 | 80 | 65 | 8 |
|  | 50.4 | 160 |  | 31.36 |  | 70 |  |  |  |  |  |  |  |  |  |
|  | 65.16 | 136.8 |  | 36.48 |  | 66.5 |  |  |  |  |  |  |  |  |  |
| 80DL | 32.4 | 194.4 | 1450 | 28.26 | 45 | 60.7 | 2 | 250 | 1175 | 505 | 550 | 2353 | 80 | 65 | 9 |
|  | 50.4 | 180 |  | 35.28 |  | 70 |  |  |  |  |  |  |  |  |  |
|  | 65.16 | 153.9 |  | 41.04 |  | 66.5 |  |  |  |  |  |  |  |  |  |

（续）

| 泵型号 | 流量 Q /(m³/h) | 扬程 H /m | 转速 n /(r/min) | 功率 /kW | | 泵效率 η (%) | 汽蚀余量 NPSH /m | 叶轮直径 D₂ /mm | 泵质量 W /kg | 泵外形尺寸 /mm | | | 泵口径 /mm | | 级数 |
|---|---|---|---|---|---|---|---|---|---|---|---|---|---|---|---|
| | | | | 轴功率 | 配带功率 | | | | | 长 | 宽 | 高 | 吸入 | 排出 | |
| 80DL | 32.4 | 216 | 1450 | 31.40 | 55 | 60.7 | 2 | 250 | 1335 | 505 | 550 | 2527 | 80 | 65 | 10 |
| | 50.4 | 200 | | 39.20 | | 70 | | | | | | | | | |
| | 65.16 | 171 | | 45.60 | | 66.5 | | | | | | | | | |
| 100DL | 72 | 43.4 | 1450 | 13.1 | 22 | 65 | 2.8 | 265 | 764 | 515 | 570 | 1616 | 100 | 80 | 2 |
| | 100 | 40 | | 15.14 | | 72 | | | | | | | | | |
| | 126 | 34 | | 16.67 | | 70 | | | | | | | | | |
| 100DL | 72 | 65.1 | 1450 | 19.65 | 30 | 65 | 2.8 | 265 | 900 | 515 | 570 | 1784 | 100 | 80 | 3 |
| | 100 | 60 | | 22.71 | | 72 | | | | | | | | | |
| | 126 | 51 | | 25.01 | | 70 | | | | | | | | | |
| 100DL | 72 | 86.3 | 1450 | 26.2 | 37 | 65 | 2.8 | 265 | 995 | 515 | 570 | 1932 | 100 | 80 | 4 |
| | 100 | 80 | | 30.28 | | 72 | | | | | | | | | |
| | 126 | 68 | | 33.34 | | 70 | | | | | | | | | |
| 100DL | 72 | 108.5 | 1450 | 32.75 | 45 | 65 | 2.8 | 265 | 1079 | 515 | 570 | 2060 | 100 | 80 | 5 |
| | 100 | 100 | | 37.86 | | 72 | | | | | | | | | |
| | 126 | 85 | | 41.68 | | 70 | | | | | | | | | |
| 100DL | 72 | 130.2 | 1450 | 39.3 | 55 | 65 | 2.8 | 265 | 1241 | 515 | 570 | 2248 | 100 | 80 | 6 |
| | 100 | 120 | | 44.43 | | 72 | | | | | | | | | |
| | 126 | 102 | | 50.01 | | 70 | | | | | | | | | |
| 100DL | 72 | 151.9 | 1450 | 45.85 | 75 | 65 | 2.8 | 265 | 1443 | 515 | 570 | 2421 | 100 | 80 | 7 |
| | 100 | 140 | | 53.0 | | 72 | | | | | | | | | |
| | 126 | 119 | | 58.35 | | 70 | | | | | | | | | |
| 100DL | 72 | 173.6 | 1450 | 52.4 | 75 | 65 | 2.8 | 265 | 1500 | 515 | 570 | 2524 | 100 | 80 | 8 |
| | 100 | 160 | | 60.57 | | 72 | | | | | | | | | |
| | 126 | 136 | | 66.68 | | 70 | | | | | | | | | |
| 100DL | 72 | 195.3 | 1450 | 58.95 | 90 | 65 | 2.8 | 265 | 1600 | 515 | 570 | 2677 | 100 | 80 | 9 |
| | 100 | 180 | | 68.14 | | 72 | | | | | | | | | |
| | 126 | 153 | | 75.02 | | 70 | | | | | | | | | |
| 100DL | 72 | 217 | 1450 | 65.5 | 90 | 65 | 2.8 | 265 | 1657 | 515 | 570 | 2780 | 100 | 80 | 10 |
| | 100 | 200 | | 75.71 | | 72 | | | | | | | | | |
| | 126 | 170 | | 83.35 | | 70 | | | | | | | | | |

## 7.1.9　JC 型长轴离心深井泵

JC 型泵用于从深井中提取地下水，供输送砂的质量分数小于 0.01%（质量计）的常温清水。适用于以地下水为水源的城市、工矿企业供水和农田灌溉。

性能范围：

流量 $Q$：10～550m³/h。

扬程 $H$：20～234m。

转速 $n$：1460r/min、2940r/min。

JC 型泵是全国泵行业联合设计的新系列产品，用以代替 J、JD 型深井泵，其效率平均提高 5.5%，是国家推广的节能产品。

机组由井下的泵工作部分、扬水管部分和井上的传动装置三大部分组成。扬水管有螺纹连接和法兰连接两种，采用橡胶轴承，用泵抽送的清水润滑，轴封为填料密封。采用专用立式空心轴电动机驱动。从传动端看泵，泵为逆时针方向旋转。

JC 型长轴离心深井泵型号含义：如 100JC10-3.8×10，100—泵适用的最小井筒内径，JC—长轴离心深井泵，10—设计点流量，3.8—单级扬程，10—级数。

JC 型长轴离心深井泵性能参数详见表 7-9。其中，泵重量不包括电机；型号中带 L 表示扬水管为螺纹连接，F 表示扬水管为法兰连接，其余为螺纹连接。

表 7-9　JC 型长轴离心深井泵性能参数

| 泵型号 | 流量 $Q$ /(m³/h) | 扬程 $H$ /m | 转速 $n$ /(r/min) | 功率 /kW | | 泵效率 $\eta$ (%) | 汽蚀余量 NPSH /m | 井下部分最大外径 /mm | 泵质量 $W$ /kg | 泵外形尺寸 /mm | | | 泵口径 /mm | |
|---|---|---|---|---|---|---|---|---|---|---|---|---|---|---|
| | | | | 轴功率 | 配带功率 | | | | | 长 | 宽 | 高 | 吸入 | 排出 |
| 100JC10-3.8×10 | 7 | 47 | 2940 | 1.61 | 5.5 | 55.5 | | 92 | 550 | | | | | 40 |
| | 10 | 38 | | 1.73 | | 60 | | | | | | | | |
| | 12.5 | 28.5 | | 1.73 | | 56 | | | | | | | | |
| 100JC10-3.8×13 | 7 | 61 | 2940 | 2.09 | 5.5 | 55.5 | | 92 | 660 | | | | | 40 |
| | 10 | 49.5 | | 2.25 | | 60 | | | | | | | | |
| | 12.5 | 37.1 | | 2.25 | | 56 | | | | | | | | |
| 100JC10-3.8×18 | 7 | 84 | 2940 | 2.90 | 5.5 | 55.5 | | 92 | 950 | | | | | 40 |
| | 10 | 68.5 | | 3.11 | | 60 | | | | | | | | |
| | 12.5 | 57.3 | | 3.12 | | 56 | | | | | | | | |
| 100JC10-3.8×23 | 7 | 108 | 2940 | 3.7 | 5.5 | 55.5 | | 92 | 1110 | | | | | 40 |
| | 10 | 87.5 | | 3.97 | | 60 | | | | | | | | |
| | 12.5 | 65.6 | | 3.99 | | 56 | | | | | | | | |
| 100JC10-3.8×28 | 7 | 131.5 | 2940 | 4.51 | 7.5 | 55.5 | | 92 | 1335 | | | | | 40 |
| | 10 | 106.5 | | 4.84 | | 60 | | | | | | | | |
| | 12.5 | 79.8 | | 4.85 | | 56 | | | | | | | | |
| 100JC10-3.8×33 | 7 | 155 | 2940 | 5.31 | 7.5 | 55.5 | | 92 | 1560 | | | | | 40 |
| | 10 | 125.5 | | 5.7 | | 60 | | | | | | | | |
| | 12.5 | 94.1 | | 5.72 | | 56 | | | | | | | | |
| 100JC10-3.8×40 | 7 | 188 | 2940 | 6.44 | 11 | 55.5 | | 92 | 2040 | | | | | 40 |
| | 10 | 152 | | 6.9 | | 56 | | | | | | | | |
| | 12.5 | 114 | | 6.93 | | 60 | | | | | | | | |
| 150JC10-9×5 | 7 | 47.5 | 2940 | 1.72 | 5.5 | 52.5 | | 142 | 700 | | | | | 65 |
| | 10 | 45 | | 2.04 | | 60 | | | | | | | | |
| | 12.5 | 42 | | 2.23 | | 64 | | | | | | | | |
| 150JC10-9×8 | 7 | 76 | 2940 | 2.75 | 5.5 | 52.5 | | 142 | 1015 | | | | | 65 |
| | 10 | 72 | | 3.27 | | 60 | | | | | | | | |
| | 12.5 | 67 | | 3.56 | | 64 | | | | | | | | |

（续）

| 泵型号 | 流量 Q /（m³/h） | 扬程 H /m | 转速 n /(r/min) | 功率 /kW 轴功率 | 功率 /kW 配带功率 | 泵效率 η（%） | 汽蚀余量 NPSH /m | 井下部分最大外径 /mm | 泵质量 W /kg | 泵外形尺寸 /mm 长 | 宽 | 高 | 泵口径 /mm 吸入 | 排出 |
|---|---|---|---|---|---|---|---|---|---|---|---|---|---|---|
| 150JC10-9×12 | 7 | 114 | 2940 | 4.13 | 7.5 | 52.5 | | 142 | 1490 | | | | | 65 |
| | 10 | 108 | | 4.91 | | 60 | | | | | | | | |
| | 12.5 | 101 | | 5.37 | | 64 | | | | | | | | |
| 150JC10-9×16 | 7 | 152 | 2940 | 5.51 | 11 | 52.5 | | 142 | 2100 | | | | | 65 |
| | 10 | 144 | | 6.54 | | 60 | | | | | | | | |
| | 12.5 | 134.5 | | 7.15 | | 64 | | | | | | | | |
| 150JC10-9×20 | 7 | 190 | 2940 | 6.88 | 11 | 52.5 | | 142 | 2540 | | | | | 65 |
| | 10 | 180 | | 8.18 | | 60 | | | | | | | | |
| | 12.5 | 168 | | 8.93 | | 64 | | | | | | | | |
| 150JC10-9×26 | 7 | 247 | 2940 | 8.95 | 15 | 52.5 | | 142 | 3360 | | | | | 65 |
| | 10 | 234 | | 10.63 | | 60 | | | | | | | | |
| | 12.5 | 218.5 | | 11.61 | | 64 | | | | | | | | |
| 150JC18-10.5×3 | 13 | 34 | 2940 | 2.02 | 5.5 | 59.5 | | 142 | 550 | | | | | 65 |
| | 18 | 31.5 | | 2.38 | | 65 | | | | | | | | |
| | 23 | 27.5 | | 2.65 | | 65 | | | | | | | | |
| 150JC18-10.5×6 | 13 | 68 | 2940 | 4.05 | 7.5 | 59.5 | | 142 | 910 | | | | | 65 |
| | 18 | 63 | | 4.75 | | 65 | | | | | | | | |
| | 23 | 55 | | 5.30 | | 65 | | | | | | | | |
| 150JC18-10.5×9 | 13 | 101.5 | 2940 | 6.04 | 11 | 59.5 | | 142 | 1430 | | | | | 65 |
| | 18 | 94.5 | | 7.13 | | 65 | | | | | | | | |
| | 23 | 83 | | 8.00 | | 65 | | | | | | | | |
| 150JC18-10.5×12 | 13 | 135.5 | 2940 | 8.06 | 15 | 59.5 | | 142 | 1880 | | | | | 65 |
| | 18 | 126 | | 9.5 | | 65 | | | | | | | | |
| | 23 | 110 | | 10.6 | | 65 | | | | | | | | |
| 150JC18-10.5×15 | 13 | 169.5 | 2940 | 10.08 | 15 | 59.5 | | 142 | 2320 | | | | | 65 |
| | 18 | 157.5 | | 11.88 | | 65 | | | | | | | | |
| | 23 | 138 | | 13.3 | | 65 | | | | | | | | |
| 150JC18-10.5×18 | 13 | 203.5 | 2940 | 12.11 | 59.5 | 59.5 | 18.5 | 142 | 3605 | | | | | 65 |
| | 18 | 189 | | 14.25 | | 65 | | | | | | | | |
| | 23 | 165 | | 15.9 | | 65 | | | | | | | | |
| 150JC30-9.5×3 | 23 | 32.4 | 2940 | 3.12 | | 65 | 5.5 | 142 | 610 | | | | | 65 |
| | 30 | 28.5 | | 3.42 | | 68 | | | | | | | | |
| | 38 | 22 | | 3.5 | | 65 | | | | | | | | |
| 150JC30-9.5×6 | 23 | 64.8 | 2940 | 6.25 | | 65 | 11 | 142 | 1150 | | | | | 65 |
| | 30 | 57 | | 6.85 | | 68 | | | | | | | | |
| | 38 | 44 | | 7.01 | | 65 | | | | | | | | |
| 150JC30-9.5×9 | 23 | 97.2 | 2940 | 9.37 | | 65 | 15 | 142 | 1650 | | | | | 65 |
| | 30 | 85.5 | | 10.27 | | 68 | | | | | | | | |
| | 38 | 66 | | 10.51 | | 65 | | | | | | | | |

（续）

| 泵型号 | 流量 Q /(m³/h) | 扬程 H /m | 转速 n /(r/min) | 功率 /kW 轴功率 | 功率 /kW 配带功率 | 泵效率 η (%) | 汽蚀余量 NPSH /m | 井下部分最大外径 /mm | 泵质量 W /kg | 泵外形尺寸 /mm 长 | 泵外形尺寸 /mm 宽 | 泵外形尺寸 /mm 高 | 泵口径 /mm 吸入 | 泵口径 /mm 排出 |
|---|---|---|---|---|---|---|---|---|---|---|---|---|---|---|
| 150JC30-9.5×12 | 23 | 129.6 | | 12.49 | 65 | | | | | | | | | |
| | 30 | 114 | 2940 | 13.69 | 68 | 18.5 | | 142 | 2260 | | | | | 65 |
| | 38 | 87.5 | | 13.94 | 65 | | | | | | | | | |
| 150JC30-9.5×15 | 23 | 162 | | 15.61 | 65 | | | | | | | | | |
| | 30 | 142.5 | 2940 | 17.11 | 68 | 22 | | 142 | 2800 | | | | | 65 |
| | 38 | 109.5 | | 17.44 | 65 | | | | | | | | | |
| 150JC30-9.5×18 | 23 | 194.4 | | 18.74 | | 65 | | | | | | | | |
| | 30 | 171 | 2940 | 20.54 | 30 | 68 | | 142 | 3330 | | | | | 65 |
| | 38 | 131.5 | | 20.95 | | 65 | | | | | | | | |
| 150JC30-9.5×21 | 23 | 226.8 | | 21.86 | | 65 | | | | | | | | |
| | 30 | 199.5 | 2940 | 23.96 | 30 | 68 | | 142 | 3850 | | | | | 65 |
| | 38 | 153.5 | | 24.45 | | 65 | | | | | | | | |
| 150JC50-8.5×3 | 38 | 29.5 | | 4.81 | | 63 | | | | | | | | |
| | 50 | 25.5 | 2940 | 4.86 | 7.5 | 71.5 | | 142 | 570 | | | | | 80 |
| | 64 | 18.5 | | 4.96 | | 65 | | | | | | | | |
| 150JC50-8.5×5 | 38 | 49.0 | | 8.05 | | 63 | | | | | | | | |
| | 50 | 42.5 | 2940 | 8.09 | 11 | 71.5 | | 142 | 900 | | | | | 80 |
| | 64 | 31 | | 8.31 | | 65 | | | | | | | | |
| 150JC50-8.5×7 | 38 | 69.0 | | 11.34 | | 63 | | | | | | | | |
| | 50 | 59.5 | 2940 | 11.33 | 15 | 71.5 | | 142 | 1180 | | | | | 80 |
| | 64 | 43.5 | | 11.67 | | 65 | | | | | | | | |
| 150JC50-8.5×9 | 38 | 88.5 | | 14.54 | | 63 | | | | | | | | |
| | 50 | 76.5 | 2940 | 14.57 | 18.5 | 71.5 | | 142 | 1650 | | | | | 80 |
| | 64 | 56 | | 15.02 | | 65 | | | | | | | | |
| 150JC50-8.5×11 | 38 | 108 | | 17.75 | | 63 | | | | | | | | |
| | 50 | 93.5 | 2940 | 17.81 | 22 | 71.5 | | 142 | 1900 | | | | | 80 |
| | 64 | 68 | | 18.24 | | 65 | | | | | | | | |
| 200JC40-4×5 | 30 | 22.5 | | 2.70 | | 68 | | | | | | | | |
| | 40 | 20 | 1460 | 3.11 | 11 | 70 | | 182 | 500 | | | | | 80 |
| | 50 | 15 | | 3.19 | | 64 | | | | | | | | |
| 200JC40-4×8 | 30 | 36 | | 4.32 | | 68 | | | | | | | | |
| | 40 | 32 | 1460 | 4.98 | 11 | 70 | | 182 | 790 | | | | | 80 |
| | 50 | 24 | | 5.11 | | 64 | | | | | | | | |
| 200JC40-4×11 | 30 | 49.5 | | 5.95 | | 68 | | | | | | | | |
| | 40 | 44 | 1460 | 6.85 | 11 | 70 | | 182 | 1030 | | | | | 80 |
| | 50 | 33 | | 7.02 | | 64 | | | | | | | | |
| 200JC40-4×15 | 30 | 67.5 | | 8.11 | | 68 | | | | | | | | |
| | 40 | 60 | 1460 | 9.34 | 11 | 70 | | 182 | 1400 | | | | | 80 |
| | 50 | 45 | | 9.57 | | 64 | | | | | | | | |

（续）

| 泵型号 | 流量 Q /( m³/h ) | 扬程 H /m | 转速 n /(r/min) | 功率 /kW 轴功率 | 功率 /kW 配带功率 | 泵效率 η ( % ) | 汽蚀余量 NPSH /m | 井下部分最大外径 /mm | 泵质量 W /kg | 泵外形尺寸/mm 长 | 泵外形尺寸/mm 宽 | 泵外形尺寸/mm 高 | 泵口径/mm 吸入 | 泵口径/mm 排出 |
|---|---|---|---|---|---|---|---|---|---|---|---|---|---|---|
| 200JC40-4×20 | 30 | 90 | 1460 | 10.81 | 15 | 68 | | 182 | 1800 | | | | | 80 |
| | 40 | 80 | | 12.45 | | 70 | | | | | | | | |
| | 50 | 60 | | 12.77 | | 64 | | | | | | | | |
| 200JC50L-18×2 200JC50F-18×2 | 30 | 41 | 2940 | 6.08 | 11 | 66 | | 182 | 900 | | | | | 80 |
| | 50 | 36 | | 6.85 | | 71.5 | | | | | | | | |
| | 62.5 | 29 | | 7.32 | | 68 | | | | | | | | |
| 200JC50L-18×3 200JC50F-18×3 | 36 | 61.5 | 2940 | 9.12 | 15 | 66 | | 182 | 1300 | | | | | 80 |
| | 50 | 54 | | 10.29 | | 71.5 | | | | | | | | |
| | 62.5 | 43.5 | | 10.98 | | 68 | | | | | | | | |
| 200JC50L-18×4 200JC50F-18×4 | 36 | 82 | 2940 | 12.16 | 18.5 | 66 | | 182 | 1790 | | | | | 80 |
| | 50 | 72 | | 13.72 | | 71.5 | | | | | | | | |
| | 62.5 | 58 | | 14.64 | | 68 | | | | | | | | |
| 200JC50L-18×5 200JC50F-18×5 | 36 | 102.5 | 2940 | 15.2 | 22 | 66 | | 182 | 2140 | | | | | 80 |
| | 50 | 90 | | 17.15 | | 71.5 | | | | | | | | |
| | 62.5 | 72.5 | | 18.3 | | 68 | | | | | | | | |
| 200JC50L-18×6 200JC50F-18×6 | 36 | 123 | 2940 | 18.24 | 30 | 66 | | 182 | 2690 | | | | | 80 |
| | 50 | 108 | | 20.58 | | 71.5 | | | | | | | | |
| | 62.5 | 81 | | 21.96 | | 68 | | | | | | | | |
| 200JC50L-18×8 200JC50F-18×8 | 36 | 164 | 2940 | 24.32 | 37 | 66 | | 182 | 3565 | | | | | 80 |
| | 50 | 144 | | 27.44 | | 71.5 | | | | | | | | |
| | 62.5 | 116 | | 29.28 | | 68 | | | | | | | | |
| 200JC80-16×2 | 60 | 36.5 | 2940 | 8.64 | 11 | 69 | | 182 | 1080 | | | | | 125 |
| | 80 | 32 | | 9.48 | | 73.5 | | | | | | | | |
| | 100 | 25.5 | | 9.92 | | 70 | | | | | | | | |
| 200JC80-16×3 | 60 | 54.5 | 2940 | 12.90 | 18.5 | 69 | | 182 | 1500 | | | | | 125 |
| | 80 | 48 | | 14.22 | | 73.5 | | | | | | | | |
| | 100 | 38 | | 14.78 | | 70 | | | | | | | | |
| 200JC80-16×4 | 60 | 73 | 2940 | 17.28 | 22 | 69 | | 182 | 1910 | | | | | 125 |
| | 80 | 64 | | 18.97 | | 73.5 | | | | | | | | |
| | 100 | 51 | | 19.83 | | 70 | | | | | | | | |
| 200JC80-16×5 | 60 | 91 | 2940 | 21.54 | 30 | 69 | | 182 | 2410 | | | | | 125 |
| | 80 | 80 | | 23.71 | | 73.5 | | | | | | | | |
| | 100 | 63.5 | | 24.70 | | 70 | | | | | | | | |
| 200JC80-16×6 | 60 | 109 | 2940 | 25.80 | 37 | 69 | | 182 | 2850 | | | | | 125 |
| | 80 | 96 | | 28.45 | | 73.5 | | | | | | | | |
| | 100 | 76.5 | | 29.75 | | 70 | | | | | | | | |
| 250JC80L-8×3 250JC80F-8×3 | 60 | 26.0 | 2940 | 6.11 | 11 | 69 | | 232 | 870 | | | | | 125 |
| | 80 | 24 | | 7.11 | | 73.5 | | | | | | | | |
| | 100 | 19.5 | | 7.59 | | 70 | | | | | | | | |

（续）

| 泵型号 | 流量 Q /( m³/h) | 扬程 H /m | 转速 n /(r/min) | 功率 /kW 轴功率 | 配带功率 | 泵效率 η ( % ) | 汽蚀余量 NPSH /m | 井下部分最大外径 /mm | 泵质量 W /kg | 长 | 宽 | 高 | 吸入 | 排出 |
|---|---|---|---|---|---|---|---|---|---|---|---|---|---|---|
| 250JC80L-8×5 250JC80F-8×5 | 60 80 100 | 43.5 40 32 | 1460 | 10.23 11.86 12.45 | 15 | 69.5 73.5 70 | | 232 | 1310 | | | | | 125 |
| 250JC80L-8×7 250JC80F-8×7 | 60 80 100 | 61 54 45 | 1460 | 14.34 16.00 17.51 | 22 | 69.5 73.5 70 | | 232 | 1750 | | | | | 125 |
| 250JC80L-8×9 250JC80F-8×9 | 60 80 100 | 78 72 58 | 1460 | 18.34 21.34 22.57 | 30 | 69.5 73.5 70 | | 232 | 2370 | | | | | 125 |
| 250JC80L-8×12 250JC80F-8×12 | 60 80 100 | 104 96 77 | 1460 | 24.46 28.45 29.95 | 37 | 69.5 73.5 70 | | 232 | 3000 | | | | | 125 |
| 250JC80L-8×15 250JC80F-8×15 | 60 80 100 | 130 120 96.5 | 1460 | 30.57 35.57 37.55 | 45 | 69.5 73.5 70 | | 232 | 3700 | | | | | 125 |
| 250JC130-8×4 | 97 130 160 | 37.5 32 24.5 | 1460 | 13.75 15.10 15.2 | 18.5 | 72 75 70 | | 232 | 1490 | | | | | 125 |
| 250JC130-8×6 | 97 130 160 | 56.5 48 37 | 1460 | 20.72 22.65 23.03 | 30 | 72 75 70 | | 232 | 2130 | | | | | 125 |
| 250JC130-8×8 | 97 130 160 | 75 64 49.5 | 1460 | 27.51 30.21 30.81 | 30 | 72 75 70 | | 232 | 2730 | | | | | 125 |
| 250JC130-8×10 | 97 130 160 | 94 80 62 | 1460 | 34.48 37.76 38.59 | 30 | 72 75 70 | | 232 | 3350 | | | | | 125 |
| 250JC130-8×12 | 97 130 160 | 113 96 74 | 1460 | 41.45 45.31 46.06 | 30 | 72 75 70 | | 232 | 4240 | | | | | 125 |
| 300JC130L-12×2 300JC130F-12×2 | 98 130 175 | 25.5 24 20 | 1460 | 9.86 11.33 12.79 | 30 | 69 75 74.5 | | 285 | 1110 | | | | | 125 |
| 300JC130L-12×4 300JC130F-12×4 | 98 130 175 | 51 48 40.5 | 1460 | 19.72 22.66 30.71 | 30 | 69 75 74.5 | | 285 | 2160 | | | | | 125 |
| 300JC130L-12×6 300JC130F-12×6 | 98 130 175 | 77 72 60.5 | 1460 | 29.78 33.99 38.70 | 45 | 69 75 74.5 | | 285 | 3130 | | | | | 125 |

（续）

| 泵型号 | 流量 Q /(m³/h) | 扬程 H /m | 转速 n /(r/min) | 功率 /kW 轴功率 | 功率 /kW 配带功率 | 泵效率 η (%) | 汽蚀余量 NPSH /m | 井下部分最大外径 /mm | 泵质量 W /kg | 泵外形尺寸 /mm 长 | 泵外形尺寸 /mm 宽 | 泵外形尺寸 /mm 高 | 泵口径 /mm 吸入 | 泵口径 /mm 排出 |
|---|---|---|---|---|---|---|---|---|---|---|---|---|---|---|
| 300JC130L-12×8 300JC130F-12×8 | 98 130 175 | 102.5 96 81 | 1460 | 39.64 45.31 51.81 | 55 | 69 75 74.5 | | 285 | 4200 | | | | | 125 |
| 300JC130L-12×10 300JC130F-12×10 | 98 130 175 | 128 120 101 | 1460 | 49.50 56.64 64.61 | 75 | 69 75 74.5 | | 285 | 5350 | | | | | 125 |
| 300JC130L-12×13 300JC130F-12×13 | 98 130 175 | 166.5 156 131.5 | 1460 | 64.40 73.64 8.12 | 90 | 69 75 74.5 | | 285 | 6200 | | | | | 125 |
| 300JC210L-10.5×2 300JC210F-10.5×2 | 160 210 260 | 23.5 21 17 | 1460 | 14.64 15.70 16.05 | 18.5 | 70 76.5 75 | | 285 | 1440 | | | | | 200 |
| 300JC210L-10.5×3 300JC210F-10.5×3 | 160 210 260 | 35.5 31.5 26 | 1460 | 22.1 23.55 24.54 | 30 | 70 76.5 75 | | 285 | 1900 | | | | | 200 |
| 300JC210L-10.5×5 300JC210F-10.5×5 | 160 210 260 | 59 52.5 43 | 1460 | 36.72 39.24 40.60 | 55 | 70 76.5 75 | | 285 | 3000 | | | | | 200 |
| 300JC210L-10.5×7 300JC210F-10.5×7 | 160 210 260 | 82.5 73.5 60 | 1460 | 51.35 54.94 56.64 | 75 | 70 76.5 75 | | 285 | 4090 | | | | | 200 |
| 300JC210L-10.5×9 300JC210F-10.5×9 | 160 210 260 | 106 94.5 77.5 | 1460 | 65.97 70.64 73.16 | 90 | 70 76.5 75 | | 285 | 5200 | | | | | 200 |
| 350JC340L-14×2 350JC340F-14×2 | 260 340 420 | 32 28 22 | 1460 | 31.04 33.24 33.78 | 45 | 73 78 74.5 | | 335 | 2300 | | | | | 200 |
| 350JC340L-14×3 350JC340F-14×3 | 260 340 420 | 48 42 33 | 1460 | 46.56 49.86 50.67 | 75 | 73 78 74.5 | | 335 | 3200 | | | | | 200 |
| 350JC340L-14×4 350JC340F-14×4 | 260 340 420 | 64 56 44 | 1460 | 62.08 66.47 67.55 | 90 | 73 78 74.5 | | 335 | 4030 | | | | | 200 |
| 350JC340L-14×5 350JC340F-14×5 | 260 340 420 | 80 70 55 | 1460 | 77.59 83.09 84.44 | 110 | 73 78 74.5 | | 335 | 5350 | | | | | 200 |
| 350JC340L-14×6 350JC340F-14×6 | 260 340 420 | 96 84 66 | 1460 | 93.11 99.71 101.33 | 132 | 73 78 74.5 | | 335 | 6260 | | | | | 200 |

# 7.2 石油化工泵产品性能参数

## 7.2.1 Y型离心油泵

Y型泵供输送不含固体颗粒的石油产品。被输送的介质的温度 −20 ~ 400℃。

性能范围：

流量 $Q$：2 ~ 600m³/h。

扬程 $H$：32 ~ 330m。

Y型油泵有悬臂式、两端支承式两种结构形式，泵出入口均垂直向上。

单级、两级悬臂式泵结构：悬臂式泵主要由泵体、泵盖、叶轮、轴、隔板、轴套、托架等零件组成。单级泵轴向力由叶轮平衡孔平衡，两级泵则自相平衡。泵轴伸出端由滚动轴承支承。

两端支承式泵结构：两端支承式泵有单级双吸、两级单吸和两级双吸三种结构形式。泵主要由泵体、泵盖、叶轮、隔板、轴、轴套等零件组成。泵轴的两端由滚动轴承支承。

轴封方面采用填料密封和机械密封两种形式，传动方面泵通过弹性联轴器由原动机直接驱动。

Y型离心油泵型号含义：如 250YS150 × 2C，250—泵吸入口直径，Y—离心油泵，S—双吸式叶轮，150—单级扬程，2—级数，C—叶轮外径改变标志。

Y型离心油泵性能参数详见表7-10。

### 表7-10 Y型离心油泵性能参数

| 泵型号 | 流量 $Q$ /(m³/h) | 扬程 $H$ /m | 转速 $n$ /(r/min) | 功率 /kW 轴功率 | 功率 /kW 配带功率 | 泵效率 $\eta$ (%) | 汽蚀余量 NPSH /m | 叶轮直径 $D_2$ /mm | 泵质量 W /kg | 泵外形尺寸 /mm 长 | 泵外形尺寸 /mm 宽 | 泵外形尺寸 /mm 高 | 泵口径 /mm 吸入 | 泵口径 /mm 排出 |
|---|---|---|---|---|---|---|---|---|---|---|---|---|---|---|
| 50Y60 | 7.5 | 71 | | 5.0 | | 29 | 2.4 | | | | | | | |
| | 13.0 | 67 | 2950 | 6.24 | 10 | 38 | 2.6 | 230 | 104 | 695 | 525 | 548 | 50 | 40 |
| | 15.0 | 64 | | 6.55 | | 40 | 2.8 | | | | | | | |
| 50Y60A | 7.2 | 56 | | 3.92 | | 28 | 2.4 | | | | | | | |
| | 11.2 | 53 | 2950 | 4.68 | 7.5 | 35 | 2.6 | 208 | 104 | 695 | 525 | 548 | 50 | 40 |
| | 14.4 | 49 | | 5.2 | | 37 | 2.8 | | | | | | | |
| 50Y60B | 5.85 | 42 | | 2.47 | | 27 | 2.4 | | | | | | | |
| | 9.9 | 39 | 2950 | 3.18 | 5.5 | 33 | 2.6 | 184 | 104 | 695 | 525 | 548 | 50 | 40 |
| | 11.7 | 37 | | 3.88 | | 35 | 2.8 | | | | | | | |
| 65Y60 | 15 | 67 | | 6.68 | | 41 | 2.4 | | | | | | | |
| | 25 | 60 | 2950 | 8.18 | 5.5 | 50 | 2.8 | 230 | 139 | 700 | 525 | 578 | 65 | 50 |
| | 30 | 55 | | 9.0 | | 51 | 3.2 | | | | | | | |
| 65Y60A | 13.5 | 55 | | 5.06 | | 40 | 2.4 | | | | | | | |
| | 22.5 | 49 | 2950 | 6.13 | 7.5 | 49 | 2.8 | 208 | 139 | 700 | 525 | 578 | 65 | 50 |
| | 27 | 45 | | 6.61 | | 50 | 3.2 | | | | | | | |

（续）

| 泵型号 | 流量 Q / (m³/h) | 扬程 H /m | 转速 n / (r/min) | 功率 /kW | | 泵效率 η ( % ) | 汽蚀余量 NPSH /m | 叶轮直径 $D_2$ /mm | 泵质量 W /kg | 泵外形尺寸 /mm | | | 泵口径 /mm | |
|---|---|---|---|---|---|---|---|---|---|---|---|---|---|---|
| | | | | 轴功率 | 配带功率 | | | | | 长 | 宽 | 高 | 吸入 | 排出 |
| 65Y60B | 12 | 42 | 2950 | 3.73 | 5.5 | 38 | 2.2 | 184 | 139 | 700 | 525 | 578 | 65 | 50 |
| | 20 | 37.5 | | 4.35 | | 47 | 2.7 | | | | | | | |
| | 24 | 34 | | 4.83 | | 46 | 3.0 | | | | | | | |
| 65Y100 | 15 | 115 | 2950 | 13.4 | 30 | 35 | 2.7 | 290 | 160 | 705 | 525 | 612 | 65 | 50 |
| | 25 | 110 | | 17.0 | | 44 | 2.8 | | | | | | | |
| | 30 | 104 | | 20.2 | | 42 | 3.3 | | | | | | | |
| 65Y100A | 14 | 96 | 2950 | 11.8 | 22 | 31 | 2.7 | 268 | 160 | 705 | 525 | 612 | 65 | 50 |
| | 23 | 92 | | 14.75 | | 39 | 2.8 | | | | | | | |
| | 28 | 87 | | 16.4 | | 41 | 3.3 | | | | | | | |
| 65Y100B | 13 | 78 | 2950 | 8.62 | 18.5 | 32 | 3.0 | 245 | 160 | 705 | 525 | 612 | 65 | 50 |
| | 21 | 73 | | 10.45 | | 40 | 3.05 | | | | | | | |
| | 25 | 69 | | 11.2 | | 42 | 3.2 | | | | | | | |
| 80Y60 | 30 | 66 | 2950 | 10.2 | 18.5 | 53 | 2.8 | 230 | 150 | 713 | 525 | 585 | 80 | 65 |
| | 50 | 58 | | 12.9 | | 61.4 | 3.0 | | | | | | | |
| | 60 | 51 | | 13.9 | | 60 | 4.1 | | | | | | | |
| 80Y60A | 27 | 56 | 2950 | 7.91 | 15 | 52 | 2.6 | 208 | 150 | 713 | 525 | 585 | 80 | 65 |
| | 45 | 49 | | 9.85 | | 61 | 3.0 | | | | | | | |
| | 53 | 43 | | 10.50 | | 59 | 3.9 | | | | | | | |
| 80Y60B | 24 | 43 | 2950 | 6.0 | 11 | 46.8 | 2.4 | 184 | 150 | 713 | 525 | 585 | 80 | 65 |
| | 40 | 38 | | 7.5 | | 55 | 3.0 | | | | | | | |
| | 47 | 32 | | 8.5 | | 48.3 | 3.3 | | | | | | | |
| 80Y100 | 30 | 110 | 2950 | 20.0 | 37 | 45.5 | 2.8 | 290 | 175 | 713 | 530 | 615 | 80 | 65 |
| | 50 | 100 | | 25.0 | | 54.5 | 3.0 | | | | | | | |
| | 60 | 90 | | 26.5 | | 55.5 | 3.2 | | | | | | | |
| 80Y100A | 26 | 91 | 2950 | 15.15 | 30 | 42.5 | 2.8 | 268 | 175 | 713 | 530 | 615 | 80 | 65 |
| | 45 | 85 | | 19.85 | | 52.5 | 3.0 | | | | | | | |
| | 55 | 78 | | 22.05 | | 53.0 | 3.1 | | | | | | | |
| 80Y100B | 25 | 78 | 2950 | 12.65 | 22 | 42 | 2.8 | 245 | 175 | 713 | 530 | 615 | 80 | 65 |
| | 40 | 73 | | 15.3 | | 52 | 2.9 | | | | | | | |
| | 55 | 62 | | 16.85 | | 55 | 3.1 | | | | | | | |
| 100Y60 | 60 | 67 | 2950 | 18.85 | 30 | 58 | 3.3 | 230 | 150 | 750 | 525 | 585 | 100 | 80 |
| | 100 | 63 | | 25.5 | | 70 | 4.0 | | | | | | | |
| | 120 | 59 | | 27.2 | | 71 | 4.8 | | | | | | | |
| 100Y60A | 54 | 54 | 2950 | 14.7 | 22 | 54 | 3.3 | 208 | 150 | 750 | 525 | 585 | 100 | 80 |
| | 90 | 49 | | 18.8 | | 64 | 4.0 | | | | | | | |
| | 108 | 45 | | 20.4 | | 65 | 4.8 | | | | | | | |
| 100Y60B | 48 | 42 | 2950 | 10.15 | 18.5 | 54 | 3.0 | 184 | 150 | 750 | 525 | 585 | 100 | 80 |
| | 79 | 38 | | 12.55 | | 65 | 3.5 | | | | | | | |
| | 95 | 34 | | 13.3 | | 66 | 4.2 | | | | | | | |

（续）

| 泵型号 | 流量 Q /(m³/h) | 扬程 H /m | 转速 n /(r/min) | 功率/kW 轴功率 | 功率/kW 配带功率 | 泵效率 η (%) | 汽蚀余量 NPSH /m | 叶轮直径 D₂ /mm | 泵质量 W /kg | 泵外形尺寸/mm 长 | 泵外形尺寸/mm 宽 | 泵外形尺寸/mm 高 | 泵口径/mm 吸入 | 泵口径/mm 排出 |
|---|---|---|---|---|---|---|---|---|---|---|---|---|---|---|
| 100Y120 | 60 | 130 | 2950 | 46.2 | 75 | 46 | 3.0 | 310 | 283 | 890 | 615 | 748 | 100 | 80 |
| | 100 | 120 | | 54.1 | | 62 | 4.2 | | | | | | | |
| | 120 | 116 | | 59.3 | | 64 | 5.5 | | | | | | | |
| 100Y120A | 55 | 115 | 2950 | 36 | 55 | 48 | 2.9 | 290 | 283 | 890 | 615 | 748 | 100 | 80 |
| | 93 | 108 | | 46 | | 60 | 4.0 | | | | | | | |
| | 115 | 101 | | 51 | | 62 | 5.3 | | | | | | | |
| 100Y120B | 53 | 99 | 2950 | 31 | 55 | 46 | 2.9 | 270 | 283 | 890 | 615 | 748 | 100 | 80 |
| | 86 | 94 | | 36.8 | | 60 | 3.8 | | | | | | | |
| | 110 | 87 | | 42.6 | | 61 | 5.1 | | | | | | | |
| 150Y75 | 122 | 86 | 2950 | 44.6 | 75 | 64 | 4.2 | 260 | 255 | 935 | 615 | 752 | 150 | 80 |
| | 200 | 78 | | 57.4 | | 74 | 4.5 | | | | | | | |
| | 220 | 75 | | 57.6 | | 78 | 4.6 | | | | | | | |
| 150Y75A | 110 | 70 | 2950 | 33.8 | 55 | 62 | 4.2 | 240 | 255 | 935 | 615 | 752 | 150 | 80 |
| | 180 | 64 | | 43.6 | | 72 | 4.5 | | | | | | | |
| | 200 | 61 | | 43.7 | | 76 | 4.6 | | | | | | | |
| 150Y75B | 95 | 52 | 2950 | 25.9 | 37 | 52 | 4.2 | 212 | 255 | 935 | 615 | 752 | 150 | 80 |
| | 158 | 44 | | 30.1 | | 63 | 4.5 | | | | | | | |
| | 189 | 39 | | 31.4 | | 64 | 4.6 | | | | | | | |
| 150Y150 | 120 | 164 | 2950 | 94.0 | 160 | 57 | 4.1 | 360 | 550 | 1035 | 800 | 872 | 150 | 125 |
| | 180 | 150 | | 110 | | 61 | 4.5 | | | | | | | |
| | 240 | 133 | | 128 | | 68 | 5.1 | | | | | | | |
| 150Y150A | 111.5 | 141 | 2950 | 86 | 132 | 50 | 4.1 | 335 | 550 | 1035 | 800 | 872 | 150 | 125 |
| | 167.5 | 130 | | 97 | | 61 | 4.5 | | | | | | | |
| | 223.0 | 114 | | 105 | | 66 | 5.1 | | | | | | | |
| 150Y150B | 103 | 119 | 2950 | 65.4 | 110 | 51 | 4.1 | 310 | 550 | 1035 | 800 | 872 | 150 | 125 |
| | 155 | 110 | | 76 | | 62 | 4.5 | | | | | | | |
| | 206 | 96 | | 81.8 | | 66 | 5.1 | | | | | | | |
| 150Y150C | 93 | 97 | 2950 | 47.2 | 75 | 52 | 4.1 | 280 | 550 | 1035 | 800 | 872 | 150 | 125 |
| | 140 | 90 | | 54.5 | | 63 | 4.5 | | | | | | | |
| | 186 | 79 | | 59.7 | | 67 | 5.1 | | | | | | | |
| 200Y75 | 280 | 75 | 2950 | 73.8 | 110 | 77.5 | 7.5 | | 450 | 970 | 660 | 760 | 200 | 150 |
| 200Y75A | 270 | 60 | 2950 | 59.6 | 75 | 74 | 7.5 | | 450 | 970 | 660 | 760 | 200 | 150 |
| 200Y75B | 245 | 45 | 2950 | 41.1 | 55 | 73 | 7.5 | | 450 | 970 | 660 | 760 | 200 | 150 |
| 200Y150 | 300 | 150 | 2950 | 165.6 | 220 | 74 | 6.7 | | 550 | 1078 | 800 | 888 | 200 | 150 |
| 200YS75 | 288 | 84 | | 101.5 | 160 | 65 | 4.1 | 250 | 480 | 1280 | 680 | 935 | 250 | 200 |
| | 450 | 76 | | 118 | | 79 | 5.4 | | | | | | | |
| | 576 | 65 | | 131 | | 77 | 6.6 | | | | | | | |

（续）

| 泵型号 | 流量 Q /(m³/h) | 扬程 H /m | 转速 n /(r/min) | 功率/kW 轴功率 | 功率/kW 配带功率 | 泵效率 η (%) | 汽蚀余量 NPSH /m | 叶轮直径 $D_2$ /mm | 泵质量 W /kg | 泵外形尺寸/mm 长 | 泵外形尺寸/mm 宽 | 泵外形尺寸/mm 高 | 泵口径/mm 吸入 | 泵口径/mm 排出 |
|---|---|---|---|---|---|---|---|---|---|---|---|---|---|---|
| 250YS75A | 252 | 72 | | 79.7 | | 62 | 2.9 | | | | | | | |
| | 405 | 64 | 2950 | 91.8 | 132 | 77 | 4.3 | 235 | 480 | 1280 | 680 | 935 | 250 | 200 |
| | 540 | 54 | | 105 | | 76 | 5.7 | | | | | | | |
| 250YS75B | 216 | 56 | | 53.9 | | 60 | 3.2 | | | | | | | |
| | 358 | 49 | | 64.5 | 90 | 74 | 4.1 | 215 | 480 | 1280 | 680 | 935 | 250 | 200 |
| | 450 | 42 | | 71.5 | | 72 | 4.9 | | | | | | | |
| 250YS150 | 300 | 167 | | 213.2 | | 64 | 4.2 | | | | | | | |
| | 500 | 150 | 2950 | 276 | 440 | 74 | 5.2 | 360 | 1100 | 1454 | 820 | 1052 | 250 | 200 |
| | 600 | 135 | | 302 | | 73 | 6.2 | | | | | | | |
| 250YS150A | 283 | 148 | | 193 | | 59 | 4.2 | | | | | | | |
| | 472 | 133 | 2950 | 252 | 350 | 69 | 5.2 | 340 | 1100 | 1454 | 820 | 1052 | 250 | 200 |
| | 567 | 120 | | 273 | | 68 | 6.2 | | | | | | | |
| 250YS150B | 267 | 131 | | 162 | | 59 | 4.2 | | | | | | | |
| | 444 | 118 | 2950 | 206 | 290 | 69 | 5.2 | 320 | 1100 | 1454 | 820 | 1052 | 250 | 200 |
| | 533 | 106 | | 226 | | 68 | 6.2 | | | | | | | |
| 250YS150C | 240 | 107 | | 119 | | 59 | 4.2 | | | | | | | |
| | 400 | 96 | 2950 | 151 | 220 | 69 | 5.2 | 290 | 1100 | 1454 | 820 | 1052 | 250 | 200 |
| | 480 | 86 | | 165 | | 68 | 6.2 | | | | | | | |
| 40Y40×2 | 2.5 | 87 | | 3.48 | | 17 | 2.3 | | | | | | | |
| | 6.25 | 80 | 2950 | 4.55 | 7.5 | 30 | 2.4 | 190 | 163 | 670 | 460 | 468 | 40 | 25 |
| | 7.5 | 75 | | 4.94 | | 31 | 2.8 | | | | | | | |
| 40Y40×2A | 2.34 | 76 | | 2.84 | | 17 | 2.3 | | | | | | | |
| | 5.85 | 70 | 2950 | 3.72 | 5.5 | 30 | 2.4 | 178 | 163 | 670 | 460 | 468 | 40 | 25 |
| | 7.0 | 66 | | 4.05 | | 31 | 2.8 | | | | | | | |
| 40Y40×2B | 2.16 | 65 | | 2.25 | | 17 | 2.5 | | | | | | | |
| | 5.4 | 60 | 2950 | 2.94 | 4 | 30 | 2.5 | 165 | 163 | 670 | 460 | 468 | 40 | 25 |
| | 6.48 | 56 | | 3.18 | | 31 | 2.8 | | | | | | | |
| 40Y40×2C | 1.98 | 53.5 | | 1.7 | | 17 | 2.5 | | | | | | | |
| | 4.94 | 49.5 | 2950 | 2.22 | 3 | 30 | 2.5 | 150 | 163 | 670 | 460 | 468 | 40 | 25 |
| | 5.95 | 46.5 | | 2.42 | | 31 | 2.7 | | | | | | | |
| 50Y60×2 | 7.5 | 130 | | 9.15 | | 29.0 | 2.0 | | | | | | | |
| | 12.5 | 120 | 2950 | 10.89 | 15 | 37.5 | 2.4 | 230 | 189 | 696 | 460 | 519 | 50 | 40 |
| | 15.0 | 110 | | 11.23 | | 40.0 | 2.5 | | | | | | | |
| 50Y60×2A | 7.0 | 114 | | 8.36 | | 26 | 1.95 | | | | | | | |
| | 12.0 | 105 | 2950 | 9.82 | 15 | 35 | 2.0 | 215 | 189 | 696 | 460 | 519 | 50 | 40 |
| | 14.0 | 98 | | 10.4 | | 36 | 2.4 | | | | | | | |
| 50Y60×2B | 6.5 | 100 | | 7.88 | | 22.5 | 1.9 | | | | | | | |
| | 11.0 | 89 | 2950 | 8.34 | 11 | 32 | 2.2 | 200 | 189 | 696 | 460 | 519 | 50 | 40 |
| | 13 | 70 | | 8.43 | | 33.5 | 2.4 | | | | | | | |

（续）

| 泵型号 | 流量 Q /(m³/h) | 扬程 H /m | 转速 n /(r/min) | 功率/kW | | 泵效率 η (%) | 汽蚀余量 NPSH /m | 叶轮直径 D₂ /mm | 泵质量 W /kg | 泵外形尺寸 /mm | | | 泵口径 /mm | |
|---|---|---|---|---|---|---|---|---|---|---|---|---|---|---|
| | | | | 轴功率 | 配带功率 | | | | | 长 | 宽 | 高 | 吸入 | 排出 |
| 50Y60×2C | 6 | 83 | 2950 | 5.97 | 11 | 22.5 | 1.9 | 185 | 189 | 696 | 460 | 519 | 50 | 40 |
| | 10 | 75 | | 6.15 | | 32 | 2.2 | | | | | | | |
| | 12 | 70 | | 6.82 | | 33.5 | 2.4 | | | | | | | |
| 65Y100×2 | 15 | 220 | 2950 | 25.3 | 55 | 35 | 2.6 | 290 | 280 | 696 | 570 | 652 | 65 | 50 |
| | 25 | 200 | | 30.95 | | 44 | 2.80 | | | | | | | |
| | 30 | 180 | | 35.0 | | 42 | 3.1 | | | | | | | |
| 65Y100×2A | 14 | 192 | 2950 | 22.1 | 37 | 33 | 2.6 | 270 | 280 | 839 | 570 | 652 | 65 | 50 |
| | 23 | 175 | | 26.7 | | 41 | 2.8 | | | | | | | |
| | 28 | 160 | | 28.4 | | 43 | 3.0 | | | | | | | |
| 65Y100×2B | 13 | 166 | 2950 | 18.35 | 30 | 32 | 2.6 | 250 | 280 | 839 | 570 | 652 | 65 | 50 |
| | 22 | 150 | | 21.4 | | 42 | 2.75 | | | | | | | |
| | 26 | 140 | | 22.5 | | 44 | 2.8 | | | | | | | |
| 65Y100×2C | 12 | 140 | 2950 | 163 | 22 | 28 | 2.6 | 230 | 280 | 839 | 570 | 652 | 65 | 50 |
| | 20 | 125 | | 20.0 | | 34 | 2.7 | | | | | | | |
| | 24 | 116 | | 20.8 | | 36.5 | 2.8 | | | | | | | |
| 80Y100×2 | 30 | 220 | 2950 | 41.8 | 75 | 43.0 | 2.8 | 290 | 350 | 873 | 570 | 658 | 80 | 65 |
| | 50 | 200 | | 51.0 | | 53.5 | 3.0 | | | | | | | |
| | 60 | 180 | | 54.0 | | 54.5 | 3.2 | | | | | | | |
| 80Y100×2A | 28 | 196 | 2950 | 35.6 | 55 | 42 | 2.8 | 275 | 350 | 873 | 570 | 658 | 80 | 65 |
| | 47 | 175 | | 43.1 | | 52 | 3.0 | | | | | | | |
| | 54 | 160 | | 45.3 | | 52 | 3.2 | | | | | | | |
| 80Y100×2B | 26 | 170 | 2950 | 29.4 | 45 | 41 | 2.9 | 260 | 350 | 873 | 570 | 658 | 80 | 65 |
| | 43 | 155 | | 35.2 | | 51 | 3.05 | | | | | | | |
| | 51 | 140 | | 37.4 | | 52 | 3.3 | | | | | | | |
| 80Y100×2C | 24 | 142 | 2950 | 23.2 | 37 | 40 | 3.1 | 240 | 350 | 873 | 570 | 658 | 80 | 65 |
| | 40 | 125 | | 27.8 | | 49 | 3.1 | | | | | | | |
| | 47 | 114 | | 29.2 | | 50 | 3.5 | | | | | | | |
| 100Y120×2 | 60 | 255 | 2950 | 75.1 | 160 | 55.5 | 4.1 | 310 | 460 | 1040 | 660 | 888 | 100 | 80 |
| | 100 | 240 | | 105.4 | | 62.0 | 4.25 | | | | | | | |
| | 113 | 228 | | 109.6 | | 64.0 | 5.4 | | | | | | | |
| 100Y120×2A | 55 | 223 | 2950 | 62.4 | 110 | 53.5 | 4.1 | 290 | 460 | 1040 | 660 | 888 | 100 | 80 |
| | 93 | 205 | | 88.8 | | 58.5 | 4.25 | | | | | | | |
| | 108 | 191 | | 91.3 | | 61.5 | 5.4 | | | | | | | |
| 100Y120×2B | 53 | 192 | 2950 | 54.6 | 110 | 50.8 | 4.1 | 270 | 460 | 1040 | 660 | 888 | 100 | 80 |
| | 86 | 178 | | 71.9 | | 58.0 | 4.15 | | | | | | | |
| | 104 | 160 | | 76.2 | | 59.5 | 5.2 | | | | | | | |
| 100Y120×2C | 48 | 162 | 2950 | 40.2 | 75 | 52.5 | 4.0 | 245 | 460 | 1040 | 660 | 880 | 100 | 80 |
| | 79 | 150 | | 55.5 | | 58.5 | 4.7 | | | | | | | |
| | 95 | 140 | | 61.5 | | 59.0 | 5.6 | | | | | | | |

（续）

| 泵型号 | 流量 Q /(m³/h) | 扬程 H /m | 转速 n /(r/min) | 功率 /kW 轴功率 | 功率 /kW 配带功率 | 泵效率 η (%) | 汽蚀余量 NPSH /m | 叶轮直径 $D_2$ /mm | 泵质量 W /kg | 泵外形尺寸 /mm 长 | 泵外形尺寸 /mm 宽 | 泵外形尺寸 /mm 高 | 泵口径 /mm 吸入 | 泵口径 /mm 排出 |
|---|---|---|---|---|---|---|---|---|---|---|---|---|---|---|
| 150Y150×2 | 120 180 240 | 326 300 260 | 2950 | 186.9 219.5 250 | 360 | 57 67 68 | 4.5 4.6 5.0 | 360 | 1250 | 1505 | 900 | 1250 | 150 | 125 |
| 150Y150×2A | 111.5 167.5 223 | 280 258 224 | 2950 | 160.4 186.8 206.3 | 290 | 53 63 66 | 4.5 4.6 5.0 | 345 | 1250 | 1505 | 900 | 1250 | 150 | 125 |
| 150Y150×2B | 103 155 206 | 238 222 192 | 2950 | 133.5 156 170.1 | 220 | 50 60 63 | 4.5 4.6 5.0 | 320 | 1250 | 1505 | 900 | 1250 | 150 | 125 |
| 150Y150×2C | 93 140 186 | 196 181 157 | 2950 | 105 117 127 | 160 | 50 60 63 | 4.5 4.6 5.0 | 290 | 1250 | 1505 | 900 | 1250 | 150 | 125 |
| 200Y150×2 | 300 | 300 | 2950 | 331.2 | 440 | 74 | 7.0 | | 1150 | 1542 | 900 | 1056 | 200 | 150 |
| 200Y150×2A | 279 | 260 | 2950 | 274.4 | 350 | 72 | 7.0 | | 1150 | 1542 | 900 | 1056 | 200 | 150 |
| 200Y150×2B | 258 | 220 | 2950 | 220.8 | 290 | 70 | 7.0 | | 1150 | 1542 | 900 | 1056 | 200 | 150 |
| 200Y150×2C | 241 | 110 | 2950 | 104.6 | 160 | 69 | 7.0 | | 1150 | 1542 | 900 | 1056 | 200 | 150 |
| 250YS150×2 | 300 500 600 | 336 300 274 | 2950 | 422 552 613 | 800 | 65 74 73 | 5.0 6.0 7.0 | 360 | 2200 | 1857 | 1000 | 1155 | 250 | 200 |
| 250YS150×2A | 283 472 567 | 292 262 238 | 2950 | 357 468 525 | 630 | 63 72 70 | 5.0 6.0 7.0 | 340 | 2200 | 1857 | 1000 | 1155 | 250 | 200 |
| 250YS150×2B | 267 444 533 | 255 229 208 | 2950 | 337 401 431 | 500 | 55 69 70 | 5.0 6.0 7.0 | 320 | 2200 | 1857 | 1000 | 1155 | 250 | 200 |
| 250YS150×2C | 240 400 480 | 205 185 170 | 2950 | 244 292 317 | 440 | 55 69 70 | 5.0 6.0 7.0 | 290 | 2200 | 1857 | 1000 | 1155 | 250 | 200 |

## 7.2.2  DY 型多级离心油泵

DY 型离心油泵用于输送不含固体颗粒的石油及其产品，被输送介质温度范围为 -20 ~ 400℃。

性能范围：

流量 $Q$：3.6 ~ 240m³/h。

扬程 $H$：140 ~ 1000m。

DY 型泵为卧式、多级、节段式离心泵，泵的吸入、吐出口均为垂直向上。

DY6-35、DY12-35 等型泵的转子用滚动轴承支承，其余泵的转子用滑动轴承支承，均用稀油润滑。轴向推力用平衡盘平衡。轴封外设有用水冷却的冷却室，轴封为软填料密封或机械密封。从原动机端看，泵为逆时针方向旋转。

DY 型多级离心泵型号含义：如 DY200-100，DY—单吸多级节段式式离心油泵，200—设计流量，100—单级设计点扬程。

DY 型多级离心泵性能参数详见表 7-11。

表 7-11　DY 型多级离心泵性能参数

| 泵型号 | 级数 | 流量 Q /(m³/h) | 扬程 H /m | 转速 n /(r/min) | 功率/kW 轴功率 | 功率/kW 配带功率 | 泵效率 η (%) | 汽蚀余量 NPSH /m | 泵外形尺寸/mm 长 | 泵外形尺寸/mm 宽 | 泵外形尺寸/mm 高 | 泵口径/mm 吸入 | 泵口径/mm 排出 |
|---|---|---|---|---|---|---|---|---|---|---|---|---|---|
| DY200-100 | 4 | 200 | 380 | 2980 | 295.7 | 355 | 70 | 5.5 | | | | 200 | 150 |
| | 5 | | 475 | | 369.6 | 400 | | | | | | | |
| | 6 | | 570 | | 443.5 | 500 | | | | | | | |
| | 7 | | 665 | | 517 | 560 | | | | | | | |
| | 8 | | 760 | | 591 | 630 | | | | | | | |
| | 9 | | 855 | | 665 | 710 | | | | | | | |
| | 10 | | 950 | | 739 | 800 | | | | | | | |
| DY150-100 | 5 | 150 | 440 | 2980 | 256.8 | 280 | 70 | 5.0 | | | | 200 | 150 |
| | 6 | | 528 | | 308 | 355 | | | | | | | |
| | 7 | | 616 | | 359 | 400 | | | | | | | |
| | 8 | | 704 | | 410.8 | 450 | | | | | | | |
| | 9 | | 792 | | 462 | 500 | | | | | | | |
| | 10 | | 880 | | 513.5 | 560 | | | | | | | |
| DY100-100 | 5 | 100 | 500 | 2980 | 216 | 250 | 63 | 5.0 | | | | 100 | 100 |
| | 6 | | 600 | | 259.4 | 280 | | | | | | | |
| | 7 | | 700 | | 302.6 | 315 | | | | | | | |
| | 8 | | 800 | | 345.8 | 400 | | | | | | | |
| | 9 | | 900 | | 389 | 450 | | | | | | | |
| | 10 | | 1000 | | 432.3 | 500 | | | | | | | |
| DY18-83 | 7 | 18 | 581 | 2975 | 71.2 | 90 | 40 | 3.2 | 800 | 720 | | 80 | 65 |
| | 8 | | 664 | | 81.4 | 110 | | | | | | | |
| | 9 | | 747 | | 91.5 | 110 | | | | | | | |
| | 10 | | 830 | | 101.7 | 132 | 1765 | | | | | | |

（续）

| 泵型号 | 级数 | 流量 $Q$ /($m^3$/h) | 扬程 $H$ /m | 转速 $n$ /(r/min) | 功率/kW | | 泵效率 $\eta$ (%) | 汽蚀余量 NPSH /m | 泵外形尺寸 /mm | | | 泵口径 /mm | |
|---|---|---|---|---|---|---|---|---|---|---|---|---|---|
| | | | | | 轴功率 | 配带功率 | | | 长 | 宽 | 高 | 吸入 | 排出 |
| DY12-35 | 4 | 12 | 140 | 2950 | 12.7 | 18.5 | 36 | 3.0 | 1818 | 700 | 790 | 50 | 40 |
| | 5 | | 175 | | 15.9 | 22 | | | 1905 | | | | |
| | 6 | | 210 | | 19.1 | 30 | | | 2032 | | | | |
| | 7 | | 245 | | 22.2 | 30 | | | 2084 | | | | |
| | 8 | | 280 | | 25.4 | 37 | | | 2136 | | | | |
| | 9 | | 315 | | 28.6 | 37 | | | 2188 | | | | |
| | 10 | | 350 | | 31.8 | 45 | | | 2275 | | | | |
| DY6-35 | 4 | 6 | 140 | 2950 | 7.6 | 11 | 30 | 3.0 | 1778 | 700 | 790 | 50 | 40 |
| | 5 | | 175 | | 9.5 | 15 | | | 1830 | | | | |
| | 6 | | 210 | | 11.4 | 18.5 | | | 1922 | | | | |
| | 7 | | 245 | | 13.3 | 18.5 | | | 1974 | | | | |
| | 8 | | 280 | | 15.3 | 22 | | | 2061 | | | | |
| | 9 | | 315 | | 17.2 | 30 | | | 2188 | | | | |
| | 10 | | 350 | | 19.1 | 30 | | | 2240 | | | | |

## 7.2.3 MPH 型流程泵

MPH 型流程泵用于石油化工、化学工业及其他部门输送石油及其产品，也可用来输送清水和沸水。

性能范围：

流量 $Q$：$0.6 \sim 7.2 m^3$/h。

扬程 $H$：$20 \sim 138m$。

转速 $n$：2900r/min、5900r/min。

介质温度 $T$：$-20 \sim 400℃$。

MPH 型泵为单级悬臂泵（仅有 MPH3-65×2 为两级悬臂泵），有上述两种转速，采用水冷托架部件支承转子，对于 $n = 5900r/min$ 的泵由增速箱增速，增速箱的大齿轮与电机同轴，小齿轮轴通过联轴器与泵轴连接。

MPH 型泵的水冷托架，在轴封腔（填料函）及轴承体外部都有水冷夹套，当输送介质温度超过80℃时，可以通入冷却水，当输送介质需要保温时，可以通入低压蒸汽或其他保温液体。轴封为填料密封或机械密封。泵的旋转方向从电机端看为顺时针方向。

MPH 型流程泵型号含义：如 MPH1-40，MPH—流程泵，1—设计点流量，40—单级设计点扬程。

MPH 型流程泵性能参数详见表 7-12。

表 7-12　MPH 型流程泵性能参数

| 泵型号 | 流量 Q /( m³/h ) | 扬程 H /m | 转速 n /( r/min ) | 功率 /kW 轴功率 | 功率 /kW 配带 功率 | 泵效率 η ( % ) | 汽蚀余量 NPSH /m | 叶轮直径 D₂ /mm | 泵质量 W /kg | 泵外形尺寸 /mm 长 | 泵外形尺寸 /mm 宽 | 泵外形尺寸 /mm 高 | 泵口径 /mm 吸入 | 泵口径 /mm 排出 |
|---|---|---|---|---|---|---|---|---|---|---|---|---|---|---|
| MPH1-40 | 0.6 | 41.5 | | 0.97 | | | | | | | | | | |
| | 1.0 | 40 | 2900 | 0.99 | 2.2 | | 2.0 | 185 | | 883 | 410 | 430 | 25 | 25 |
| | 2.0 | 32 | | 1.0 | | | | | | | | | | |
| MPH1.5-80 | 0.9 | 82.5 | | 1.26 | | | | | | | | | | |
| | 1.5 | 80 | 5900 | 1.5 | 3 | | 4.0 | 122 | | 1118 | 470 | 415 | 25 | 25 |
| | 2 | 78 | | 1.65 | | | | | | | | | | |
| MPH1.5-50 | 0.9 | 52.5 | | 0.72 | | | | | | | | | | |
| | 1.5 | 50 | 5900 | 0.85 | 2.2 | | 4.0 | 98 | | 1092 | 470 | 415 | 25 | 25 |
| | 2 | 47 | | 0.94 | | | | | | | | | | |
| MPH3-80 | 1.8 | 82.5 | | 2.25 | | | | | | | | | | |
| | 3 | 80 | 5900 | 2.56 | 4 | | 4.5 | 126 | | 1148 | 470 | 415 | 25 | 25 |
| | 4 | 78 | | 2.78 | | | | | | | | | | |
| MPH3-30 | 1.8 | 32 | | 0.68 | | | | | | | | | | |
| | 3 | 30 | 2900 | 0.76 | 2.2 | | 4 | 158 | | 888 | 410 | 445 | 40 | 25 |
| | 4 | 28 | | 0.8 | | | | | | | | | | |
| MPH3-65×2 | 1.8 | 138 | | 3.38 | | | | | | | | | | |
| | 3 | 130 | 2900 | 4.25 | 11 | | 2.5 | 125 | | 1536 | 610 | 540 | 40 | 25 |
| | 5 | 111 | | 5.40 | | | | | | | | | | |
| MPH6-80 | 3.6 | 82.5 | | 3.24 | | | | | | | | | | |
| | 6 | 80 | 5900 | 3.74 | 5.5 | | 4 | 125 | | 1178 | 470 | 415 | 40 | 25 |
| | 7.8 | 78 | | 4.14 | | | | | | | | | | |
| MPH6-50 | 3.6 | 52 | | 1.6 | | | | | | | | | | |
| | 6 | 50 | 2900 | 1.9 | 4 | | 3.5 | 200 | | 978 | 410 | 445 | 40 | 25 |
| | 7.8 | 48 | | 2.12 | | | | | | | | | | |
| MPH6-30 | 3.6 | 32 | | 1.25 | | | | | | | | | | |
| | 6 | 30 | 2900 | 1.45 | 3 | | 3.5 | 164 | | 948 | 410 | 415 | 40 | 25 |
| | 7.8 | 28 | | 1.5 | | | | | | | | | | |

## 7.2.4　IH 型化工离心泵

IH 型泵是单级单吸（轴向吸入）耐腐蚀离心泵，供输送不含固体颗粒，具有腐蚀性，黏度类似水的液体。介质温度为 −20 ~ 105℃，需要时采用冷却措施温度上限可更高。工作压力为 1.6MPa，适用于石油、化工、冶金、电力、造纸、食品、制药和合成纤维等部门。

性能范围：

流量 $Q$ : 6.3 ~ 400m³/h。

扬程 $H$ : 5 ~ 125m。

转速 $n$ : 2900 r/min、1450r/min。

IH 型泵是全国泵行业采用 ISO 国际标准联合设计的系列产品。泵为后开门的结构形式,采用加长联轴器,采用两个单列向心球轴承,密封为填料密封或机械密封,泵通过加长联轴器由电机直接驱动,从电动机端看泵,泵为顺时针方向旋转。

IH 型化工离心泵型号含义:如 IH50-32-125A,IH—单级单吸化工离心泵,50—泵吸入口直径,32—泵排出口直径,125—叶轮名义直径,A—叶轮外径改变标志。

IH 型化工离心泵性能参数详见表 7-13。

表 7-13　IH 型化工离心泵性能参数

| 泵型号 | 流量 Q /(m³/h) | 扬程 H /m | 转速 n /( r/min) | 功率 /kW | | 泵效率 η ( % ) | 汽蚀余量 NPSH /m | 叶轮直径 $D_2$ /mm | 泵质量 W /kg | 泵外形尺寸 /mm | | | 泵口径 /mm | |
|---|---|---|---|---|---|---|---|---|---|---|---|---|---|---|
| | | | | 轴功率 | 配带功率 | | | | | 长 | 宽 | 高 | 吸入 | 排出 |
| IH50-32-125 | 7.5 | 23 | 2900 | 1.09 | 2.2 | 43 | 2.0 | 138 | 45 | 465 | 190 | 252 | 50 | 32 |
| | 12.5 | 20 | | 1.33 | | 51 | 2.0 | | | | | | | |
| | 15.0 | 18 | | 1.50 | | 49 | 2.5 | | | | | | | |
| IH50-32-125 | 3.75 | 5.75 | 1450 | 0.16 | 0.55 | 36 | 2.0 | 138 | 45 | 465 | 190 | 252 | 50 | 32 |
| | 6.3 | 5.0 | | 0.19 | | 45 | 2.0 | | | | | | | |
| | 7.5 | 4.5 | | 0.21 | | 44 | 2.5 | | | | | | | |
| IH50-32-125A | 6.8 | 18.8 | 2900 | 0.87 | 1.5 | 40 | 2.0 | 125 | 45 | 465 | 190 | 252 | 50 | 32 |
| | 11.3 | 16.4 | | 1.01 | | 50 | 2.0 | | | | | | | |
| | 13.6 | 14.7 | | 1.16 | | 47 | 2.5 | | | | | | | |
| IH50-32-125A | 3.4 | 4.7 | 1450 | 0.13 | 0.55 | 33.3 | 2.0 | 125 | 45 | 465 | 190 | 252 | 50 | 32 |
| | 5.7 | 4.1 | | 0.149 | | 43 | 2.0 | | | | | | | |
| | 6.8 | 3.7 | | 0.163 | | 42 | 2.5 | | | | | | | |
| IH50-32-160 | 7.5 | 34.5 | 2900 | 2.13 | 3 | 33 | 2.0 | 165 | 47 | 465 | 240 | 292 | 50 | 32 |
| | 12.5 | 32 | | 2.37 | | 46 | 2.0 | | | | | | | |
| | 15.0 | 30 | | 2.45 | | 50 | 2.5 | | | | | | | |
| IH50-32-160 | 3.75 | 8.6 | 1450 | 0.30 | 0.55 | 29 | 2.0 | 165 | 47 | 465 | 240 | 292 | 50 | 32 |
| | 6.3 | 8.0 | | 0.34 | | 40 | 2.0 | | | | | | | |
| | 7.5 | 7.5 | | 0.36 | | 43 | 2.5 | | | | | | | |
| IH50-32-160A | 6.8 | 28.5 | 2900 | 1.76 | 3 | 30 | 2.0 | 150 | 47 | 465 | 240 | 292 | 50 | 32 |
| | 11.3 | 26.4 | | 1.85 | | 44 | 2.0 | | | | | | | |
| | 13.6 | 24.8 | | 1.91 | | 48 | 2.5 | | | | | | | |
| IH50-32-160A | 3.4 | 7.1 | 1450 | 0.253 | 0.55 | 25.9 | 2.0 | 150 | 47 | 465 | 240 | 292 | 50 | 32 |
| | 5.7 | 6.6 | | 0.277 | | 37.1 | 2.0 | | | | | | | |
| | 6.8 | 6.2 | | 0.280 | | 41 | 2.5 | | | | | | | |
| IH50-32-200 | 7.5 | 51.8 | 2900 | 3.78 | 5.5 | 28 | 2.0 | 195 | 60 | 465 | 240 | 340 | 50 | 32 |
| | 12.5 | 50 | | 4.36 | | 39 | 2.0 | | | | | | | |
| | 15.0 | 48 | | 4.56 | | 43 | 2.5 | | | | | | | |

（续）

| 泵型号 | 流量 Q /(m³/h) | 扬程 H /m | 转速 n /(r/min) | 功率 /kW 轴功率 | 功率 /kW 配带功率 | 泵效率 η (%) | 汽蚀余量 NPSH /m | 叶轮直径 D₂ /mm | 泵质量 W /kg | 泵外形尺寸 /mm 长 | 泵外形尺寸 /mm 宽 | 泵外形尺寸 /mm 高 | 泵口径 /mm 吸入 | 泵口径 /mm 排出 |
|---|---|---|---|---|---|---|---|---|---|---|---|---|---|---|
| IH50-32-200 | 3.75 | 12.9 | 1450 | 0.57 | 1.1 | 23 | 2.0 | 195 | 60 | 465 | 240 | 340 | 50 | 32 |
| | 6.3 | 12.5 | | 0.65 | | 33 | 2.0 | | | | | | | |
| | 7.5 | 12.0 | | 0.68 | | 36 | 2.5 | | | | | | | |
| IH50-32-200A | 6.8 | 42.7 | 2900 | 3.16 | 4 | 25 | 2.0 | 177 | 60 | 465 | 240 | 340 | 50 | 32 |
| | 11.3 | 41 | | 3.24 | | 38 | 2.0 | | | | | | | |
| | 13.6 | 39.5 | | 3.57 | | 41 | 2.5 | | | | | | | |
| IH50-32-200A | 3.4 | 10.6 | 1450 | 0.488 | 0.75 | 20 | 2.0 | 177 | 60 | 465 | 240 | 340 | 50 | 32 |
| | 5.7 | 10.3 | | 0.516 | | 31 | 2.0 | | | | | | | |
| | 6.8 | 9.9 | | 0.540 | | 34 | 2.5 | | | | | | | |
| IH50-32-250 | 7.5 | 82 | 2900 | 7.28 | 11 | 23 | 2.0 | 251 | 98 | 600 | 320 | 405 | 50 | 32 |
| | 12.5 | 80 | | 8.25 | | 33 | 2.0 | | | | | | | |
| | 15.0 | 78.5 | | 8.79 | | 36.5 | 2.5 | | | | | | | |
| IH50-32-250 | 3.75 | 20.5 | 1450 | 1.23 | 2.2 | 17 | 2.0 | 251 | 98 | 600 | 320 | 405 | 50 | 32 |
| | 6.3 | 20 | | 1.27 | | 27 | 2.0 | | | | | | | |
| | 7.5 | 19.6 | | 1.29 | | 31 | 2.5 | | | | | | | |
| IH50-32-250A | 7 | 71.9 | 2900 | 6.84 | 11 | 20 | 2.0 | 235 | 98 | 600 | 320 | 405 | 50 | 32 |
| | 11.7 | 70 | | 6.97 | | 32 | 2.0 | | | | | | | |
| | 14 | 68.8 | | 7.71 | | 34 | 2.5 | | | | | | | |
| IH50-32-250A | 3.51 | 18.0 | 1450 | 1.12 | 1.5 | 15.4 | 2.0 | 235 | 98 | 600 | 320 | 405 | 50 | 32 |
| | 5.9 | 17.5 | | 1.125 | | 25 | 2.0 | | | | | | | |
| | 7.02 | 17.2 | | 1.18 | | 27.9 | 2.5 | | | | | | | |
| IH50-32-250B | 6.6 | 63.6 | 2900 | 5.71 | 7.5 | 20 | 2.0 | 221 | 98 | 600 | 320 | 405 | 50 | 32 |
| | 11.0 | 62 | | 6.19 | | 30 | 2.0 | | | | | | | |
| | 13.2 | 60.9 | | 6.64 | | 33 | 2.5 | | | | | | | |
| IH65-50-125 | 15 | 21.3 | 2900 | 1.85 | 3 | 47 | 2.0 | 130 | 45 | 465 | 210 | 252 | 65 | 50 |
| | 25 | 20 | | 2.2 | | 62 | 2.0 | | | | | | | |
| | 30 | 18.6 | | 2.4 | | 63 | 2.5 | | | | | | | |
| IH65-50-125 | 7 | 5.4 | 1450 | 0.25 | 0.55 | 44 | 2.0 | 130 | 45 | 465 | 210 | 252 | 65 | 50 |
| | 12.5 | 5 | | 0.31 | | 55 | 2.0 | | | | | | | |
| | 15.0 | 4.5 | | 0.33 | | 56 | 2.5 | | | | | | | |
| IH65-50-125A | 13.6 | 17.6 | 2900 | 1.48 | 2.2 | 44 | 2.0 | 118 | 45 | 465 | 210 | 252 | 65 | 50 |
| | 22.7 | 16.5 | | 1.67 | | 61 | 2.0 | | | | | | | |
| | 27.3 | 15.4 | | 1.91 | | 59.9 | 2.5 | | | | | | | |
| IH65-50-125A | 6.8 | 4.5 | 1450 | 0.203 | 0.55 | 41 | 2.0 | 118 | 45 | 465 | 210 | 252 | 65 | 50 |
| | 11.3 | 4.1 | | 0.234 | | 54 | 2.0 | | | | | | | |
| | 13.6 | 3.7 | | 0.258 | | 53 | 2.5 | | | | | | | |
| IH65-50-160 | 15 | 34.2 | 2900 | 3.18 | 5.5 | 44 | 2.0 | 168 | 50 | 465 | 240 | 292 | 65 | 50 |
| | 25 | 32 | | 3.82 | | 57 | 2.0 | | | | | | | |
| | 30 | 30 | | 4.15 | | 59 | 2.5 | | | | | | | |

（续）

| 泵型号 | 流量 Q /(m³/h) | 扬程 H /m | 转速 n /(r/min) | 功率/kW 轴功率 | 功率/kW 配带功率 | 泵效率 η (%) | 汽蚀余量 NPSH /m | 叶轮直径 D₂ /mm | 泵质量 W /kg | 泵外形尺寸/mm 长 | 泵外形尺寸/mm 宽 | 泵外形尺寸/mm 高 | 泵口径/mm 吸入 | 泵口径/mm 排出 |
|---|---|---|---|---|---|---|---|---|---|---|---|---|---|---|
| IH65-50-160 | 7.5 | 8.55 | 1450 | 0.45 | 0.75 | 39 | 2.0 | 168 | 50 | 465 | 240 | 292 | 65 | 50 |
|  | 12.5 | 8 |  | 0.53 |  | 51 | 2.0 |  |  |  |  |  |  |  |
|  | 15.0 | 7.5 |  | 0.58 |  | 52.5 | 2.5 |  |  |  |  |  |  |  |
| IH65-50-160A | 13.6 | 28.4 | 2900 | 2.56 | 4 | 51 | 2.0 | 153 | 50 | 465 | 240 | 292 | 65 | 50 |
|  | 22.7 | 26.5 |  | 2.93 |  | 56 | 2.0 |  |  |  |  |  |  |  |
|  | 27.3 | 24.8 |  | 3.29 |  | 56 | 2.5 |  |  |  |  |  |  |  |
| IH65-50-160A | 6.8 | 7.09 | 1450 | 0.37 | 0.55 | 35.5 | 2.0 | 153 | 50 | 465 | 240 | 292 | 65 | 50 |
|  | 11.3 | 6.6 |  | 0.41 |  | 49.6 | 2.0 |  |  |  |  |  |  |  |
|  | 13.6 | 6.2 |  | 0.46 |  | 49.9 | 2.5 |  |  |  |  |  |  |  |
| IH65-40-200 | 15 | 53.2 | 2900 | 5.30 | 11 | 41 | 2.0 | 192 | 65 | 485 | 265 | 340 | 65 | 40 |
|  | 25 | 50 |  | 6.55 |  | 52 | 2.0 |  |  |  |  |  |  |  |
|  | 30 | 47.6 |  | 7.27 |  | 53.5 | 2.5 |  |  |  |  |  |  |  |
| IH65-40-200 | 7.5 | 13.3 | 1450 | 0.78 | 1.5 | 35 | 2.0 | 192 | 65 | 485 | 265 | 340 | 65 | 40 |
|  | 12.5 | 12.5 |  | 0.93 |  | 46 | 2.0 |  |  |  |  |  |  |  |
|  | 15.0 | 11.9 |  | 1.02 |  | 47.5 | 2.5 |  |  |  |  |  |  |  |
| IH65-40-200A | 13.6 | 43.9 | 2900 | 4.28 | 7.5 | 38 | 2.0 | 175 | 65 | 485 | 265 | 340 | 65 | 40 |
|  | 22.7 | 41 |  | 5.07 |  | 50 | 2.0 |  |  |  |  |  |  |  |
|  | 27.3 | 39.3 |  | 5.73 |  | 51 | 2.5 |  |  |  |  |  |  |  |
| IH65-40-200A | 6.8 | 11 | 1450 | 0.64 | 1.1 | 31.8 | 2.0 | 175 | 65 | 485 | 265 | 340 | 65 | 40 |
|  | 11.3 | 10.3 |  | 0.72 |  | 44 | 2.0 |  |  |  |  |  |  |  |
|  | 13.6 | 9.8 |  | 0.81 |  | 44.8 | 2.5 |  |  |  |  |  |  |  |
| IH65-40-250 | 15 | 81.2 | 2900 | 9.76 | 15 | 34 | 2.0 | 248 | 103 | 600 | 320 | 405 | 65 | 40 |
|  | 25 | 80 |  | 11.84 |  | 46 | 2.0 |  |  |  |  |  |  |  |
|  | 30 | 78.4 |  | 12.8 |  | 50 | 2.5 |  |  |  |  |  |  |  |
| IH65-40-250 | 7.5 | 20.3 | 1450 | 1.48 | 3 | 28 | 2.0 | 248 | 103 | 600 | 320 | 405 | 65 | 40 |
|  | 12.5 | 20 |  | 1.75 |  | 39 | 2.0 |  |  |  |  |  |  |  |
|  | 15.0 | 19.6 |  | 1.86 |  | 43 | 2.5 |  |  |  |  |  |  |  |
| IH65-40-250A | 14 | 71 | 2900 | 8.73 | 15 | 31 | 2.0 | 232 | 103 | 600 | 320 | 405 | 65 | 40 |
|  | 23.4 | 74.8 |  | 10.6 |  | 45 | 2.0 |  |  |  |  |  |  |  |
|  | 28 | 68.6 |  | 11.13 |  | 47 | 2.5 |  |  |  |  |  |  |  |
| IH65-40-250A | 7.0 | 17.8 | 1450 | 1.35 | 2.2 | 25 | 2.0 | 232 | 103 | 600 | 320 | 405 | 65 | 40 |
|  | 11.7 | 17.5 |  | 1.47 |  | 37.9 | 2.0 |  |  |  |  |  |  |  |
|  | 14.0 | 17.2 |  | 1.64 |  | 40 | 2.5 |  |  |  |  |  |  |  |
| IH65-40-250B | 13.2 | 62.8 | 2900 | 7.29 | 11 | 31 | 2.0 | 218 | 103 | 600 | 320 | 405 | 65 | 40 |
|  | 22 | 61.8 |  | 8.42 |  | 44 | 2.0 |  |  |  |  |  |  |  |
|  | 26.4 | 53.0 |  | 8.45 |  | 45 | 2.5 |  |  |  |  |  |  |  |
| IH65-40-315 | 15 | 126.8 | 2900 | 18.5 | 30 | 28 | 2.0 | 315 | 115 | 625 | 345 | 450 | 65 | 40 |
|  | 25 | 125 |  | 21.8 |  | 39 | 2.0 |  |  |  |  |  |  |  |
|  | 30 | 124 |  | 23.8 |  | 42.5 | 2.5 |  |  |  |  |  |  |  |

（续）

| 泵型号 | 流量 Q /(m³/h) | 扬程 H /m | 转速 n /(r/min) | 功率 /kW | | 泵效率 η (%) | 汽蚀余量 NPSH /m | 叶轮直径 D₂ /mm | 泵质量 W /kg | 泵外形尺寸 /mm | | | 泵口径 /mm | |
|---|---|---|---|---|---|---|---|---|---|---|---|---|---|---|
| | | | | 轴功率 | 配带功率 | | | | | 长 | 宽 | 高 | 吸入 | 排出 |
| IH65-40-315 | 7.5 | 32.4 | 1450 | 3.0 | 5.5 | 22 | 2.0 | 315 | 115 | 625 | 345 | 450 | 65 | 40 |
| | 12.5 | 32 | | 3.3 | | 33 | 2.0 | | | | | | | |
| | 15.0 | 31.7 | | 3.5 | | 37 | 2.5 | | | | | | | |
| IH65-40-315A | 14 | 111.2 | 2900 | 18.10 | 30 | 25 | 2.0 | 295 | 115 | 625 | 345 | 450 | 65 | 40 |
| | 23.4 | 109.5 | | 18.36 | | 38 | 2.0 | | | | | | | |
| | 28 | 108.8 | | 22.12 | | 40 | 2.5 | | | | | | | |
| IH65-40-315A | 7.0 | 28.4 | 1450 | 2.84 | 4.0 | 19 | 2.0 | 295 | 115 | 625 | 345 | 450 | 65 | 40 |
| | 11.7 | 28.0 | | 2.878 | | 31 | 2.0 | | | | | | | |
| | 14.0 | 27.8 | | 3.12 | | 34 | 2.5 | | | | | | | |
| IH65-40-315B | 13.2 | 98.0 | 2900 | 14.69 | 22 | 24 | 2.0 | 277 | 115 | 625 | 345 | 450 | 65 | 40 |
| | 22 | 96.5 | | 15.63 | | 37 | 2.0 | | | | | | | |
| | 26.4 | 95.9 | | 17.67 | | 39 | 2.5 | | | | | | | |
| IH80-65-125 | 30 | 23.2 | 2900 | 3.16 | 5.5 | 60 | 3.0 | 140 | 54 | 485 | 240 | 292 | 80 | 65 |
| | 50 | 20 | | 3.95 | | 69 | 3.0 | | | | | | | |
| | 60 | 17.6 | | 4.29 | | 67 | 4.0 | | | | | | | |
| IH80-65-125 | 15 | 5.8 | 1450 | 0.44 | 0.75 | 54 | 2.5 | 140 | 54 | 485 | 240 | 292 | 80 | 65 |
| | 25 | 5.0 | | 0.53 | | 64 | 2.5 | | | | | | | |
| | 30 | 4.4 | | 0.58 | | 62 | 3.0 | | | | | | | |
| IH80-65-125A | 27.2 | 19.1 | 2900 | 2.48 | 4.0 | 57 | 3.0 | 127 | 54 | 485 | 240 | 292 | 80 | 65 |
| | 45.3 | 16.5 | | 3.04 | | 67 | 3.0 | | | | | | | |
| | 54.4 | 14.5 | | 3.36 | | 64 | 4.0 | | | | | | | |
| IH80-65-125A | 13.6 | 4.8 | 1450 | 0.349 | 0.55 | 51 | 2.5 | 127 | 54 | 485 | 240 | 292 | 80 | 65 |
| | 22.6 | 4.1 | | 0.407 | | 62 | 2.5 | | | | | | | |
| | 27.2 | 3.6 | | 0.452 | | 59 | 3.0 | | | | | | | |
| IH80-65-160 | 30 | 36 | 2900 | 5.16 | 11 | 57 | 2.0 | 168 | 60 | 485 | 265 | 340 | 80 | 65 |
| | 50 | 32 | | 6.5 | | 67 | 2.3 | | | | | | | |
| | 60 | 28.4 | | 7.14 | | 65 | 3.3 | | | | | | | |
| IH80-65-160 | 15 | 9 | 1450 | 0.74 | 1.5 | 50 | 2.0 | 168 | 60 | 485 | 265 | 340 | 80 | 65 |
| | 25 | 8 | | 0.88 | | 62 | 2.3 | | | | | | | |
| | 30 | 7.2 | | 0.95 | | 62 | 3.3 | | | | | | | |
| IH80-65-160A | 27.2 | 29.7 | 2900 | 4.08 | 7.5 | 54 | 2.0 | 153 | 60 | 485 | 265 | 340 | 80 | 65 |
| | 45.4 | 26.4 | | 5.02 | | 65 | 2.3 | | | | | | | |
| | 54.4 | 23.4 | | 5.59 | | 62 | 3.0 | | | | | | | |
| IH65-160A | 13.6 | 7.4 | 1450 | 0.58 | 1.1 | 47.3 | 2.0 | 153 | 60 | 485 | 265 | 340 | 80 | 65 |
| | 22.7 | 6.6 | | 0.68 | | 60 | 2.3 | | | | | | | |
| | 27.2 | 5.9 | | 0.74 | | 59 | 3.0 | | | | | | | |
| IH80-50-200 | 30 | 55.2 | 2900 | 8.5 | 15 | 53 | 2.0 | 204 | 66 | 485 | 265 | 360 | 80 | 50 |
| | 50 | 50 | | 10.8 | | 63 | 2.5 | | | | | | | |
| | 60 | 45.2 | | 11.9 | | 62 | 3.2 | | | | | | | |

（续）

| 泵型号 | 流量 Q /(m³/h) | 扬程 H /m | 转速 n /(r/min) | 轴功率 | 配带功率 | 泵效率 η (%) | 汽蚀余量 NPSH /m | 叶轮直径 $D_2$ /mm | 泵质量 W /kg | 长 | 宽 | 高 | 吸入 | 排出 |
|---|---|---|---|---|---|---|---|---|---|---|---|---|---|---|
| IH80-50-200 | 15 | 13.5 | | 1.25 | | 44 | 2.0 | 204 | 66 | 485 | 265 | 360 | 80 | 50 |
| | 25 | 12.5 | 1450 | 1.49 | 2.2 | 57 | 2.0 | | | | | | | |
| | 30 | 11.5 | | 1.6 | | 58 | 2.5 | | | | | | | |
| IH80-50-200A | 27.2 | 45.4 | | 6.73 | | 50 | 2.0 | 185 | 66 | 485 | 265 | 360 | 80 | 50 |
| | 45.3 | 41 | 2900 | 8.29 | 11 | 61 | 2.5 | | | | | | | |
| | 54.4 | 37.2 | | 9.35 | | 59 | 3.2 | | | | | | | |
| IH80-50-200A | 13.6 | 11.1 | | 1.00 | | 41 | 2.0 | 185 | 66 | 485 | 265 | 360 | 80 | 50 |
| | 22.7 | 10.3 | 1450 | 1.135 | 2.2 | 56.1 | 2.0 | | | | | | | |
| | 27.2 | 9.5 | | 1.28 | | 55 | 2.5 | | | | | | | |
| IH80-50-250 | 30 | 84 | | 16.0 | | 43 | | 245 | 102 | 625 | 320 | 405 | 80 | 50 |
| | 50 | 80 | 2900 | 20.6 | 30 | 53 | 2.5 | | | | | | | |
| | 60 | 75 | | 22.7 | | 54 | | | | | | | | |
| IH80-50-250 | 15 | 21 | | 2.15 | | 40 | | 245 | 102 | 625 | 320 | 405 | 80 | 50 |
| | 25 | 20 | 1450 | 2.72 | 5.5 | 50 | 2.0 | | | | | | | |
| | 30 | 18.8 | | 3.01 | | 51 | | | | | | | | |
| IH80-50-250A | 28.14 | 73.55 | | 13.2 | | 42.7 | 2.5 | 230 | 102 | 625 | 320 | 405 | 80 | 50 |
| | 46.9 | 70.5 | 2900 | 16.1 | 22 | 56 | 2.5 | | | | | | | |
| | 56.28 | 67.4 | | 17.8 | | 58.03 | 3.0 | | | | | | | |
| IH80-50-250A | 14.04 | 18.2 | | 1.66 | | 42 | 2.5 | 230 | 102 | 625 | 320 | 405 | 80 | 50 |
| | 23.4 | 17.6 | 1450 | 2.25 | 4 | 50 | 2.5 | | | | | | | |
| | 28.08 | 16.7 | | 2.63 | | 48.5 | 3.0 | | | | | | | |
| IH80-50-250B | 26.4 | 64.8 | | 11.4 | | 40.86 | 2.5 | 216 | 102 | 625 | 320 | 405 | 80 | 50 |
| | 44 | 62.2 | 2900 | 13.8 | 18.5 | 54 | 2.5 | | | | | | | |
| | 52.8 | 60.0 | | 15.0 | | 57.52 | 3.0 | | | | | | | |
| IH80-50-315 | 30 | 128 | | 33.1 | | 38 | 2.5 | 315 | 119 | 625 | 345 | 505 | 80 | 50 |
| | 50 | 125 | 2900 | 34.1 | 45 | 50 | 2.5 | | | | | | | |
| | 60 | 123 | | 38.0 | | 53 | 3.0 | | | | | | | |
| IH80-50-315 | 15 | 32.5 | | 3.59 | | 37 | 2.5 | 315 | 119 | 625 | 345 | 505 | 80 | 50 |
| | 25 | 32 | 1450 | 4.54 | 7.5 | 48 | 2.5 | | | | | | | |
| | 30 | 31.5 | | 4.95 | | 52 | 3.0 | | | | | | | |
| IH80-50-315A | 28.14 | 113.4 | | 21.5 | | 40.4 | 2.0 | 296 | 119 | 625 | 345 | 505 | 80 | 50 |
| | 46.9 | 110 | 2900 | 28.1 | 37 | 50 | 2.0 | | | | | | | |
| | 56.28 | 107.7 | | 30.0 | | 55 | 2.5 | | | | | | | |
| IH80-50-315A | 14.1 | 29.2 | | 3.52 | | 31.8 | 2.0 | 296 | 119 | 625 | 345 | 505 | 80 | 50 |
| | 23.5 | 28.3 | 1450 | 4.12 | 7.5 | 44 | 2.0 | | | | | | | |
| | 28.2 | 27.1 | | 4.41 | | 47.2 | 2.5 | | | | | | | |
| IH80-50-315B | 26.4 | 100.5 | | 17.0 | | 43.5 | 2.0 | 278 | 119 | 625 | 345 | 505 | 80 | 50 |
| | 44 | 9.7 | 2900 | 24.2 | 30 | 48 | 2.0 | | | | | | | |
| | 52.8 | 95 | | 25.0 | | 54.6 | 2.5 | | | | | | | |

（续）

| 泵型号 | 流量 Q /(m³/h) | 扬程 H /m | 转速 n /(r/min) | 功率 /kW 轴功率 | 功率 /kW 配带功率 | 泵效率 η (%) | 汽蚀余量 NPSH /m | 叶轮直径 D₂ /mm | 泵质量 W /kg | 泵外形尺寸 /mm 长 | 泵外形尺寸 /mm 宽 | 泵外形尺寸 /mm 高 | 泵口径 /mm 吸入 | 泵口径 /mm 排出 |
|---|---|---|---|---|---|---|---|---|---|---|---|---|---|---|
| IH100-80-125 | 60 | 24.65 | 2900 | 5.95 | 11 | 67.7 | 3.0 | 142 | 58 | 485 | 280 | 340 | 100 | 80 |
|  | 100 | 20 |  | 7.47 |  | 73 | 4.5 |  |  |  |  |  |  |  |
|  | 120 | 16.1 |  | 7.6 |  | 69.2 | 5.6 |  |  |  |  |  |  |  |
| IH100-80-125 | 30 | 6.19 | 1450 | 0.78 | 1.5 | 65 | 3.0 | 142 | 58 | 485 | 280 | 340 | 100 | 80 |
|  | 50 | 5 |  | 1.0 |  | 68 | 3.6 |  |  |  |  |  |  |  |
|  | 60 | 4 |  | 1.08 |  | 60.5 |  |  |  |  |  |  |  |  |
| IH100-80-125A | 55.1 | 20.7 | 2900 | 4.65 | 7.5 | 66.8 | 3.0 | 130 | 58 | 485 | 280 | 340 | 100 | 80 |
|  | 91.8 | 16.8 |  | 5.92 |  | 71 | 4.5 |  |  |  |  |  |  |  |
|  | 110.16 | 13.4 |  | 6.3 |  | 63.8 | 5.6 |  |  |  |  |  |  |  |
| IH100-80-125A | 27.5 | 5.17 | 1450 | 0.61 | 1.1 | 63.5 | 3.0 | 130 | 58 | 485 | 280 | 340 | 100 | 80 |
|  | 45.8 | 4.19 |  | 0.79 |  | 66 | 3.6 |  |  |  |  |  |  |  |
|  | 54.9 | 3.36 |  | 0.88 |  | 57.1 |  |  |  |  |  |  |  |  |
| IH100-80-160 | 60 | 37 | 2900 | 10.1 | 15 | 60 | 3.8 | 178 | 95 | 600 | 280 | 360 | 100 | 80 |
|  | 100 | 32 |  | 11.9 |  | 73 | 4.3 |  |  |  |  |  |  |  |
|  | 120 | 28 |  | 12.5 |  | 73 | 5.0 |  |  |  |  |  |  |  |
| IH100-80-160 | 30 | 9.25 | 1450 | 1.3 | 2.2 | 58 | 3.0 | 178 | 95 | 600 | 280 | 360 | 100 | 80 |
|  | 50 | 8 |  | 1.58 |  | 69 | 3.4 |  |  |  |  |  |  |  |
|  | 60 | 7 |  | 1.68 |  | 68 | 3.7 |  |  |  |  |  |  |  |
| IH100-80-160A | 54.6 | 30.6 | 2900 | 7.98 | 15 | 57 | 3.8 | 162 | 95 | 600 | 280 | 360 | 100 | 80 |
|  | 91 | 26.5 |  | 9.25 |  | 71 | 4.3 |  |  |  |  |  |  |  |
|  | 109.2 | 23.2 |  | 9.85 |  | 70.4 | 5.0 |  |  |  |  |  |  |  |
| IH100-80-160A | 27.3 | 7.66 | 1450 | 1.03 | 2.2 | 55.3 | 3.0 | 162 | 95 | 600 | 280 | 360 | 100 | 80 |
|  | 45.5 | 6.6 |  | 1.22 |  | 67 | 3.4 |  |  |  |  |  |  |  |
|  | 54.6 | 5.8 |  | 1.32 |  | 65.3 | 3.7 |  |  |  |  |  |  |  |
| IH100-65-200 | 60 | 56 | 2900 | 14.5 | 30 | 63 | 3.4 | 215 | 96 | 600 | 320 | 405 | 100 | 65 |
|  | 100 | 50 |  | 18.9 |  | 72 | 3.9 |  |  |  |  |  |  |  |
|  | 120 | 44 |  | 20.3 |  | 71 | 5.2 |  |  |  |  |  |  |  |
| IH100-65-200 | 30 | 14.0 | 1450 | 1.91 | 4 | 60 | 2.5 | 215 | 96 | 600 | 320 | 405 | 100 | 65 |
|  | 50 | 12.5 |  | 2.5 |  | 68 | 2.5 |  |  |  |  |  |  |  |
|  | 60 | 11.0 |  | 2.85 |  | 63 | 3.0 |  |  |  |  |  |  |  |
| IH100-65-200A | 54.6 | 46.5 | 2900 | 11.5 | 18.5 | 60.1 | 3.4 | 196 | 96 | 600 | 320 | 405 | 100 | 65 |
|  | 91 | 41.5 |  | 14.7 |  | 70 | 3.9 |  |  |  |  |  |  |  |
|  | 109.2 | 36.6 |  | 16.0 |  | 68 | 5.2 |  |  |  |  |  |  |  |
| IH100-65-200A | 27.3 | 11.6 | 1450 | 1.51 | 3 | 57 | 2.5 | 196 | 96 | 600 | 320 | 405 | 100 | 65 |
|  | 45.5 | 10.3 |  | 1.93 |  | 66 | 2.5 |  |  |  |  |  |  |  |
|  | 54.6 | 9.1 |  | 2.25 |  | 60.1 | 3.0 |  |  |  |  |  |  |  |
| IH100-65-250 | 60 | 88 | 2900 | 25.2 | 45 | 57 | 3.0 | 259 | 130 | 625 | 360 | 450 | 100 | 65 |
|  | 100 | 80 |  | 32.0 |  | 68 | 3.6 |  |  |  |  |  |  |  |
|  | 120 | 74 |  | 36.1 |  | 67 | 4.5 |  |  |  |  |  |  |  |

（续）

| 泵型号 | 流量 Q /(m³/h) | 扬程 H /m | 转速 n /( r/min ) | 功率 /kW 轴功率 | 功率 /kW 配带功率 | 泵效率 η ( % ) | 汽蚀余量 NPSH /m | 叶轮直径 $D_2$ /mm | 泵质量 W /kg | 泵外形尺寸 /mm 长 | 泵外形尺寸 /mm 宽 | 泵外形尺寸 /mm 高 | 泵口径 /mm 吸入 | 泵口径 /mm 排出 |
|---|---|---|---|---|---|---|---|---|---|---|---|---|---|---|
| IH100-65-250 | 30 | 22 | 1450 | 3.6 | 5.5 | 50 | 2.5 | 259 | 130 | 625 | 360 | 450 | 100 | 65 |
|  | 50 | 20 |  | 4.3 |  | 63 | 2.5 |  |  |  |  |  |  |  |
|  | 60 | 18.5 |  | 4.7 |  | 64 | 3.0 |  |  |  |  |  |  |  |
| IH100-65-250A | 56.1 | 77 | 2900 | 21.8 | 37 | 54 | 3.0 | 242 | 130 | 625 | 360 | 450 | 100 | 65 |
|  | 93.5 | 70 |  | 27.4 |  | 65 | 3.6 |  |  |  |  |  |  |  |
|  | 112.2 | 64.7 |  | 30.9 |  | 64 | 4.5 |  |  |  |  |  |  |  |
| IH100-65-250A | 28.0 | 19.2 | 1450 | 3.12 | 5.5 | 47 | 2.5 | 242 | 130 | 625 | 360 | 450 | 100 | 65 |
|  | 45.5 | 17.4 |  | 3.53 |  | 61 | 2.5 |  |  |  |  |  |  |  |
|  | 56.0 | 16.2 |  | 4.06 |  | 60.9 | 3.0 |  |  |  |  |  |  |  |
| IH100-65-250B | 52.7 | 67.9 | 2900 | 18.3 | 30 | 53.3 | 3.0 | 228 | 130 | 625 | 360 | 450 | 100 | 65 |
|  | 87.8 | 61.7 |  | 23.1 |  | 64 | 3.6 |  |  |  |  |  |  |  |
|  | 105.4 | 57.0 |  | 26.0 |  | 62.9 | 4.5 |  |  |  |  |  |  |  |
| IH100-65-315 | 60 | 132 | 2900 | 44.9 | 75 | 48 | 2.8 | 300 | 160 | 655 | 400 | 505 | 100 | 65 |
|  | 100 | 125 |  | 54.9 |  | 62 | 3.2 |  |  |  |  |  |  |  |
|  | 120 | 119 |  | 60.8 |  | 64 | 4.2 |  |  |  |  |  |  |  |
| IH100-65-315 | 30 | 33.5 | 1450 | 6.2 | 75 | 44 | 2.0 | 300 | 160 | 655 | 400 | 505 | 100 | 65 |
|  | 50 | 32 |  | 7.5 |  | 58 | 2.0 |  |  |  |  |  |  |  |
|  | 60 | 30.5 |  | 8.3 |  | 60 | 2.5 |  |  |  |  |  |  |  |
| IH100-65-315A | 56.1 | 115.5 | 2900 | 39.2 | 75 | 45 | 2.8 | 280 | 160 | 655 | 400 | 505 | 100 | 65 |
|  | 93.5 | 109 |  | 45.5 |  | 61 | 3.2 |  |  |  |  |  |  |  |
|  | 112.1 | 104 |  | 52.1 |  | 61 | 4.2 |  |  |  |  |  |  |  |
| IH100-65-315A | 28 | 29.3 | 1450 | 5.46 | 11 | 41 | 2.0 | 280 | 160 | 655 | 400 | 505 | 100 | 65 |
|  | 46.5 | 28 |  | 6.33 |  | 56 | 2.0 |  |  |  |  |  |  |  |
|  | 56 | 26.7 |  | 7.15 |  | 57 | 2.5 |  |  |  |  |  |  |  |
| IH100-65-315B | 52.7 | 102 | 2900 | 33.3 | 55 | 44 | 2.8 | 264 | 160 | 655 | 400 | 505 | 100 | 65 |
|  | 88 | 97 |  | 38.7 |  | 60 | 3.2 |  |  |  |  |  |  |  |
|  | 105.4 | 92 |  | 44.0 |  | 60 | 4.2 |  |  |  |  |  |  |  |
| IH125-100-200 | 120 | 61 | 2900 | 29.3 | 45 | 68 | 4.5 | 223 | 110 | 625 | 360 | 480 | 125 | 100 |
|  | 200 | 50 |  | 35.4 |  | 77 | 5.0 |  |  |  |  |  |  |  |
|  | 240 | 41 |  | 38.3 |  | 70 | 5.8 |  |  |  |  |  |  |  |
| IH125-100-200 | 60 | 15.25 | 1450 | 3.89 | 7.5 | 64 | 2.5 | 223 | 110 | 625 | 360 | 480 | 125 | 100 |
|  | 100 | 12.5 |  | 4.66 |  | 73 | 2.9 |  |  |  |  |  |  |  |
|  | 120 | 10.25 |  | 5.08 |  | 66 | 3.6 |  |  |  |  |  |  |  |
| IH125-100-200A | 109.1 | 50.5 | 2900 | 23.1 | 37 | 64.9 | 4.5 | 203 | 110 | 625 | 360 | 480 | 125 | 100 |
|  | 182 | 41.4 |  | 27.4 |  | 75 | 5.0 |  |  |  |  |  |  |  |
|  | 218.2 | 34 |  | 30.1 |  | 67.1 | 5.8 |  |  |  |  |  |  |  |
| IH125-100-200A | 54.7 | 12.6 | 1450 | 3.08 | 5.5 | 61 | 2.5 | 203 | 110 | 625 | 360 | 480 | 125 | 100 |
|  | 91 | 10.3 |  | 3.60 |  | 71 | 2.9 |  |  |  |  |  |  |  |
|  | 109.4 | 8.5 |  | 4.02 |  | 63 | 3.6 |  |  |  |  |  |  |  |

（续）

| 泵型号 | 流量 Q /(m³/h) | 扬程 H /m | 转速 n /( r/min ) | 功率 /kW 轴功率 | 功率 /kW 配带功率 | 泵效率 η ( % ) | 汽蚀余量 NPSH /m | 叶轮直径 D₂ /mm | 泵质量 W /kg | 泵外形尺寸 /mm 长 | 泵外形尺寸 /mm 宽 | 泵外形尺寸 /mm 高 | 泵口径 /mm 吸入 | 泵口径 /mm 排出 |
|---|---|---|---|---|---|---|---|---|---|---|---|---|---|---|
| IH125-100-250 | 120 | 90 | 2900 | 47.4 | 75 | 62 | 3.7 | 266 | 170 | 670 | 400 | 505 | 125 | 100 |
| | 200 | 80 | | 58.1 | | 75 | 4.5 | | | | | | | |
| | 240 | 73 | | 64.5 | | 74 | 5.5 | | | | | | | |
| IH125-100-250 | 60 | 22.5 | 1450 | 6.23 | 11 | 59 | 2.0 | 266 | 170 | 670 | 400 | 505 | 125 | 100 |
| | 100 | 20 | | 7.56 | | 72 | 2.3 | | | | | | | |
| | 120 | 18.25 | | 8.40 | | 71 | 3.0 | | | | | | | |
| IH125-100-250A | 112 | 78 | 2900 | 40.3 | 75 | 59 | 3.7 | 248 | 170 | 670 | 400 | 505 | 125 | 100 |
| | 186.5 | 69.5 | | 48.35 | | 73 | 4.5 | | | | | | | |
| | 224 | 63.5 | | 54.5 | | 71 | | | | | | | | |
| IH125-100-250A | 56 | 19.5 | 1450 | 5.31 | 11 | 56 | 2.0 | 248 | 170 | 670 | 400 | 505 | 125 | 100 |
| | 93 | 17.4 | | 6.29 | | 70 | 2.3 | | | | | | | |
| | 112 | 15.9 | | 7.13 | | 68 | 3.0 | | | | | | | |
| IH125-100-250B | 105.5 | 69.0 | 2900 | 34.2 | 55 | 58 | 3.7 | 233 | 170 | 670 | 400 | 505 | 125 | 100 |
| | 175.5 | 61.5 | | 41.4 | | 71 | 4.5 | | | | | | | |
| | 211.0 | 56 | | 46.0 | | 69.9 | 5.5 | | | | | | | |
| IH125-100-315 | 120 | 132.5 | 2900 | 65.3 | 110 | 52.6 | 4.0 | | | 670 | 400 | 565 | 125 | 100 |
| | 200 | 125 | | 94.6 | | 72 | 4.5 | | | | | | | |
| | 240 | 120 | | 103 | | 75 | 5 | | | | | | | |
| IH125-100-315 | 60 | 33.5 | 1450 | 10.3 | 18.5 | 53 | 2.5 | | | 670 | 400 | 565 | 125 | 100 |
| | 100 | 32 | | 13.5 | | 65 | 2.5 | | | | | | | |
| | 120 | 30.5 | | 15.1 | | 66 | 3 | | | | | | | |
| IH125-100-400 | 60 | 52 | 1450 | 17.7 | 30 | 48 | 2.5 | | 205 | 670 | 500 | 635 | 125 | 100 |
| | 100 | 50 | | 24.8 | | 55 | 2.5 | | | | | | | |
| | 120 | 58.5 | | 25.5 | | 62 | 3.0 | | | | | | | |
| IH150-125-250 | 120 | 24.8 | 1450 | 12.3 | 18.5 | 66 | 2.5 | 280 | 140 | 670 | 400 | 605 | 150 | 125 |
| | 100 | 20 | | 14.1 | | 77 | 2.8 | | | | | | | |
| | 240 | 15 | | 14.4 | | 68 | 3.5 | | | | | | | |
| IH150-125-250A | 109.1 | 20.5 | 1450 | 9.7 | 15 | 62.8 | 2.5 | 255 | 140 | 670 | 400 | 605 | 150 | 125 |
| | 182 | 16.5 | | 10.9 | | 75 | 2.8 | | | | | | | |
| | 218.2 | 12.4 | | 11.3 | | 65.2 | 3.5 | | | | | | | |
| IH150-125-315 | 120 | 36.3 | 1450 | 18.8 | 30 | 63 | 2.5 | 328 | 200 | 670 | 500 | 635 | 150 | 125 |
| | 200 | 32.0 | | 23.2 | | 75 | 2.8 | | | | | | | |
| | 240 | 28.5 | | 25.9 | | 72 | 3.8 | | | | | | | |
| IH150-125-315A | 109.1 | 30.0 | 1450 | 14.85 | 22 | 60 | 2.5 | 298 | 200 | 670 | 500 | 635 | 150 | 125 |
| | 182 | 25.5 | | 17.32 | | 73 | 2.8 | | | | | | | |
| | 218.2 | 23.5 | | 20.23 | | 69 | 3.8 | | | | | | | |
| IH150-125-400 | 120 | 57.5 | 1450 | 30.8 | 55 | 61 | 2.0 | 420 | 243 | 670 | 500 | 715 | 150 | 125 |
| | 200 | 50 | | 38.9 | | 70 | 2.5 | | | | | | | |
| | 240 | 44 | | 45.6 | | 63 | 3.0 | | | | | | | |

（续）

| 泵型号 | 流量 Q /(m³/h) | 扬程 H /m | 转速 n /(r/min) | 功率/kW 轴功率 | 功率/kW 配带功率 | 泵效率 η (%) | 汽蚀余量 NPSH /m | 叶轮直径 D₂ /mm | 泵质量 W /kg | 泵外形尺寸/mm 长 | 泵外形尺寸/mm 宽 | 泵外形尺寸/mm 高 | 泵口径/mm 吸入 | 泵口径/mm 排出 |
|---|---|---|---|---|---|---|---|---|---|---|---|---|---|---|
| IH150-125-400A | 109.1 | 47.5 | | 24.3 | | 58 | 2.0 | | | | | | | |
| | 182 | 41 | 1450 | 29.9 | 37 | 68 | 2.5 | 382 | 243 | 670 | 500 | 715 | 150 | 125 |
| | 218.2 | 36.5 | | 36.1 | | 60 | 3.0 | | | | | | | |
| IH200-150-250 | 240 | 23 | | | | | 2.5 | | | | | | | |
| | 400 | 20 | 1450 | 29.4 | 45 | 74 | 2.8 | | 200 | 690 | 500 | 655 | 200 | 150 |
| | 460 | 18 | | | | | 3.0 | | | | | | | |
| IH200-150-315 | 240 | 35.6 | | 34.7 | | 67 | 3.0 | | | | | | | |
| | 400 | 32.0 | 1450 | 44.1 | 55 | 79 | 3.5 | 328 | 268 | 830 | 550 | 715 | 200 | 150 |
| | 460 | 29.4 | | 47.8 | | 77 | 4.0 | | | | | | | |
| IH200-150-315A | 281.2 | 29.4 | | 27.3 | | 64 | 3.0 | | | | | | | |
| | 363 | 25.5 | 1450 | 32.7 | 45 | 77 | 3.5 | 298 | 268 | 830 | 550 | 715 | 200 | 150 |
| | 418 | 24.3 | | 37.4 | | 74 | 4.0 | | | | | | | |
| IH200-150-400 | 240 | 55.8 | | 54.4 | | 67 | 3.0 | | | | | | | |
| | 400 | 50 | 1450 | 69.8 | 90 | 78 | 3.5 | 407 | 326 | 830 | 550 | 765 | 200 | 150 |
| | 460 | 47 | | 78.5 | | 75 | 4.0 | | | | | | | |
| IH200-150-400A | 218.2 | 46 | | 42.7 | | 64 | 3.0 | | | | | | | |
| | 363 | 41 | 1450 | 53.3 | 75 | 76 | 3.5 | 370 | 326 | 830 | 550 | 765 | 200 | 150 |
| | 418 | 38.8 | | 61.3 | | 72 | 4.0 | | | | | | | |

## 7.2.5  IHB 型保温泵

IHB 型保温泵适用于输送高凝固点，不允许泄露的高温液体，可广泛用于有机化工、化纤、食品、农药等工业部门。

使用范围：

流量 $Q$：$4 \sim 240 \mathrm{m^3/h}$。

扬程 $H$：$30 \sim 130 \mathrm{m}$。

介质温度 $T$：$20 \sim 180℃$。

保温蒸汽：温度 ≤ 170℃，压力 ≤ 0.8MPa。

IHB 型保温泵采用卧式安装，水平轴向吸入，顶部排出（IHB40-25-130顶部吸入排出）泵体、泵盖设有保温夹套；密封采用动力密封加停车密封保证无泄漏；泵材质根据用户要求可采用碳钢和其他耐腐蚀材料。

IHB 型保温泵型号含义：如 IHB40-25-190，IHB—单级单吸化工保温泵，40—泵吸入口直径，25—泵排出口直径，190—叶轮名义直径。

IHB 型保温泵性能参数详见表7-14。其中，IHB40-25-130为旋涡式泵。

表 7-14　IHB 型保温泵性能参数

| 泵型号 | 流量 Q /( m³/h ) | 扬程 H /m | 转速 n /( r/min ) | 功率 /kW | | 泵效率 η ( % ) | 汽蚀余量 NPSH /m | 叶轮直径 D₂ /mm | 泵质量 W /kg | 泵外形尺寸 /mm | | | 泵口径 /mm | |
|---|---|---|---|---|---|---|---|---|---|---|---|---|---|---|
| | | | | 轴功率 | 配带功率 | | | | | 长 | 宽 | 高 | 吸入 | 排出 |
| IHB40-25-190 | 4.0<br>6.3<br>7.5 | 40 | 2900 | 2.15 | 3 | 32 | 2.0 | 190 | | | | | 40 | 25 |
| IHB40-25-130 | 4.0<br>6.3<br>7.5 | 60 | 2900 | 4.12 | 5.5 | 25 | 2.0 | 130 | | | | | 40 | 25 |
| IHB50-32-160 | 7.5<br>12.5<br>15.0 | 34.5<br>32<br>30 | 2900 | 2.13<br>2.37<br>2.45 | 3 | 33<br>46<br>50 | 2.0<br>2.0<br>2.5 | 165 | | | | | 50 | 32 |
| IHB50-32-200 | 7.5<br>12.5<br>15.0 | 51.8<br>50<br>48 | 2900 | 3.78<br>4.36<br>4.56 | 5.5 | 28<br>39<br>43 | 2.0<br>2.0<br>2.5 | 198 | | | | | 50 | 32 |
| IHB50-32-250 | 7.5<br>12.5<br>15.0 | 82<br>80<br>78.5 | 2900 | 7.28<br>8.25<br>8.79 | 11 | 23<br>33<br>36.5 | 2.0<br>2.0<br>2.5 | 251 | | | | | 50 | 32 |
| IHB65-50-160 | 15<br>25<br>30 | 34.2<br>32<br>30 | 2900 | 3.18<br>3.82<br>4.15 | 5.5 | 44<br>57<br>59 | 2.0<br>2.0<br>2.5 | 168 | | | | | 65 | 50 |
| IHB65-40-200 | 15<br>25<br>30 | 53.2<br>50<br>47.6 | 2900 | 5.30<br>6.55<br>7.27 | 11 | 41<br>52<br>53.5 | 2.0<br>2.0<br>2.5 | 195 | | | | | 65 | 40 |
| IHB65-40-250 | 15<br>25<br>30 | 81.2<br>80<br>78.4 | 2900 | 9.76<br>11.84<br>12.8 | 15 | 34<br>46<br>50 | 2.0<br>2.0<br>2.5 | 248 | | | | | 65 | 40 |
| IHB65-40-315 | 15<br>25<br>30 | 126.8<br>125<br>124 | 2900 | 18.5<br>21.8<br>23.8 | 30 | 28<br>39<br>42.5 | 2.0<br>2.0<br>2.5 | 315 | | | | | 65 | 40 |
| IHB65-40-315 | 7.5<br>12.5<br>15.0 | 32.4<br>32<br>31.7 | 1450 | 3.0<br>3.3<br>3.5 | 5.5 | 22<br>33<br>37 | 2.0<br>2.0<br>2.5 | 315 | | | | | 65 | 40 |
| IHB80-65-160 | 30<br>50<br>60 | 36<br>32<br>28.4 | 2900 | 5.16<br>6.5<br>7.14 | 11 | 57<br>67<br>65 | 2.0<br>2.3<br>3.3 | 168 | | | | | 80 | 65 |
| IHB80-50-200 | 30<br>50<br>60 | 55.2<br>50<br>45.2 | 2900 | 8.5<br>10.8<br>11.9 | 15 | 53<br>63<br>62 | 2.0<br>2.5<br>3.2 | 204 | | | | | 80 | 50 |
| IHB80-50-250 | 30<br>50<br>60 | 84<br>80<br>75 | 2900 | 16.0<br>20.6<br>22.7 | 30 | 43<br>53<br>54 | 2.5 | 248 | | | | | 80 | 50 |
| IHB80-50-315 | 30<br>50<br>60 | 128<br>125<br>123 | 2900 | 33.1<br>34.1<br>38.0 | 45 | 38<br>50<br>53 | 2.5 | 315 | | | | | 80 | 50 |

（续）

| 泵型号 | 流量 Q /( m³/h ) | 扬程 H /m | 转速 n /( r/min ) | 功率 /kW 轴功率 | 功率 /kW 配带功率 | 泵效率 η ( % ) | 汽蚀余量 NPSH /m | 叶轮直径 D₂ /mm | 泵质量 W /kg | 泵外形尺寸 /mm 长 | 泵外形尺寸 /mm 宽 | 泵外形尺寸 /mm 高 | 泵口径 /mm 吸入 | 泵口径 /mm 排出 |
|---|---|---|---|---|---|---|---|---|---|---|---|---|---|---|
| IHB80-50-315 | 15 | 32.5 | 1450 | 3.59 | 7.5 | 37 | 2.5 | 315 | | | | | 80 | 50 |
| | 25 | 32 | | 4.54 | | 48 | | | | | | | | |
| | 30 | 31.5 | | 4.95 | | 52 | | | | | | | | |
| IHB100-80-160 | 60 | 37 | 2900 | 10.1 | 15 | 60 | 3.8 | 178 | | | | | 100 | 80 |
| | 100 | 32 | | 11.9 | | 73 | 4.3 | | | | | | | |
| | 120 | 28 | | 12.5 | | 73 | 5.0 | | | | | | | |
| IHB100-65-200 | 60 | 56 | 2900 | 14.5 | 22 | 63 | 3.4 | 205 | | | | | 100 | 65 |
| | 100 | 50 | | 18.9 | | 72 | 3.9 | | | | | | | |
| | 120 | 44 | | 20.3 | | 71 | 5.2 | | | | | | | |
| IHB100-65-250 | 60 | 88 | 2900 | 25.2 | 37 | 57 | 3.0 | 259 | | | | | 100 | 65 |
| | 100 | 80 | | 32.0 | | 68 | 3.6 | | | | | | | |
| | 120 | 74 | | 36.1 | | 67 | 4.5 | | | | | | | |
| IHB100-65-315 | 60 | 132 | 2900 | 44.9 | 75 | 48 | 2.8 | 315 | | | | | 100 | 65 |
| | 100 | 125 | | 54.9 | | 62 | 3.2 | | | | | | | |
| | 120 | 119 | | 60.8 | | 64 | 4.2 | | | | | | | |
| IHB100-65-315 | 30 | 33.5 | 1450 | 6.2 | 11 | 44 | 2.0 | 315 | | | | | 100 | 65 |
| | 50 | 32 | | 7.5 | | 58 | 2.0 | | | | | | | |
| | 60 | 30.5 | | 8.3 | | 60 | 2.5 | | | | | | | |
| IHB125-100-200 | 120 | 61 | 2900 | 29.3 | 45 | 68 | 4.5 | 218 | | | | | 125 | 100 |
| | 200 | 50 | | 35.4 | | 77 | 5.0 | | | | | | | |
| | 240 | 41 | | 38.3 | | 70 | 5.8 | | | | | | | |
| IHB125-100-250 | 120 | 90 | 2900 | 47.4 | 75 | 62 | 3.7 | 266 | | | | | 125 | 100 |
| | 200 | 80 | | 58.1 | | 75 | 4.5 | | | | | | | |
| | 240 | 73 | | 64.5 | | 74 | 5.5 | | | | | | | |
| IHB125-100-315 | 120 | 132.5 | 2900 | 65.3 | 110 | 52.6 | 4.0 | 315 | | | | | 125 | 100 |
| | 200 | 125 | | 94.6 | | 72 | 4.5 | | | | | | | |
| | 240 | 120 | | 103 | | 75 | 5.0 | | | | | | | |
| IHB125-100-315 | 60 | 33.5 | 1450 | 10.3 | 18.5 | 53 | 2.5 | 315 | | | | | 125 | 100 |
| | 100 | 32 | | 13.5 | | 65 | 2.5 | | | | | | | |
| | 120 | 30.5 | | 15.1 | | 66 | 3 | | | | | | | |
| IHB125-100-400 | 60 | 52 | 1450 | 16.1 | 30 | 53 | 2.5 | 400 | | | | | 125 | 100 |
| | 100 | 50 | | 21.0 | | 65 | 2.5 | | | | | | | |
| | 120 | 48.5 | | 23.6 | | 67 | 3.0 | | | | | | | |
| IHB150-125-315 | 120 | 36.3 | 1450 | 18.8 | 30 | 63 | 2.5 | 325 | | | | | 150 | 125 |
| | 200 | 32.0 | | 23.2 | | 75 | 2.8 | | | | | | | |
| | 240 | 28.5 | | 25.9 | | 72 | 3.8 | | | | | | | |
| IHB150-125-400 | 120 | 57.5 | 1450 | 30.8 | 55 | 61 | 2.0 | 415 | | | | | 150 | 125 |
| | 200 | 50 | | 38.9 | | 70 | 2.5 | | | | | | | |
| | 240 | 44 | | 45.6 | | 63 | 3.0 | | | | | | | |

## 7.2.6　CQ 型小型磁力传动离心泵

CQ 型小型磁力传动离心泵是一种无泄漏泵，适用于输送易燃、易爆、易挥发、有毒、有腐蚀性以及稀有贵重物质液体。

性能范围：

流量 $Q$：$0.2 \sim 100\text{m}^3/\text{h}$。

扬程 $H$：$1.2 \sim 80\text{m}$。

CQ 型为单级、单吸卧式结构，泵的吸入口为轴向吸入，吐出口为向上排出，泵与电机以磁力联轴器（即内、外磁钢组合）传递动力。

CQ 型小型磁力传动离心泵型号含义：如 CQF10-10-45，CQ—磁力传动离心泵，F—塑料磁力泵，10—泵吸入口直径，10—泵排出口直径，45—叶轮名义直径。

CQ 型小型磁力传动离心泵性能参数详见表 7-15。其中，型号中带"F"为塑料磁力泵，带"B"为金属磁力泵。

表 7-15　CQ 型小型磁力传动离心泵性能参数

| 泵型号 | 流量 $Q$ /($\text{m}^3$/h) | 扬程 $H$ /m | 转速 $n$ /(r/min) | 机组效率 $\eta$（%） | | 汽蚀余量 NPSH /m | 叶轮名义直径 $D_2$ /mm | 泵质量 W /kg | 泵外形尺寸 /mm | | | 泵口径 /mm | |
|---|---|---|---|---|---|---|---|---|---|---|---|---|---|
| | | | | 非金属隔离套 | 金属隔离套 | | | | 长 | 宽 | 高 | 吸入 | 排出 |
| CQF10-10-45 | 0.2 | 1.2 | 2900 | 14 | | | 45 | | | | | 10 | 10 |
| CQF10-10-55 | 0.2 | 2.0 | 2900 | 14 | | | 55 | | | | | 10 | 10 |
| CQF10-10-65 | 0.2 | 3.2 | 2900 | 14 | | | 65 | | | | | 10 | 10 |
| CQF10-10-75 | 0.2 | 5.0 | 2900 | 14 | | | 75 | | | | | 10 | 10 |
| CQF15-10-45 | 0.4 | 1.2 | 2900 | 18 | | | 45 | | | | | 15 | 10 |
| CQF15-10-55 | 0.4 | 2.0 | 2900 | 18 | | | 55 | | | | | 15 | 10 |
| CQF15-10-65 | 0.4 | 3.2 | 2900 | 18 | | | 65 | | | | | 15 | 10 |
| CQF15-10-75 | 0.4 | 5.0 | 2900 | 18 | | | 75 | | | | | 15 | 10 |
| CQF15-10-85 | 0.4 | 8.0 | 2900 | 18 | | | 85 | | | | | 15 | 10 |
| CQF20-15-65 | 0.8 | 3.2 | 2900 | 22 | | | 65 | | | | | 20 | 15 |
| CQF20-15-75 | 0.8 | 5.0 | 2900 | 22 | | | 75 | | | | | 20 | 15 |
| CQF20-15-85 | 0.8 | 8.0 | 2900 | 22 | | | 85 | | | | | 20 | 15 |
| CQF20-15-105 | 0.8 | 12.5 | 2900 | 22 | | | 105 | | | | | 20 | 15 |
| CQF25-20-65 | 1.6 | 3.2 | 2900 | 30 | | | 65 | | | | | 25 | 20 |
| CQF25-15-75 | 1.6 | 5.0 | 2900 | 30 | | | 75 | | | | | 25 | 15 |
| CQF25-15-85 | 1.6 | 8.0 | 2900 | 30 | | | 85 | | | | | 25 | 15 |
| CQF25-15-105 | 1.6 | 12.5 | 2900 | 30 | | | 105 | | | | | 25 | 15 |
| CQF25-15-125 | 1.6 | 20.0 | 2900 | 30 | | | 125 | | | | | 25 | 15 |
| CQF32-25-75 | 3.2 | 5.0 | 2900 | 35 | | | 75 | | | | | 32 | 25 |
| CQF32-20-85 | 3.2 | 8.0 | 2900 | 35 | | | 85 | | | | | 32 | 20 |

（续）

| 泵型号 | 流量 Q /(m³/h) | 扬程 H /m | 转速 n /(r/min) | 机组效率 η (%) 非金属隔离套 | 金属隔离套 | 汽蚀余量 NPSH /m | 叶轮名义直径 D₂ /mm | 泵质量 W /kg | 泵外形尺寸 /mm 长 | 宽 | 高 | 泵口径 /mm 吸入 | 排出 |
|---|---|---|---|---|---|---|---|---|---|---|---|---|---|
| CQF32-20-105 | 3.2 | 12.5 | 2900 | 35 | | | 105 | | | | | 32 | 20 |
| CQF32-20-125 CQB32-20-125 | 3.2 | 20.0 | 2900 | 35 | | | 125 | | | | | 32 | 20 |
| CQF32-20-160 CQB32-20-160 | 3.2 | 32.0 | 2900 | 35 | | | 160 | | | | | 32 | 20 |
| CQF40-32-85 | 6.3 | 8.0 | 2900 | 48 | | | 85 | | | | | 40 | 32 |
| CQF40-25-105 CQB40-25-105 | 6.3 | 12.5 | 2900 | 45 | | | 105 | | | | | 40 | 25 |
| CQF40-25-125 CQB40-25-125 | 6.3 | 20.0 | 2900 | 42 | | | 125 | | | | | 40 | 25 |
| CQB40-25-160 | 6.3 | 32.0 | 2900 | 38 | 32 | | 160 | | | | | 40 | 25 |
| CQB40-25-200 | 6.3 | 50.0 | 2900 | 31 | 25 | | 200 | | | | | 40 | 25 |
| CQF50-40-85 CQB50-40-85 | 12.5 | 8.0 | 2900 | 56 | | 3.5 | 85 | | | | | 50 | 40 |
| CQF50-32-105 CQB50-32-105 | 12.5 | 12.5 | 2900 | 54 | | 3.5 | 105 | | | | | 50 | 32 |
| CQB50-32-125 | 12.5 | 20.0 | 2900 | 50 | 42 | 3.5 | 125 | | | | | 50 | 32 |
| CQB50-32-160 | 12.5 | 32.0 | 2900 | 48 | 39 | 3.5 | 160 | | | | | 50 | 32 |
| CQB50-32-200 | 12.5 | 50.0 | 2900 | 38 | 31 | 3.5 | 200 | | | | | 50 | 32 |
| CQB50-32-250 | 12.5 | 80.0 | 2900 | 31 | 25 | 3.5 | 250 | | | | | 50 | 32 |
| CQB65-50-125 | 25 | 20.0 | 2900 | 60 | 51 | 4.0 | 125 | | | | | 65 | 50 |
| CQB65-50-160 | 25 | 32.0 | 2900 | 56 | 43 | 4.0 | 160 | | | | | 65 | 50 |
| CQB65-40-200 | 25 | 50.0 | 2900 | 49 | 37 | 4.0 | 200 | | | | | 65 | 40 |
| CQB65-40-250 | 25 | 80.0 | 2900 | 47 | 37 | 4.0 | 250 | | | | | 65 | 40 |
| CQB80-65-125 | 50 | 20.0 | 2900 | 67 | 52 | 4.0 | 125 | | | | | 80 | 65 |
| CQB80-65-160 | 50 | 32.0 | 2900 | 64 | 48 | 4.0 | 160 | | | | | 80 | 65 |
| CQB80-50-200 | 50 | 50.0 | 2900 | 61 | 46 | 4.0 | 200 | | | | | 80 | 50 |
| CQB80-50-250 | 50 | 80.0 | 2900 | 57 | 46 | 4.0 | 250 | | | | | 80 | 50 |
| CQB100-80-125 | 100 | 20.0 | 2900 | 72 | 56 | 4.0 | 125 | | | | | 100 | 80 |
| CQB100-80-160 | 100 | 32.0 | 2900 | 70 | 55 | 4.0 | 160 | | | | | 100 | 80 |
| CQB100-65-200 | 100 | 50.0 | 2900 | 68 | 53 | 4.0 | 200 | | | | | 100 | 65 |
| CQB100-65-250 | 100 | 80.0 | 2900 | 64 | 48 | 4.0 | 250 | | | | | 100 | 65 |

### 7.2.7 FY 型耐腐蚀液下离心泵

FY 型耐腐蚀液下离心泵主要用于从贮罐、贮槽或贮液池中抽吸有腐蚀性的液体。适用于石油化工、医药、印染、化肥、农药、酸洗、食品等工业部门。

性能范围:

流量 $Q$: $2 \sim 400 \text{m}^3/\text{h}$。

扬程 $H$: $3.4 \sim 62\text{m}$。

温度 $t$: $-20 \sim 105\text{℃}$。

FY 型泵是单级、单吸、液下式离心泵,有两种结构形式,一种是泵轴伸入容器部分较短,无中间导轴承。另一种是泵轴伸入容器部分较长,有中间导轴承。这两种结构按用户要求均可加吸入管。启动时,液面均需高出叶轮中心线,可作连续或间断运转。

滚动轴承采用油脂润滑,导轴承由所输送的液体润滑和冷却。电动机通过联轴器驱动泵轴,从原动机方向看,泵为逆时针方向旋转。

FY 型耐腐蚀液下离心泵型号含义:如 25FY-16,25—泵吸入口直径,FY—耐腐蚀液下离泵,16—设计点扬程。

FY 型耐腐蚀液下离心泵性能参数详见表 7-16。其中,FY 型泵也可以在 $n = 1480\text{r/min}$ 转速下运行。

表 7-16　FY 型耐腐蚀液下离心泵性能参数

| 泵型号 | 流量 $Q$ /(m³/h) | 扬程 $H$ /m | 转速 $n$ /(r/min) | 功率 /kW 轴功率 | 功率 /kW 配带功率 | 泵效率 $\eta$ (%) | 汽蚀余量 NPSH /m | 叶轮直径 $D_2$ /mm | 泵质量 W /kg | 液下长度 /mm | 泵口径 /mm 吸入 | 泵口径 /mm 排出 |
|---|---|---|---|---|---|---|---|---|---|---|---|---|
| 25FY-16 | 1.98 | 17.5 | 2960 | 0.63 | 1.5 | 15 | | 130 | | 993 | 25 | |
| | 3.60 | 16.0 | | 0.71 | | 22 | | | | 1410 | | |
| | 3.96 | 15.5 | | 0.74 | | 22.5 | | | | 2020 | | |
| 25FY-25 | 1.98 | 26.8 | 2960 | 1.18 | 2.2 | 12.2 | | 146 | | 990 | 25 | |
| | 3.60 | 25.0 | | 1.17 | | 21.0 | | | | 1407 | | |
| | 3.96 | 24.4 | | 1.15 | | 23.0 | | | | 2017 | | |
| 25FY-41 | 2.16 | 42.2 | 2960 | 2.42 | 4.0 | 10.3 | | 186 | | 990 | 25 | |
| | 3.60 | 41 | | 2.51 | | 16 | | | | 1407 | | |
| | 3.96 | 40.5 | | 2.57 | | 17 | | | | 2017 | | |
| 40FY-16 | 3.96 | 18.5 | 2960 | 0.64 | 1.5 | 31 | | 117 | | 974 | 40 | |
| | 7.20 | 15.7 | | 0.77 | | 40 | | | | 1391 | | |
| | 9.00 | 14.0 | | 0.82 | | 42 | | | | 2001 | | |
| 40FY-26 | 3.96 | 27.0 | 2960 | 1.27 | 2.2 | 23 | | 148 | | 989 | 40 | |
| | 7.20 | 25.5 | | 1.43 | | 35 | | | | 1406 | | |
| | 7.92 | 24.7 | | 1.48 | | 35 | | | | 2016 | | |
| 40FY-40 | 3.96 | 41.3 | 2960 | 2.41 | 4.0 | 18.5 | | 184 | | 1000 | 40 | |
| | 7.20 | 40.0 | | 2.53 | | 31.0 | | | | 1417 | | |
| | 7.92 | 39.4 | | 2.61 | | 32.5 | | | | 2027 | | |

（续）

| 泵型号 | 流量 $Q$ /(m³/h) | 扬程 $H$ /m | 转速 $n$ /(r/min) | 功率 /kW | | 泵效率 $\eta$ （%） | 汽蚀余量 NPSH /m | 叶轮直径 $D_2$ /mm | 泵质量 $W$ /kg | 液下长度 /mm | 泵口径 /mm | |
|---|---|---|---|---|---|---|---|---|---|---|---|---|
| | | | | 轴功率 | 配带功率 | | | | | | 吸入 | 排出 |
| 50FY-16 | 7.92<br>14.40<br>15.84 | 17.8<br>16.0<br>15.4 | 2960 | 1.01<br>1.18<br>1.24 | 2.2 | 38<br>53<br>53.5 | | 123 | | 984<br>1401<br>2011 | 50 | |
| 50FY-25 | 7.92<br>14.40<br>15.84 | 27.5<br>24.5<br>23.5 | 2960 | 1.38<br>1.92<br>2.02 | 3.0 | 43<br>50<br>50.2 | | 145 | | 988<br>1450<br>2015 | 50 | |
| 50FY-40 | 7.92<br>14.40<br>15.84 | 42.8<br>40.0<br>39.0 | 2960 | 2.85<br>3.73<br>4.02 | 5.5 | 32.4<br>42.0<br>41.8 | | 190 | | 1000<br>1417<br>2027 | 50 | |
| 65FY-16 | 18.0<br>28.8<br>33.1 | 17.0<br>15.7<br>14.8 | 2960 | 1.74<br>2.12<br>2.26 | 4.0 | 48<br>58<br>59 | | 122 | | 984<br>1401<br>2011 | 65 | |
| 65FY-25 | 18.0<br>28.8<br>33.1 | 28.0<br>25.0<br>23.5 | 2960 | 3.43<br>3.92<br>4.08 | 5.5 | 40<br>50<br>52 | | 152 | | 1000<br>1417<br>2027 | 65 | |
| 65FY-40 | 15.8<br>28.8<br>33.1 | 42<br>40<br>57.5 | 2960 | 4.42<br>6.03<br>6.38 | 11 | 41<br>52<br>53 | | 182 | | 1000<br>1520<br>2332 | 65 | |
| 80FY-15 | 33.5<br>54.0<br>65.0 | 17.5<br>15.0<br>12.0 | 2960 | 2.80<br>3.34<br>3.42 | 5.5 | 57<br>66<br>62 | | 125 | | 1014<br>1431<br>2041 | 80 | |
| 80FY-24 | 32.4<br>54.0<br>64.8 | 28<br>24<br>20 | 2960 | 4.26<br>5.43<br>5.88 | 7.5 | 58<br>65<br>60 | | 150 | | 1000<br>1417<br>2027 | 80 | |
| 80FY-38 | 32.4<br>57.6<br>68.4 | 41<br>37<br>34 | 2960 | 7.09<br>9.36<br>10.38 | 15 | 51<br>62<br>61 | | 184 | | 1010<br>1520<br>2332 | 80 | |
| 100FY-23 | 68.4<br>100.8<br>126.0 | 25.0<br>22.5<br>17.0 | 2960 | 7.63<br>8.65<br>8.71 | 15 | 61<br>70<br>67 | | 152 | | 1020<br>1437<br>2117 | 100 | |
| 100FY-37 | 61.3<br>100.8<br>120.8 | 42.5<br>36.5<br>30.5 | 2960 | 11.8<br>14.5<br>15.4 | 18.5 | 60<br>69<br>65 | | 184 | | 1010<br>1520<br>2337 | 100 | |
| 100FY-57 | 64.8<br>100.8<br>105.0 | 62<br>57<br>55 | 2960 | 20.64<br>24.84<br>24.99 | 30 | 53<br>63<br>63 | | 225 | | 1020<br>1530<br>2342 | 100 | |

（续）

| 泵型号 | 流量 Q /(m³/h) | 扬程 H /m | 转速 n /(r/min) | 功率 /kW | | 泵效率 η (%) | 汽蚀余量 NPSH /m | 叶轮直径 D₂ /mm | 泵质量 W /kg | 液下长度 /mm | 泵口径 /mm | |
|---|---|---|---|---|---|---|---|---|---|---|---|---|
| | | | | 轴功率 | 配带功率 | | | | | | 吸入 | 排出 |
| 150FY-22 | 115.2 | 26 | 1480 | 13.05 | 22 | 62.5 | | 284 | 500 | 1579 | 150 | |
| | 190.8 | 22 | | 14.84 | | 78 | | | | 2391 | | |
| | 234.0 | 19 | | 16.36 | | 74 | | | | | | |
| 150FY-35 | 115.2 | 39.8 | 1480 | 19.2 | 30 | 65 | | 324 | 610 | 1579 | 150 | |
| | 190.8 | 34.7 | | 23.2 | | 78 | | | | 2391 | | |
| | 234.0 | 29.7 | | 25.2 | | 75 | | | | | | |
| 150FY-56 | 126.0 | 61.5 | 1480 | 35.2 | 55 | 60 | | 400 | | 1300 | 150 | |
| | 190.8 | 55.5 | | 41.2 | | 70 | | | | | | |
| | 234.0 | 46.5 | | 43.6 | | 68 | | | | | | |
| 150FY-90 | 126.0 | 95 | 1480 | 59.2 | 110 | 55 | | | | | 150 | |
| | 190.8 | 89.5 | | 72.7 | | 64 | | | | | | |
| | 234.0 | 81 | | 83.1 | | 63 | | | | | | |
| 200FY-21 | 216 | 21.7 | 1450 | 18.0 | 37 | 71 | | 270 | | 1610 | 200 | |
| | 360 | 21 | | 24.8 | | 83 | | | | 1900 | | |
| | 414 | 19.6 | | 27.6 | | 80 | | | | 2400 | | |
| 200FY-34 | 216 | 38.5 | 1450 | 32.3 | 55 | 70 | | 346 | | 1660 | 200 | |
| | 360 | 34 | | 40.6 | | 82 | | | | 2160 | | |
| | 414 | 31.5 | | 44.4 | | 80 | | | | 2400 | | |

## 7.2.8　DF 型耐腐蚀多级离心泵

DF 型泵供输送温度为 -20 ~ 105℃、不含固体颗粒、有腐蚀性的液体。泵的进口压力小于 0.6MPa。

DF 型泵是卧式、单吸、多级分段式离心泵。泵的出入口均垂直向上。用拉紧螺栓将泵的吸入段、中段、吐出段联结成一体。

泵转子由装在轴上的叶轮、平衡盘等零件组成。转子两端由滚动轴承或滑动轴承支承，滚动轴承用油脂润滑。转子轴向力由平衡盘平衡。

轴封采用机械密封或填料密封。轴两端有密封函，内装机械密封或软填料，密封函中通入有一定压力的水，起水封和冷却作用。在轴封处装有可更换的轴套，保护泵轴。

泵通过弹性联轴器由原动机直接驱动。从原动机方向看泵，泵为顺时针方向旋转。

DF 型耐腐蚀多级离心泵型号含义：如 DF25-50，DF—不锈钢多级泵，25—设计流量，50—单级扬程。

DF 型耐腐蚀多级离心泵性能参数详见表 7-17。

表 7-17　DF 型耐腐蚀多级离心泵性能参数

| 泵型号 | 流量 Q /(m³/h) | 扬程 H /m | 转速 n /(r/min) | 功率 /kW | | 泵效率 η (%) | 允许吸上真空高度 $H_s$/m | 叶轮直径 $D_2$ /mm | 泵质量 W /kg | 泵外形尺寸 /mm | | | 泵口径 /mm | | 级数 |
|---|---|---|---|---|---|---|---|---|---|---|---|---|---|---|---|
| | | | | 轴功率 | 配带功率 | | | | | 长 | 宽 | 高 | 吸入 | 排出 | |
| DF25-50 | 15 | 154.5 | 2950 | 14.3 | 22 | 44 | 7.7 | 196 | 270 | 930 | 522 | 480 | 80 | 80 | 3 |
| | 25 | 150 | | 18.9 | | 54 | 7.5 | | | | | | | | |
| | 28 | 144 | | 20.3 | | 54 | 7.4 | | | | | | | | |
| DF25-50 | 15 | 206 | 2950 | 19.1 | 30 | 44 | 7.7 | 196 | 295 | 990 | 522 | 480 | 80 | 80 | 4 |
| | 25 | 200 | | 25.2 | | 54 | 7.5 | | | | | | | | |
| | 28 | 192 | | 27.1 | | 54 | 7.4 | | | | | | | | |
| DF25-50 | 15 | 257.5 | 2950 | 23.9 | 37 | 44 | 7.7 | 196 | 315 | 1050 | 522 | 480 | 80 | 80 | 5 |
| | 25 | 250 | | 31.5 | | 54 | 7.5 | | | | | | | | |
| | 28 | 240 | | 33.9 | | 54 | 7.4 | | | | | | | | |
| DF25-50 | 15 | 309 | 2950 | 28.6 | 55 | 44 | 7.7 | 196 | 340 | 1110 | 522 | 480 | 80 | 80 | 6 |
| | 25 | 300 | | 37.8 | | 54 | 7.5 | | | | | | | | |
| | 28 | 288 | | 40.7 | | 54 | 7.4 | | | | | | | | |
| DF25-50 | 15 | 360.5 | 2950 | 33.4 | 55 | 44 | 7.7 | 196 | 360 | 1170 | 522 | 480 | 80 | 80 | 7 |
| | 25 | 350 | | 44.1 | | 54 | 7.5 | | | | | | | | |
| | 28 | 336 | | 47.5 | | 54 | 7.4 | | | | | | | | |
| DF25-50 | 15 | 412 | 2950 | 38.2 | 75 | 44 | 7.7 | 196 | 385 | 1230 | 522 | 480 | 80 | 80 | 8 |
| | 25 | 400 | | 50.4 | | 54 | 7.5 | | | | | | | | |
| | 28 | 384 | | 54.2 | | 54 | 7.4 | | | | | | | | |
| DF25-50 | 15 | 463.5 | 2950 | 43.0 | 75 | 44 | 7.7 | 196 | 405 | 1290 | 522 | 480 | 80 | 80 | 9 |
| | 25 | 450 | | 56.7 | | 54 | 7.5 | | | | | | | | |
| | 28 | 432 | | 61.0 | | 54 | 7.4 | | | | | | | | |
| DF25-50 | 15 | 515 | 2950 | 47.7 | 75 | 44 | 7.7 | 196 | 430 | 1350 | 522 | 480 | 80 | 80 | 10 |
| | 25 | 500 | | 63.0 | | 54 | 7.5 | | | | | | | | |
| | 28 | 480 | | 67.8 | | 54 | 7.4 | | | | | | | | |
| DF25-50 | 15 | 566 | 2950 | 52.5 | 100 | 44 | 7.7 | 196 | 450 | 1410 | 522 | 480 | 80 | 80 | 11 |
| | 25 | 550 | | 69.3 | | 54 | 7.5 | | | | | | | | |
| | 28 | 528 | | 74.6 | | 54 | 7.4 | | | | | | | | |
| DF25-50 | 15 | 618 | 2950 | 57.3 | 100 | 44 | 7.7 | 196 | 470 | 1470 | 522 | 480 | 80 | 80 | 12 |
| | 25 | 600 | | 75.6 | | 54 | 7.5 | | | | | | | | |
| | 28 | 576 | | 81.4 | | 54 | 7.4 | | | | | | | | |
| DF46-50 | 28 | 172.5 | 2950 | 24.8 | 37 | 53 | 7.4 | 208 | 270 | 930 | 522 | 480 | 80 | 80 | 3 |
| | 46 | 150 | | 29.9 | | 63 | 7.3 | | | | | | | | |
| | 50 | 144 | | 31.0 | | 63.2 | 7.2 | | | | | | | | |
| DF46-50 | 28 | 230 | 2950 | 33.1 | 55 | 53 | 7.4 | 208 | 295 | 990 | 522 | 480 | 80 | 80 | 4 |
| | 46 | 200 | | 39.8 | | 63 | 7.3 | | | | | | | | |
| | 50 | 192 | | 41.3 | | 63.2 | 7.2 | | | | | | | | |

（续）

| 泵型号 | 流量 $Q$ /(m³/h) | 扬程 $H$ /m | 转速 $n$ /(r/min) | 功率/kW 轴功率 | 功率/kW 配带功率 | 泵效率 $\eta$ (%) | 允许吸上真空高度 $H_s$/m | 叶轮直径 $D_2$ /mm | 泵质量 $W$ /kg | 泵外形尺寸/mm 长 | 泵外形尺寸/mm 宽 | 泵外形尺寸/mm 高 | 泵口径/mm 吸入 | 泵口径/mm 排出 | 级数 |
|---|---|---|---|---|---|---|---|---|---|---|---|---|---|---|---|
| DF46-50 | 28 | 287.5 | 2950 | 41.4 | 55 | 53 | 7.4 | 208 | 315 | 1050 | 522 | 480 | 80 | 80 | 5 |
|  | 46 | 250 |  | 49.8 |  | 63 | 7.3 |  |  |  |  |  |  |  |  |
|  | 50 | 240 |  | 51.6 |  | 63.2 | 7.2 |  |  |  |  |  |  |  |  |
| DF46-50 | 28 | 345 | 2950 | 49.6 | 75 | 53 | 7.4 | 208 | 340 | 1110 | 522 | 480 | 80 | 80 | 6 |
|  | 46 | 300 |  | 59.7 |  | 63 | 7.3 |  |  |  |  |  |  |  |  |
|  | 50 | 288 |  | 61.9 |  | 63.2 | 7.2 |  |  |  |  |  |  |  |  |
| DF46-50 | 28 | 402.5 | 2950 | 57.9 | 100 | 53 | 7.4 | 208 | 360 | 1170 | 522 | 480 | 80 | 80 | 7 |
|  | 46 | 350 |  | 69.7 |  | 63 | 7.3 |  |  |  |  |  |  |  |  |
|  | 50 | 336 |  | 72.2 |  | 63.2 | 7.2 |  |  |  |  |  |  |  |  |
| DF46-50 | 28 | 460 | 2950 | 66.2 | 100 | 53 | 7.4 | 208 | 385 | 1230 | 522 | 480 | 80 | 80 | 8 |
|  | 46 | 400 |  | 79.6 |  | 63 | 7.3 |  |  |  |  |  |  |  |  |
|  | 50 | 384 |  | 82.6 |  | 63.2 | 7.2 |  |  |  |  |  |  |  |  |
| DF46-50 | 28 | 517.5 | 2950 | 74.4 | 100 | 53 | 7.4 | 208 | 405 | 1290 | 522 | 480 | 80 | 80 | 9 |
|  | 46 | 450 |  | 89.6 |  | 63 | 7.3 |  |  |  |  |  |  |  |  |
|  | 50 | 432 |  | 92.9 |  | 63.2 | 7.2 |  |  |  |  |  |  |  |  |
| DF46-50 | 28 | 575 | 2950 | 82.7 | 110 | 53 | 7.4 | 208 | 430 | 1350 | 522 | 480 | 80 | 80 | 10 |
|  | 46 | 500 |  | 99.5 |  | 63 | 7.3 |  |  |  |  |  |  |  |  |
|  | 50 | 480 |  | 103.2 |  | 63.2 | 7.2 |  |  |  |  |  |  |  |  |
| DF46-50 | 28 | 632.5 | 2950 | 91.0 | 132 | 53 | 7.4 | 208 | 450 | 1410 | 522 | 480 | 80 | 80 | 11 |
|  | 46 | 550 |  | 109.5 |  | 63 | 7.3 |  |  |  |  |  |  |  |  |
|  | 50 | 528 |  | 113.5 |  | 63.2 | 7.2 |  |  |  |  |  |  |  |  |
| DF46-50 | 28 | 690 | 2950 | 99.3 | 132 | 53 | 7.4 | 208 | 475 | 1470 | 522 | 480 | 80 | 80 | 12 |
|  | 46 | 600 |  | 119.4 |  | 63 | 7.3 |  |  |  |  |  |  |  |  |
|  | 50 | 576 |  | 123.9 |  | 63.2 | 7.2 |  |  |  |  |  |  |  |  |
| DF46-30 | 27 | 102 | 2950 | 11.8 | 22 | 54.5 | 7 | 166 | 180 | 775 | 600 | 585 | 80 | 80 | 3 |
|  | 46 | 90 |  | 17.0 |  | 66 | 6 |  |  |  |  |  |  |  |  |
|  | 50 | 87 |  | 18.1 |  | 65.5 | 5 |  |  |  |  |  |  |  |  |
| DF46-30 | 27 | 136 | 2950 | 15.75 | 30 | 54.5 | 7 | 166 | 190 | 838 | 600 | 585 | 80 | 80 | 4 |
|  | 46 | 120 |  | 22.8 |  | 66 | 6 |  |  |  |  |  |  |  |  |
|  | 50 | 116 |  | 24.2 |  | 65.5 | 5 |  |  |  |  |  |  |  |  |
| DF46-30 | 27 | 170 | 2950 | 19.7 | 37 | 54.5 | 7 | 166 | 214 | 911 | 660 | 610 | 80 | 80 | 5 |
|  | 46 | 150 |  | 28.5 |  | 66 | 6 |  |  |  |  |  |  |  |  |
|  | 50 | 145 |  | 30.2 |  | 65.5 | 5 |  |  |  |  |  |  |  |  |
| DF46-30 | 27 | 204 | 2950 | 23.6 | 45 | 54.5 | 7 | 166 | 231 | 974 | 660 | 610 | 80 | 80 | 6 |
|  | 46 | 180 |  | 34.2 |  | 66 | 6 |  |  |  |  |  |  |  |  |
|  | 50 | 174 |  | 36.2 |  | 65.5 | 5 |  |  |  |  |  |  |  |  |
| DF46-30 | 27 | 238 | 2950 | 27.6 | 55 | 54.5 | 7 | 166 | 248 | 1037 | 710 | 640 | 80 | 80 | 7 |
|  | 46 | 210 |  | 40 |  | 66 | 6 |  |  |  |  |  |  |  |  |
|  | 50 | 202 |  | 42 |  | 65.5 | 5 |  |  |  |  |  |  |  |  |

（续）

| 泵型号 | 流量 Q /(m³/h) | 扬程 H /m | 转速 n /(r/min) | 功率 /kW | | 泵效率 η (%) | 允许吸上真空高度 H_s/m | 叶轮直径 D_2 /mm | 泵质量 W /kg | 泵外形尺寸 /mm | | | 泵口径 /mm | | 级数 |
|---|---|---|---|---|---|---|---|---|---|---|---|---|---|---|---|
| | | | | 轴功率 | 配带功率 | | | | | 长 | 宽 | 高 | 吸入 | 排出 | |
| DF46-30 | 27 | 272 | 2950 | 31.5 | 55 | 54.5 | 7 | 166 | 265 | 1100 | 710 | 640 | 80 | 80 | 8 |
| | 46 | 240 | | 45.8 | | 66 | 6 | | | | | | | | |
| | 50 | 232 | | 48.4 | | 65.5 | 5 | | | | | | | | |
| DF46-30 | 27 | 306 | 2950 | 35.4 | 75 | 54.5 | 7 | 166 | 282 | 1163 | 760 | 770 | 80 | 80 | 9 |
| | 46 | 270 | | 51.3 | | 66 | 6 | | | | | | | | |
| | 50 | 260 | | 54.2 | | 65.5 | 5 | | | | | | | | |
| DF46-30 | 27 | 340 | 2950 | 39.4 | 75 | 54.5 | 7 | 166 | 299 | 1266 | 760 | 770 | 80 | 80 | 10 |
| | 46 | 300 | | 57.0 | | 66 | 6 | | | | | | | | |
| | 50 | 290 | | 60.4 | | 65.5 | 5 | | | | | | | | |
| DF85-45 | 54 | 153 | 2950 | 36.3 | 55 | 62 | 6.8 | 200 | 887 | 840 | 740 | 680 | 150 | 150 | 3 |
| | 85 | 135 | | 46.0 | | 68 | 5.1 | | | | | | | | |
| | 97 | 126 | | 47.7 | | 70 | 4.2 | | | | | | | | |
| DF85-45 | 54 | 204 | 2950 | 48.4 | 75 | 62 | 6.8 | 200 | 1021 | 914 | 740 | 680 | 150 | 150 | 4 |
| | 85 | 180 | | 61.2 | | 68 | 5.1 | | | | | | | | |
| | 97 | 168 | | 63.6 | | 70 | 4.2 | | | | | | | | |
| DF85-45 | 54 | 255 | 2950 | 60.5 | 90 | 62 | 6.8 | 200 | 1165 | 993 | 740 | 680 | 150 | 150 | 5 |
| | 85 | 225 | | 76.7 | | 68 | 5.1 | | | | | | | | |
| | 97 | 210 | | 79.7 | | 70 | 4.2 | | | | | | | | |
| DF85-45 | 54 | 306 | 2950 | 72.5 | 110 | 62 | 6.8 | 200 | 1696 | 1067 | 940 | 775 | 150 | 150 | 6 |
| | 85 | 270 | | 91.8 | | 68 | 5.1 | | | | | | | | |
| | 97 | 252 | | 95.5 | | 70 | 4.2 | | | | | | | | |
| DF85-45 | 54 | 357 | 2950 | 84.7 | 132 | 62 | 6.8 | 200 | 1832 | 1114 | 960 | 775 | 150 | 150 | 7 |
| | 85 | 315 | | 107.5 | | 68 | 5.1 | | | | | | | | |
| | 97 | 294 | | 111.0 | | 70 | 4.2 | | | | | | | | |
| DF85-45 | 54 | 408 | 2950 | 97.0 | 160 | 62 | 6.8 | 200 | 1958 | 1215 | 960 | 775 | 150 | 150 | 8 |
| | 85 | 360 | | 122.5 | | 68 | 5.1 | | | | | | | | |
| | 97 | 336 | | 127.0 | | 70 | 4.2 | | | | | | | | |
| DF85-45 | 54 | 459 | 2950 | 109 | 185 | 62 | 6.8 | 200 | 2225 | 1289 | 1080 | 775 | 150 | 150 | 9 |
| | 85 | 405 | | 138 | | 68 | 5.1 | | | | | | | | |
| | 97 | 378 | | 142.5 | | 70 | 4.2 | | | | | | | | |
| DF85-67 | 55 | 222 | 2950 | 66.6 | 90 | 50 | 6.7 | 235 | 846 | 1407 | 674 | 620 | 150 | 150 | 3 |
| | 85 | 201 | | 75 | | 62 | 6 | | | | | | | | |
| | 100 | 183 | | 79.2 | | 63 | 5.6 | | | | | | | | |
| DF85-67 | 55 | 296 | 2950 | 88.8 | 110 | 50 | 6.7 | 235 | 964 | 1495 | 674 | 620 | 150 | 150 | 4 |
| | 85 | 268 | | 100 | | 52 | 6 | | | | | | | | |
| | 100 | 244 | | 105.6 | | 63 | 5.6 | | | | | | | | |
| DF85-67 | 55 | 370 | 2950 | 111 | 160 | 50 | 6.7 | 235 | 1126 | 1583 | 674 | 620 | 150 | 150 | 5 |
| | 85 | 335 | | 125 | | 52 | 6 | | | | | | | | |
| | 100 | 305 | | 132 | | 63 | 5.6 | | | | | | | | |

（续）

| 泵型号 | 流量 Q /( m³/h ) | 扬程 H /m | 转速 n /( r/min ) | 功率 /kW | | 泵效率 η ( % ) | 允许吸上真空高度 Hₛ/m | 叶轮直径 D₂ /mm | 泵质量 W /kg | 泵外形尺寸 /mm | | | 泵口径 /mm | | 级数 |
|---|---|---|---|---|---|---|---|---|---|---|---|---|---|---|---|
| | | | | 轴功率 | 配带功率 | | | | | 长 | 宽 | 高 | 吸入 | 排出 | |
| DF85-67 | 55 | 444 | 2950 | 133.2 | 190 | 50 | 6.7 | 235 | 1434 | 1671 | 674 | 620 | 150 | 150 | 6 |
| | 85 | 402 | | 150 | | 52 | 6 | | | | | | | | |
| | 100 | 365 | | 158.4 | | 63 | 5.6 | | | | | | | | |
| DF85-67 | 55 | 518 | 2950 | 155.4 | 190 | 50 | 6.7 | 235 | 1556 | 1759 | 674 | 620 | 150 | 150 | 7 |
| | 85 | 469 | | 175 | | 52 | 6 | | | | | | | | |
| | 100 | 427 | | 184.8 | | 63 | 5.6 | | | | | | | | |
| DF85-67 | 55 | 592 | 2950 | 177.6 | 220 | 50 | 6.7 | 235 | 1624 | 1847 | 674 | 620 | 150 | 150 | 8 |
| | 85 | 536 | | 200 | | 52 | 6 | | | | | | | | |
| | 100 | 488 | | 211.2 | | 63 | 5.6 | | | | | | | | |
| DF85-67 | 55 | 666 | 2950 | 199.8 | 250 | 50 | 6.7 | 235 | 1840 | 1935 | 674 | 620 | 150 | 150 | 9 |
| | 85 | 603 | | 225 | | 52 | 6 | | | | | | | | |
| | 100 | 549 | | 237.6 | | 63 | 5.6 | | | | | | | | |
| DF155-30 | 119 | 98.1 | 1480 | 43.05 | 75 | 74 | 7.5 | 305 | 540 | 1168 | 605 | 630 | 150 | 150 | 3 |
| | 155 | 92.1 | | 50.40 | | 77 | 6.9 | | | | | | | | |
| | 190 | 84.0 | | 58.06 | | 75 | 5.8 | | | | | | | | |
| DF155-30 | 119 | 130.8 | 1480 | 57.40 | 90 | 74 | 7.5 | 305 | 620 | 1283 | 605 | 630 | 150 | 150 | 4 |
| | 155 | 122.8 | | 67.20 | | 77 | 6.9 | | | | | | | | |
| | 190 | 112.0 | | 77.42 | | 75 | 5.8 | | | | | | | | |
| DF155-30 | 119 | 163.5 | 1480 | 71.75 | 110 | 74 | 7.5 | 305 | 690 | 1428 | 605 | 630 | 150 | 150 | 5 |
| | 155 | 152.5 | | 84.00 | | 77 | 6.9 | | | | | | | | |
| | 190 | 140.0 | | 96.78 | | 75 | 5.8 | | | | | | | | |
| DF155-30 | 119 | 196.2 | 1480 | 86.10 | 132 | 74 | 7.5 | 305 | 770 | 1543 | 605 | 630 | 150 | 150 | 6 |
| | 155 | 184.2 | | 100.80 | | 77 | 6.9 | | | | | | | | |
| | 190 | 168.0 | | 116.16 | | 75 | 5.8 | | | | | | | | |
| DF155-30 | 119 | 228.9 | 1480 | 100.45 | 160 | 74 | 7.5 | 305 | 850 | 1658 | 605 | 630 | 150 | 150 | 7 |
| | 155 | 214.9 | | 117.60 | | 77 | 6.9 | | | | | | | | |
| | 190 | 196.0 | | 135.52 | | 75 | 5.8 | | | | | | | | |
| DF155-30 | 119 | 261.6 | 1480 | 114.80 | 190 | 74 | 7.5 | 305 | 930 | 1773 | 605 | 630 | 150 | 150 | 8 |
| | 155 | 245.6 | | 134.40 | | 77 | 6.9 | | | | | | | | |
| | 190 | 224.0 | | 154.88 | | 75 | 5.8 | | | | | | | | |
| DF155-30 | 119 | 294.3 | 1480 | 129.15 | 190 | 74 | 7.5 | 305 | 1010 | 1888 | 605 | 630 | 150 | 150 | 9 |
| | 155 | 276.3 | | 151.20 | | 77 | 6.9 | | | | | | | | |
| | 190 | 252.0 | | 174.24 | | 75 | 5.8 | | | | | | | | |
| DF155-30 | 119 | 327.0 | 1480 | 143.50 | 220 | 74 | 7.5 | 305 | 1090 | 2003 | 605 | 630 | 150 | 150 | 10 |
| | 155 | 307.0 | | 168.50 | | 77 | 6.9 | | | | | | | | |
| | 190 | 280.0 | | 193.60 | | 75 | 5.8 | | | | | | | | |
| DF280-43 | 168 | 141 | 1480 | 93.6 | 160 | 69 | 7 | 360 | 930 | 1386 | 737 | 780 | 200 | 200 | 3 |
| | 280 | 129 | | 127.8 | | 77 | 5.5 | | | | | | | | |
| | 336 | 114 | | 141 | | 74 | 3.9 | | | | | | | | |

（续）

| 泵型号 | 流量 Q /( m³/h ) | 扬程 H /m | 转速 n /( r/min ) | 功率 /kW | | 泵效率 η ( % ) | 允许吸上真空高度 $H_s$/m | 叶轮直径 $D_2$ /mm | 泵质量 W /kg | 泵外形尺寸 /mm | | | 泵口径 /mm | | 级数 |
|---|---|---|---|---|---|---|---|---|---|---|---|---|---|---|---|
| | | | | 轴功率 | 配带功率 | | | | | 长 | 宽 | 高 | 吸入 | 排出 | |
| DF280-43 | 168 | 188 | 1480 | 124.8 | 220 | 69 | 7 | 360 | 1040 | 1516 | 737 | 780 | 200 | 200 | 4 |
| | 280 | 172 | | 170.4 | | 77 | 5.5 | | | | | | | | |
| | 336 | 152 | | 188 | | 74 | 3.9 | | | | | | | | |
| DF280-43 | 168 | 235 | 1480 | 156 | 250 | 69 | 7 | 360 | 1150 | 1646 | 737 | 780 | 200 | 200 | 5 |
| | 280 | 215 | | 213 | | 77 | 5.5 | | | | | | | | |
| | 336 | 190 | | 235 | | 74 | 3.9 | | | | | | | | |
| DF280-43 | 168 | 282 | 1480 | 187.2 | 320 | 69 | 7 | 360 | 1260 | 1776 | 737 | 780 | 200 | 200 | 6 |
| | 280 | 258 | | 255.6 | | 77 | 5.5 | | | | | | | | |
| | 336 | 228 | | 282 | | 74 | 3.9 | | | | | | | | |
| DF280-43 | 168 | 329 | 1480 | 218.4 | 360 | 69 | 7 | 360 | 1370 | 1936 | 737 | 780 | 200 | 200 | 7 |
| | 280 | 301 | | 298.2 | | 77 | 5.5 | | | | | | | | |
| | 336 | 266 | | 329 | | 74 | 3.9 | | | | | | | | |
| DF280-43 | 168 | 376 | 1480 | 249.6 | 440 | 69 | 7 | 360 | 1480 | 2066 | 737 | 780 | 200 | 200 | 8 |
| | 280 | 344 | | 340.8 | | 77 | 5.5 | | | | | | | | |
| | 336 | 304 | | 376 | | 74 | 3.9 | | | | | | | | |
| DF280-43 | 168 | 423 | 1480 | 280.8 | 440 | 69 | 7 | 360 | 1590 | 2196 | 737 | 780 | 200 | 200 | 9 |
| | 280 | 387 | | 383.4 | | 77 | 5.5 | | | | | | | | |
| | 336 | 342 | | 432 | | 74 | 3.9 | | | | | | | | |

# 7.3 其他泵产品性能参数

## 7.3.1 N型凝结水泵

　　N型泵供输送温度低于120℃的冷凝水或物理、化学性质类似清水的液体。适合于火力发电站机组配套用。

　　N型泵是单吸单级和两级悬臂式离心泵。泵有带诱导轮和不带诱导轮两种结构形式。泵的入口为水平轴向，出口垂直向上。轴伸端由两个滚动轴承支承在托架上，轴承用润滑油润滑。在轴的轴封处装有可更换的轴套来保护泵轴。轴封采用填料密封。在轴的伸出端设有填料函，内装软填料，有一定压力的水通过填料函起水封冷却作用。泵通过弹性联轴器由电动机直接驱动。从原动机方向看泵，泵为逆时针旋转。

　　N型凝结水泵型号含义：如2.5N3×2，2.5—泵吸入口直径除以25，N—冷凝水泵，3—设计单级扬程被10除后取整数，2—级数。另外，如100N130，100—泵吸入口直径，N—冷凝水泵，130—泵设计点扬程。

　　N型凝结水泵性能参数详见表7-18。

表 7-18　N 型凝结水泵性能参数

| 泵型号 | 流量 $Q$ /(m³/h) | 扬程 $H$ /m | 转速 $n$ /(r/min) | 功率 /kW 轴功率 | 配带功率 | 泵效率 $\eta$ (%) | 汽蚀余量 NPSH /m | 叶轮直径 $D_2$ /mm | 泵质量 $W$ /kg | 泵外形尺寸 /mm 长 | 宽 | 高 | 泵口径 /mm 吸入 | 排出 |
|---|---|---|---|---|---|---|---|---|---|---|---|---|---|---|
| 2.5N3×2（泵外形尺寸为机组尺寸） | 8 | 52.5 | | 3.50 | | 37.5 | 1.9 | | | | | | | |
| | 10 | 51.5 | 2950 | 3.42 | 5.5 | 41 | 2 | 148 | 50 | 1030.5 | 390 | 433 | 65 | |
| | 12 | 50.5 | | 3.74 | | 44 | 2.2 | | | | | | | |
| 3N6 | 16.5 | 62 | | 6.65 | | 44 | 1.5 | | | | | | | |
| | 22 | 61 | 2950 | 7.4 | 13 | 49 | 1.7 | 215 | 80 | 1212 | 475 | 455 | 7.5 | |
| | 30 | 58 | | 8.8 | | 54 | 1.9 | | | | | | | |
| 3N6×2 | 18 | 131 | | 15.7 | | 41 | 1.75 | 215（Ⅰ） | | | | | | |
| | 26 | 128 | 2950 | 17.8 | 22 | 51 | 2.05 | | 100 | 1353 | 575 | 540 | 7.5 | |
| | 34 | 120 | | 19.6 | | 56.8 | 2.4 | 225（Ⅱ） | | | | | | |
| 4N6 | 30 | 63.5 | | 11 | | 47 | 1.4 | | | | | | | |
| | 40 | 62 | 2950 | 12.7 | 22 | 53 | 1.6 | 225 | 94 | 1332.5 | 600 | 590 | 100 | |
| | 50 | 59.5 | | 14.1 | | 57.5 | 1.75 | | | | | | | |
| 4N6 A | 30 | 40 | | 6.3 | | 49 | 1.6 | | | | | | | |
| | 40 | 38 | 2950 | 7.3 | 10 | 55.5 | 1.8 | 175 | 92 | 1262.5 | 500 | 590 | 100 | |
| | 50 | 37.7 | | 8.25 | | 58.5 | 2.0 | | | | | | | |
| 4N6×2 | 25 | 130 | | 21.1 | | 42 | 2.0 | 220（Ⅰ） | | | | | | |
| | 40 | 125 | 2950 | 25 | 40 | 54 | 2.2 | | 170 | 1596 | 555.5 | 610 | 100 | |
| | 50 | 120 | | 27.3 | | 60 | 2.4 | 215（Ⅱ） | | | | | | |
| 6N6 | 60 | 70 | | 22.9 | | 50 | 1.4 | | | | | | | |
| | 90 | 66 | 2950 | 25.3 | 40 | 64 | 1.45 | 232 | 120 | 1621 | 572.5 | 570 | 150 | |
| | 120 | 60 | | 27.7 | | 71 | 1.5 | | | | | | | |
| 100N130 | 42 | 143 | | 36.0 | | 44 | 1.3 | | | | | | | |
| | 52.5 | 141 | 2950 | 40.0 | 55 | 49 | 1.5 | 325 | 166 | 1713 | 665 | 665 | 100 | |
| | 70 | 135 | | 46.8 | | 55 | 2.0 | | | | | | | |
| 150N110 | 80 | 122 | | 48.3 | | 55 | 1.35 | | | | | | | |
| | 100 | 116 | 2950 | 52.6 | 75 | 60 | 1.4 | 300 | 188 | 1912 | 715 | 730 | 150 | |
| | 110 | 112 | | 55 | | 61 | 1.5 | | | | | | | |

## 7.3.2　W 型旋涡泵

　　W 型泵供输送不含固体颗粒，无腐蚀性，温度为 −20 ～ 80℃，黏度低于 5°E 的液体。

　　W 型泵是单级单吸悬臂式旋涡泵，泵的出入口向上。泵主要由泵体、泵盖、叶轮、填料函、托架等零件组成。泵轴伸出端由两个滚动轴承支承在托架上。轴承用润滑油润滑。

采用填料密封或机械密封。轴伸出端设有密封函体，内装软填料或机械密封。泵通过弹性联轴器由电动机直接驱动。

W 型旋涡泵型号含义：如 32W-30，32—泵吸入口直径，W—旋涡泵，30—设计点扬程。

W 型旋涡泵性能参数详见表 7-19。

表 7-19  W 型旋涡泵性能参数

| 泵型号 | 流量 $Q$ /($m^3$/h) | 扬程 $H$ /m | 转速 $n$ /(r/min) | 功率 /kW 轴功率 | 功率 /kW 配带功率 | 泵效率 $\eta$ (%) | 汽蚀余量 NPSH /m | 叶轮直径 $D_2$ /mm | 泵质量 W /kg | 泵外形尺寸 /mm 长 | 泵外形尺寸 /mm 宽 | 泵外形尺寸 /mm 高 | 泵口径 /mm 吸入 | 泵口径 /mm 排出 |
|---|---|---|---|---|---|---|---|---|---|---|---|---|---|---|
| 20W-20 | 0.36 | 28 | | 0.196 | | 14 | 3 | | | | | | | |
| | 0.72 | 20 | 2900 | 0.178 | 0.8 | 22 | 3.5 | 65 | 12 | | | | 20 | |
| | 0.9 | 15 | | 0.175 | | 21 | 4 | | | | | | | |
| 25W-25 | 0.792 | 40 | | 0.507 | | 17 | 3.5 | | | | | | | |
| | 1.44 | 25 | 2900 | 0.378 | 0.8 | 26 | 4 | 75 | 12 | | | | 25 | |
| | 1.8 | 18 | | 0.353 | | 25 | 4.5 | | | | | | | |
| 32W-30 | 1.73 | 52 | | 1.066 | | 23 | 3.5 | | | | | | | |
| | 2.88 | 30 | 2900 | 0.735 | 1.5 | 32 | 4 | 85 | 13 | | | | 32 | |
| | 3.6 | 20 | | 0.632 | | 31 | 4.5 | | | | | | | |
| 40W-40 | 3.6 | 60 | | 2.36 | | 25 | 4 | | | | | | | |
| | 5.4 | 40 | 2900 | 1.73 | 4 | 34 | 5 | 95 | 13 | | | | 40 | |
| | 6.48 | 26 | | 1.35 | | 34 | 6 | | | | | | | |
| 50W-45 | 6.12 | 66 | | 4.23 | | 26 | 5 | | | | | | | |
| | 9 | 45 | 2900 | 3.06 | 5.5 | 36 | 6 | 105 | 50 | | | | 50 | |
| | 10.8 | 28 | | 2.35 | | 35 | 7 | | | | | | | |
| 65W-50 | 10.1 | 84 | | 7.97 | | 29 | 5.5 | | | | | | | |
| | 14.4 | 50 | 2900 | 5.03 | 10 | 39 | 6.5 | 110 | 60 | | | | 65 | |
| | 16.9 | 30 | | 3.74 | | 37 | 7.5 | | | | | | | |
| 20W-65 | 0.36 | 80 | | 1.12 | | 7 | 3.5 | | | | | | | |
| | 0.72 | 65 | 2900 | 0.85 | 2.2 | 15 | 4 | 105 | 13 | | | | 20 | |
| | 0.9 | 50 | | 0.816 | | 15 | 4.5 | | | | | | | |
| 25W-70 | 0.792 | 110 | | 1.826 | | 13 | 4 | | | | | | | |
| | 1.44 | 70 | 2900 | 1.25 | 3 | 22 | 4.5 | 115 | 13 | | | | 25 | |
| | 1.8 | 52 | | 1.16 | | 22 | 5 | | | | | | | |
| 32W-75 | 1.73 | 115 | | 2.36 | | 23 | 4.5 | | | | | | | |
| | 2.88 | 75 | 2900 | 1.96 | 4 | 30 | 5 | 115 | 35 | | | | 32 | |
| | 3.6 | 53 | | 1.73 | | 30 | 5.5 | | | | | | | |
| 40W-90 | 3.6 | 132 | | 5.625 | | 23 | 5.5 | | | | | | | |
| | 5.4 | 90 | 2900 | 4.01 | 7.5 | 33 | 6.5 | 125 | 40 | | | | 40 | |
| | 6.48 | 63 | | 3.37 | | 33 | 7.5 | | | | | | | |
| 32W-105 | 2.05 | 130 | | 2.86 | | 25.5 | | | | | | | | |
| | 2.4 | 110 | 2900 | 2.48 | 4 | 29 | 6 | 130 | 28 | | | | 32 | |
| | 2.88 | 85 | | 2.11 | | 31.5 | | | | | | | | |

### 7.3.3　WX 型离心旋涡泵

WX 型泵供输送不含固体颗粒，温度低于 105℃，黏度低于 5°E 的液体。
性能范围：
流量 $Q$：$6.3 \sim 27\text{m}^3/\text{h}$。
扬程 $H$：$88 \sim 200\text{m}^3/\text{h}$。

WX 型泵是单吸两级悬臂式离心旋涡泵。泵的入口为水平轴向，出口垂直向上。泵的第一级叶轮是离心轮，第二级叶轮是旋涡轮。泵主要由泵体、泵盖、旋涡泵体、轴、离心轮、旋涡轮、托架等零件组成。泵轴伸出端由两个滚动轴承支承在托架上，轴承用润滑油润滑。轴封采用填料密封或机械密封。轴伸出端设有密封函，内装软填料或机械密封。泵通过弹性联轴器由原动机直接驱动。从原动机方向看泵，泵为顺时针方向旋转。

WX 型离心旋涡泵型号含义：如 65WX-130，65—泵吸入口直径，WX—离心旋涡泵，130—设计点两级扬程之和。

WX 型离心旋涡泵性能参数详见表 7-20。

表 7-20　WX 型离心旋涡泵性能参数

| 泵型号 | 流量 $Q$ /( $\text{m}^3$/h ) | 扬程 $H$ /m | 转速 $n$ /( r/min ) | 功率 /kW | | 泵效率 $\eta$ （ % ） | 汽蚀余量 NPSH /m | 叶轮直径 $D_2$ /mm | 泵质量 $W$ /kg | 泵外形尺寸 /mm | | | 泵口径 /mm | |
|---|---|---|---|---|---|---|---|---|---|---|---|---|---|---|
| | | | | 轴功率 | 配带功率 | | | | | 长 | 宽 | 高 | 吸入 | 排出 |
| 65WX-130 | 6.3 | 173 | 2900 | 10.8 | 13 | 28 | | 135 | 70 | 500 | 470 | 415 | 65 | |
| | 9 | 130 | | 9.35 | | 34 | | | | | | | | |
| | 11.25 | 88 | | 7.92 | | 34 | | | | | | | | |
| 65WX-140 | 10.8 | 186 | 2900 | 17.7 | 22 | 31 | | 150 | 70 | 500 | 500 | 435 | 65 | |
| | 14.4 | 140 | | 14.45 | | 38 | | | | | | | | |
| | 18 | 94 | | 12.45 | | 37 | | | | | | | | |
| 65WX-150 | 17.25 | 200 | 2900 | 27.7 | 30 | 34 | | 150 | 70 | 500 | 530 | 475 | 65 | |
| | 21.6 | 150 | | 21.28 | | 41 | | | | | | | | |
| | 27 | 95 | | 17.5 | | 40 | | | | | | | | |

### 7.3.4　WZ 型多级自吸旋涡泵

WZ 型泵供输送不含固体颗粒，无腐蚀性，温度为 $-20 \sim 80℃$，黏度小于 5°E 的易挥发的液体或液汽混合物。

WZ 型泵是卧式单吸多级节段式自吸旋涡泵，自吸能力强，泵的出入口均垂直向上，穿杠将吸入段、中段、吐出段连成一体，泵转子由装在轴上的叶轮等零件组成，叶轮上开有平衡孔，平衡轴向力。转子两端由滚动轴承支承，轴承用油脂润滑。

轴封采用填料密封或机械密封。泵通过弹性联轴器由原动机直接驱动。

WZ 型多级自吸旋涡泵型号含义：如 20WZ-14×2，20—泵吸入口直径，WZ—自吸旋涡泵，14—单级扬程，2—级数。

WZ 型多级自吸旋涡泵性能参数详见表 7-21。

表 7-21　WZ 型多级自吸旋涡泵性能参数

| 泵型号 | 流量 Q /(m³/h) | 扬程 H /m | 转速 n /(r/min) | 功率/kW 轴功率 | 功率/kW 配带功率 | 泵效率 η (%) | 允许吸上真空高度 Hₛ/m | 叶轮直径 D₂ /mm | 泵质量 W /kg | 泵外形尺寸/mm 长 | 泵外形尺寸/mm 宽 | 泵外形尺寸/mm 高 | 泵口径/mm 吸入 | 泵口径/mm 排出 |
|---|---|---|---|---|---|---|---|---|---|---|---|---|---|---|
| 20WZ-14×2 | 0.792 | 38 | 1450 | 0.585 | 0.75 | 14 | 8 | 100 | 10 | | | | 20 | |
| | 1.44 | 28 | | 0.478 | | 23 | 7.5 | | | | | | | |
| | 1.8 | 20 | | 0.445 | | 22 | 7 | | | | | | | |
| 20WZ-14×3 | 0.792 | 57 | 1450 | 0.878 | 1.1 | 14 | 8 | 100 | 13 | | | | 20 | |
| | 1.44 | 42 | | 0.716 | | 23 | 7.5 | | | | | | | |
| | 1.8 | 30 | | 0.668 | | 22 | 7 | | | | | | | |
| 20WZ-14×4 | 0.792 | 76 | 1450 | 1.17 | 1.5 | 14 | 8 | 100 | 16 | | | | 20 | |
| | 1.44 | 56 | | 0.956 | | 23 | 7.5 | | | | | | | |
| | 1.8 | 40 | | 0.891 | | 22 | 7 | | | | | | | |
| 25WZ-16×2 | 1.8 | 46 | 1450 | 1.13 | 1.5 | 20 | 7.5 | 110 | 13 | | | | 25 | |
| | 2.88 | 32 | | 0.9 | | 28 | 7 | | | | | | | |
| | 3.6 | 22 | | 0.8 | | 27 | 6.5 | | | | | | | |
| 25WZ-16×3 | 1.8 | 69 | 1450 | 1.69 | 2.2 | 20 | 7.5 | 110 | 17.5 | | | | 25 | |
| | 2.88 | 48 | | 1.34 | | 28 | 7 | | | | | | | |
| | 3.6 | 33 | | 1.20 | | 27 | 6.5 | | | | | | | |
| 25WZ-16×4 | 1.8 | 92 | 1450 | 2.25 | 3.0 | 20 | 7.5 | 110 | 22 | | | | 25 | |
| | 2.88 | 64 | | 1.79 | | 28 | 7 | | | | | | | |
| | 3.6 | 44 | | 1.60 | | 27 | 6.6 | | | | | | | |
| 32WZ-18×2 | 3.6 | 50 | 1450 | 1.96 | 3.0 | 25 | 7.0 | 132 | 19 | | | | 32 | |
| | 5.4 | 36 | | 1.65 | | 32 | 6.5 | | | | | | | |
| | 6.48 | 24 | | 1.46 | | 29 | 6.0 | | | | | | | |
| 32WZ-18×3 | 3.6 | 75 | 1450 | 2.94 | 4.0 | 25 | 7.0 | 132 | 22 | | | | 32 | |
| | 5.4 | 54 | | 2.48 | | 32 | 6.5 | | | | | | | |
| | 6.48 | 36 | | 2.19 | | 29 | 6.0 | | | | | | | |
| 32WZ-18×4 | 3.6 | 100 | 1450 | 3.92 | 5.5 | 25 | 7.0 | 132 | 25 | | | | 32 | |
| | 5.4 | 72 | | 3.31 | | 32 | 6.5 | | | | | | | |
| | 6.48 | 48 | | 2.92 | | 29 | 6.0 | | | | | | | |
| 40WZ-28×2 | 6.12 | 84 | 1450 | 5.6 | 7.5 | 25 | 6.5 | 148 | 38 | | | | 40 | |
| | 9.0 | 56 | | 4.04 | | 34 | 6.0 | | | | | | | |
| | 10.8 | 34 | | 3.22 | | 31 | 5.5 | | | | | | | |
| 40WZ-28×3 | 6.12 | 126 | 1450 | 8.6 | 11 | 25 | 6.5 | 148 | 45 | | | | 40 | |
| | 9.0 | 84 | | 6.06 | | 34 | 6.0 | | | | | | | |
| | 10.8 | 51 | | 4.84 | | 31 | 5.5 | | | | | | | |

（续）

| 泵型号 | 流量 Q /( m³/h) | 扬程 H /m | 转速 n /( r/min) | 功率 /kW 轴功率 | 功率 /kW 配带功率 | 泵效率 η ( % ) | 允许吸上真空高度 $H_s$/m | 叶轮直径 $D_2$ /mm | 泵质量 W /kg | 泵外形尺寸 /mm 长 | 泵外形尺寸 /mm 宽 | 泵外形尺寸 /mm 高 | 泵口径 /mm 吸入 | 泵口径 /mm 排出 |
|---|---|---|---|---|---|---|---|---|---|---|---|---|---|---|
| 40WZ-28×4 | 6.12 | 168 | | 11.2 | | 25 | 6.5 | | | | | | | |
|  | 9.0 | 112 | 1450 | 8.06 | 15 | 34 | 6.0 | 148 | 52 | | | | 40 | |
|  | 10.8 | 68 | | 6.46 | | 31 | 5.5 | | | | | | | |
| 50WZ-32×2 | 11.7 | 88 | | 9.35 | | 30 | 6.0 | | | | | | | |
|  | 14.4 | 64 | 1450 | 7.17 | 11 | 35 | 5.5 | 170 | 49 | | | | 50 | |
|  | 18.0 | 40 | | 5.75 | | 34 | 5.0 | | | | | | | |
| 50WZ-32×3 | 11.7 | 132 | | 14 | | 30 | 6.0 | | | | | | | |
|  | 14.4 | 96 | 1450 | 10.75 | 15 | 35 | 5.5 | 170 | 60 | | | | 50 | |
|  | 18.0 | 60 | | 8.65 | | 34 | 5.0 | | | | | | | |
| 65WZ-36×2 | 17.25 | 102 | | 16 | | 30 | 5.5 | | | | | | | |
|  | 21.6 | 72 | 1450 | 11.8 | 22 | 36 | 5.0 | 190 | | | | | 65 | |
|  | 27 | 42 | | 8.85 | | 35 | 4.5 | | | | | | | |
| 65WZ-36×3 | 17.25 | 153 | | 24 | | 30 | 5.5 | | | | | | | |
|  | 21.6 | 108 | 1450 | 17.6 | 30 | 36 | 5.0 | 190 | | | | | 65 | |
|  | 27 | 63 | | 13.5 | | 35 | 4.5 | | | | | | | |

## 7.3.5　G 型单螺杆泵

G 型单螺杆泵适用于输送水、污水、油、污油、渣油、牛奶、酒类、糖浆、果浆、泥浆、化工浆液等清洁或含有悬浮物的液体。

G 型单螺杆泵的结构形式为卧式，最高工作压力为 1.2MPa，工作温度取决于输送介质和衬套（定子）所采用的弹性体材料，最大流量为 260m³/h。从驱动端看，泵为逆时针方向旋转。

G 型单螺杆泵型号含义：如 G15-1，G—系列单螺杆泵，15—螺杆名义直径，1—表示一级泵（2—表示二级泵）。

G 型单螺杆泵性能参数详见表 7-22。

表 7-22　G 型单螺杆泵性能参数

| 泵型号 | 每 100 转理论流量 q/L | 流量 Q /( m³/h) | 排出压力 p /MPa | 允许最高转速 n /( r/min) | 必需汽蚀余量 NPSH /m | 轴功率 P /kW | 泵效率 η ( % ) | 泵口径 /mm 吸入 | 泵口径 /mm 排出 |
|---|---|---|---|---|---|---|---|---|---|
| G15-1 | 1.63 | 2.45 | 0.6 | 3000 | 4 | 0.92 | 49 | 32 | 25 |
| G15-2 | 1.63 | 2.45 | 1.2 | 3000 | 4 | 1.72 | 50 | 32 | 25 |
| G20-1 | 3.11 | 3.74 | 0.6 | 2400 | 4 | 1.35 | 51 | 40 | 32 |

（续）

| 泵型号 | 每 100 转理论流量 q/L | 流量 Q /（ m³/h ） | 排出压力 p /MPa | 允许最高转速 n /（ r/min ） | 必需汽蚀余量 NPSH /m | 轴功率 P /kW | 泵效率 η （ % ） | 泵口径 /mm 吸入 | 泵口径 /mm 排出 |
|---|---|---|---|---|---|---|---|---|---|
| G20-2 | 3.11 | 3.74 | 1.2 | 2400 | 4 | 2.53 | 52 | 40 | 32 |
| G25-1 | 6.26 | 6.31 | 0.6 | 2000 | 4 | 2.15 | 54 | 50 | 40 |
| G25-2 | 6.26 | 6.31 | 1.2 | 2000 | 4 | 4.02 | 55 | 50 | 40 |
| G35-1 | 13.06 | 9.87 | 0.6 | 1500 | 4 | 3.13 | 58 | 65 | 50 |
| G35-2 | 13.06 | 9.87 | 1.2 | 1500 | 4 | 5.87 | 59 | 65 | 50 |
| G40-1 | 25.2 | 15.88 | 0.6 | 1250 | 4 | 4.57 | 64 | 80 | 65 |
| G40-2 | 25.2 | 15.88 | 1.2 | 1250 | 4 | 8.57 | 65 | 80 | 65 |
| G50-1 | 50.1 | 25.23 | 0.6 | 1000 | 4.5 | 7 | 66 | 100 | 80 |
| G50-2 | 50.1 | 25.23 | 1.2 | 1000 | 4.5 | 12.97 | 68 | 100 | 80 |
| G70-1 | 104.45 | 42.11 | 0.6 | 800 | 4.5 | 11.33 | 68 | 125 | 100 |
| G70-2 | 104.45 | 42.11 | 1.2 | 800 | 4.5 | 21.03 | 70 | 125 | 100 |
| G85-1 | 201.6 | 64.01 | 0.6 | 630 | 4.5 | 16.73 | 70 | 150 | 150 |
| G85-2 | 201.6 | 64.01 | 1.2 | 630 | 4.5 | 31.08 | 72 | 150 | 150 |
| G105-1 | 400.42 | 100.9 | 0.6 | 500 | 4.5 | 26.37 | 70 | 200 | 200 |
| G105-2 | 400.42 | 100.9 | 1.2 | 500 | 4.5 | 48.99 | 72 | 200 | 200 |
| G135-1 | 835.58 | 168.45 | 0.6 | 400 | 5 | 43.7 | 70 | 200 | 200 |
| G135-2 | 835.58 | 168.45 | 1.2 | 400 | 5 | 81.47 | 72 | 200 | 200 |
| G170-1 | 1612.8 | 260.11 | 0.6 | 320 | 5 | 67.94 | 70 | 250 | 250 |
| G170-2 | 1612.8 | 260.11 | 1.2 | 320 | 5 | 122.67 | 72 | 250 | 250 |

## 7.3.6  SZ 型水环真空泵

SZ 型水环真空泵用于抽吸、压缩空气或其他不含固体颗粒、无腐蚀性的气体（可微带灰尘）。适合于冶金、矿山、化工、轻工、机电、石油、食品和航空等用于真空蒸发、真空除气、真空过滤、真空浓缩、真空封罐、真空送料、真空蒸馏、真空浸渍和真空模拟等。

SZ 型水环真空泵型号含义：如 SZ-1，S—水环式，Z—真空泵，1—泵的序号。

SZ 型水环真空泵性能参数详见表 7-23。

表 7-23　SZ 型水环真空泵性能参数

| 泵型号 | 不同真空度时的气量 /（m³/min） | | | | | 极限真空度 /kPa | 耗水量 /（L/min） | 电机功率 /kW | 转速 /（r/min） | 泵外形尺寸 /mm | | |
|---|---|---|---|---|---|---|---|---|---|---|---|---|
| | O 最大气量 | −40.53 kPa | −60.8 kPa | −81.06 kPa | −91.19 kPa | | | | | 长 | 宽 | 高 |
| SZ-1 | 1.62 | 0.69 | 0.43 | 0.13 | | −85.33 | 10 | 4 | 1450 | 585 | 364 | 390 |
| SZ-2 | 3.67 | 1.78 | 1.02 | 0.27 | | −87.99 | 30 | 7.5 | 1450 | 722 | 364 | 390 |
| SZ-3 | 12.40 | 7.31 | 4.31 | 1.62 | 0.54 | −93.33 | 70 | 18.5 | 960 | 1392 | 480 | 600 |
| SZ-4 | 29.10 | 18.98 | 11.86 | 3.23 | 1.08 | −94.26 | 100 | 75 | 730 | 1620 | 650 | 1060 |

# 参考文献

［1］沈阳水泵研究所.叶片泵设计手册［M］.北京：机械工业出版社，1983.

［2］沈阳水泵研究所.离心泵设计基础［M］.北京：机械工业出版社，1974.

［3］关醒凡.泵的理论与设计［M］.北京：机械工业出版社，1987.

［4］关醒凡.现代泵设计手册［M］.北京：宇航出版社，1995.

［5］柴立平.泵选用手册［M］.北京：机械工业出版社，2009.

［6］牟介刚，李必祥.离心泵设计实用技术［M］.北京：机械工业出版社，2015.

［7］牟介刚，谷云庆，王旭林，等.浆液泵设计实用技术［M］.北京：机械工业出版社，
2016.

［8］牟介刚，谷云庆.离心泵设计通用技术［M］.北京：机械工业出版社，2018.

［9］沈阳水泵研究所，合肥华生泵阀股份有限公司，广东省佛山水泵厂有限公司，等.回转动
力泵 水力性能验收试验1级、2级 和3级：GB/T 3216—2016［S］.北京：中国标准出版社，
2017.

［10］沈阳水泵研究所，上海东方泵业（集团）有限公司，广东省佛山水泵厂有限公司，等.
离心泵 效率：GB/T 13007—2011［S］.北京：中国标准出版社，2012.

［11］沈阳鼓风机集团股份有限公司，沈阳耐蚀合金泵股份有限公司，上海连成（集团）有限
公司，等.离心泵、混流泵和轴流泵 汽蚀余量：GB/T 13006—2013［S］.北京：中国标
准出版社，2014.

［12］沈阳水泵研究所，上海东方泵业（集团）有限公司，上海凯士比泵有限公司，等.泵的
振动测量与评价方法：GB/T 29531—2013［S］.北京：中国标准出版社，2013.

［13］沈阳水泵研究所，上海凯泉泵业（集团）有限公司，淄博华成泵业有限公司，等.泵的
噪声测量与评价方法：GB/T 29529—2013［S］.北京：中国标准出版社，2013.

［14］沈阳铸锻工业有限公司，石家庄强大泵业集团有限责任公司，上海凯泉泵业（集团）有
限公司，等.离心泵铸件过流部位尺寸公差：JB/T 6879—2021［S］.北京：机械工业出版
社，2008.

［15］上海连成（集团）有限公司，浙江新界泵业股份有限公司，福建立松金属工业有限公司，
等.泵用灰铸铁件：JB/T 6880.1—2013［S］.北京：机械工业出版社，2014.

［16］沈阳铸锻工业有限公司，上海凯泉泵业（集团）有限公司，嘉利特荏原泵业有限公司，
等.泵用铸钢件：JB/T 6880.2—2021［S］.北京：机械工业出版社，2008.

［17］谭林伟，施卫东，陈刻强.单双叶片离心泵设计与试验［M］.北京：中国石化出版社，
2019.

[18] 段桂芳，肖崇仁，席三忠，等．泵试验技术实用手册［M］．北京：机械工业出版社，2017．

[19] 刘红敏．流体机械泵与风机［M］．上海：上海交通大学出版社，2014．

[20] 穆为明，张文钢，黄刘琦．泵与风机的节能技术［M］．上海：上海交通大学出版社，2013．

[21] 黄志坚，袁周．工业泵节能实用技术［M］．北京：中国电力出版社，2013．

[22] 毛君．机械振动学［M］．北京：北京理工大学出版社，2016．

[23] 布莱文斯．流体诱发振动［M］．吴恕三，译．北京：机械工业出版社，1983．

[24] 应怀樵．现代振动与噪声技术［M］．北京：航空工业出版社，2007．

[25] 郭之璂．机械工程中的噪声测试与控制［M］．北京：机械工业出版社，1993．

[26] 孙寿．水泵汽蚀及其防治［M］．北京：水利电力出版社，1989．

[27] 张林夫，夏维洪．空化与空蚀［M］．南京：河海大学出版社，1989．

[28] 聂小武．实用铸件缺陷分析及对策实例［M］．沈阳：辽宁科学技术出版社，2010．

[29] 崔更生．现代铸钢件冶金质量控制技术［M］．北京：冶金工业出版社，2007．

[30] 闫文周，焦本，祁虎生．火电厂球墨铸铁输水管道设计与安装［M］．北京：中国电力出版社，2009．

[31] 叶定闽．铸态球墨铸铁［M］．成都：四川大学出版社，2016．

[32] GU Y Q, YU S W, MOU J G, et al. Experimental study of drag reduction characteristics related to the multifactor coupling of a bionic jet surface [J]. Journal of Hydrodynamics, 2019, 31(1): 186-194.

[33] GU Y Q, LIU N J, MOU J G, et al. Study on solid-liquid two-phase flow characteristics of centrifugal pump impeller with non-smooth surface [J]. Advances in Mechanical Engineering, 2019, 11(5): 1-12.

[34] GU Y Q, YU S W, MOU J G, et al. Research progress on the collaborative drag reduction effect of polymers and surfactants [J]. Materials, 2020, 13(2): 444.

[35] GU Y Q, XIA K, WU D H, et al. Technical characteristics and wear-resistant mechanism of Nano coatings: a review [J]. Coatings, 2020, 10(3): 233.

[36] GU Y Q, YU L Z, MOU J G, et al. Research strategies to develop environmentally friendly marine antifouling coatings [J]. Marine Drugs, 2020, 18(7): 371.

[37] GU Y Q, LIU T, MOU J G, et al. Analysis of drag reduction methods and mechanisms of turbulent [J]. Applied Bionics and Biomechanics, 2017, 2017: 1-8.

[38] GU Y Q, ZHANG W Q, MOU J G, et al. Research progress of biomimetic superhydrophobic surface characteristics, fabrication and application [J]. Advances in Mechanical Engineering, 2017, 9(12): 1-13.

［39］GU Y Q, ZHANG W Q, MOU J G, et al. Effect of bionic mantis shrimp groove volute on vortex pump pressure pulsation［J］. Journal of Central South University, 2018, 25(10): 2399-2409.

［40］GU Y Q, FAN T X, MOU J G, et al. Characteristics and mechanism investigation on drag reduction of oblique riblets［J］. Journal of Central South University, 2017, 24(6): 1379-1386.

［41］GU Y Q, MOU J G, DAI D S, et al. Effect of pumping chamber on performance of non-overload centrifugal pump［J］. Journal of Central South University, 2015, 22(8): 2989-2997.

［42］谷云庆, 牟介刚, 代东顺, 等. 基于蚯蚓背孔射流的仿生射流表面减阻性能研究［J］. 物理学报, 2015, 64(2): 306-315.

［43］GU Y Q, ZHAO G, ZHENG J X, et al. Experimental and numerical investigation on drag reduction of non-smooth bionic jet surface［J］. Ocean Engineering, 2014, 81: 50-57.

［44］谷云庆, 牟介刚, 代东顺, 等. 基于气体射流的气液两相流动减阻特性［J］. 推进技术, 2015, 36(11): 1640-1647.

［45］牟介刚. 离心泵现代设计方法研究和工程实现［D］. 杭州: 浙江大学, 2005.

［46］牟介刚, 李思, 许明远, 等. 离心泵锥形吸水室内置隔板对水力性能的影响［J］. 农业机械学报, 2011, 42(3): 8084.

［47］牟介刚, 李思, 郑水华, 等. 多级离心泵叶轮级间泄漏对轴向力的影响［J］. 农业机械学报, 2010, 41(7): 40-44.

［48］牟介刚, 苏苗印, 张孝风, 等. 叶轮口环间隙对农用离心泵汽蚀性能的影响［J］. 农机化研究, 2010, 32(11): 2529.

［49］牟介刚, 郑水华, 邓鸿英, 等. 国内多级清水离心泵技术水平分析［J］. 流体机械, 2008, 36(4): 3033.

［50］牟介刚, 张新, 黄忠红. 单级单吸清水离心泵技术水平分析［J］. 排灌机械, 2007, 25(2): 14.

［51］牟介刚, 张生昌, 邓鸿英, 等. 离心泵汽蚀判据的研究［J］. 农业机械学报, 2006, 37(9): 9799.

［52］牟介刚, 张生昌, 艾宁, 等. 离心泵试验的误操作及解决措施［J］. 流体机械, 2006, 34(9): 4649.

［53］牟介刚, 李世煌, 王乐勤. 喷水推进系统噪声产生机理及降噪分析［J］. 中国机械工程, 2003, 14(18): 1558-1560.

［54］牟介刚, 刘菲, 谷云庆, 等. 压水室隔舌安放角对离心泵无过载性能的影响［J］. 哈尔滨工程大学学报, 2015, 36(8): 1092-1097.

［55］吴登昊，任芸，蒋兰芳，等．离心泵蜗壳的数学模型研究［J］．工程热物理学报，2015，36(11)：2384-2389．

［56］郑水华，钱亨，牟介刚，等．交错叶片对三通道蜗壳离心泵水动力性能的影响［J］．农业工程学报，2015，31(23)：51-59．

［57］MOU J G，CHEN Z F，GU Y Q，et al. Effect of sealing ring clearance on pump performance［J］. World Pumps，2016(3)：38-41.

［58］牟介刚，王荣，谷云庆，等．引射吸水室对离心泵性能的影响［J］．中南大学学报（自然科学版），2016，47(3)：755-762．

［59］牟介刚，刘剑，谷云庆，等．单、双隔舌对离心泵径向力特性及内部流场的影响［J］．振动与冲击，2016，35(11)：116-122．

［60］MOU J G，FAN T X，GU Y Q，et al. Section variation effect in diffuser analysis［J］. World Pumps，2016(4)：36-38，40.

［61］牟介刚，代东顺，谷云庆，等．非光滑表面离心泵叶轮的流动减阻特性［J］．上海交通大学学报，2016，50(2)：306-312．

［62］王强，谷云庆，孙跃林．叶轮切割对旋流泵性能的影响［J］．通用机械，2016(5)：90-92．

［63］吴学峰，刘强，孙跃林，等．旋流泵汽蚀性能试验研究［J］．通用机械，2016(4)：77-79．

［64］吴学峰，刘强，孙跃林，等．微型螺旋流恒压泵性能试验研究［J］．通用机械，2016(7)：76-78，82．

［65］牟介刚，刘剑，谷云庆，等．仿生蜗壳离心泵内部非定常流动特性分析［J］．浙江大学学报（工学版），2016，50(5)：927-933．

［66］牟介刚，王荣，谷云庆，等．引射吸水室离心泵的数值模拟与实验［J］．中南大学学报（自然科学版），2016，47(6)：1916-1923．

［67］牟介刚，陈莹，谷云庆，等．悬臂式离心泵流固耦合特性研究［J］．哈尔滨工程大学学报，2016，37(8)：1111-1117．

［68］牟介刚，代东顺，谷云庆，等．仿生蜗壳结构对离心泵隔舌区域脉动特性的影响［J］．上海交通大学学报，2016，50(9)：1493-1499．

［69］牟介刚，刘剑，郑水华，等．隔舌对离心泵压力脉动特性及内部流场的影响［J］．中南大学学报（自然科学版），2016，47(12)：4090-4098．

［70］牟介刚，陈莹，谷云庆，等．不同空化程度下离心泵流固耦合特性研究［J］．振动与冲击，2016，35(23)：203-208．

［71］牟介刚，吴振兴，周佩剑，等．回流孔对外混式自吸离心泵内部流动特性的影响［J］．水力发电学报，2016，35(7)：91-98．

［72］牟介刚，代东顺，谷云庆，等．叶轮口环结构对离心泵性能及流场的影响［J］．中南大学学报（自然科学版），2017，48(6)：1522-1529．

［73］WU D H，REN Y，MOU J G，et al. Investigation of the correlation between noise & vibration characteristics and unsteady flow in a circulator pump［J］. Journal of Mechanical Science and Technology，2017，31(5)：2155-2166.

［74］牟介刚，施郑赞，谷云庆，等. 长短交错叶片对离心泵空蚀特性的影响［J］. 哈尔滨工程大学学报，2019，40(3)：593-602.

［75］牟介刚，刘涛，谷云庆，等. 凸舌油槽对摆线转子泵脉动特性的影响［J］. 振动与冲击，2018，37(21)：260-266.

［76］吴登昊，吴振兴，周佩剑，等. 低比转速离心泵叶轮瞬态空化特性分析［J］. 水力发电学报，2018，37(3)：96-105.

［77］牟介刚，吴振兴，周佩剑，等. 自吸离心泵蜗壳内瞬态流动特性［J］. 上海交通大学学报，2018，52(4)：461-468.

［78］周佩剑，刘涛，牟介刚，等. 单叶片离心泵蜗壳内二次流的非定常特性研究［J］. 农业机械学报，2018，49(1)：130-136.

［79］牟介刚，施郑赞，谷云庆，等. 叶片包角对离心泵空化性能的影响［J］. 浙江工业大学学报，2019，47(1)：24-28.

［80］郑水华，牟成琪，谷云庆，等. 凸舌油槽对摆线转子泵空化特性的影响［J］. 农业机械学报，2019，50(3)：412-419,426.

［81］WU D H，REN Y，MOU J G，et al. Unsteady flow and structural behaviors of centrifugal pump under cavitation conditions［J］. Chinese Journal of Mechanical Engineering，2019，32(1)：17.

［82］牟介刚，施郑赞，谷云庆，等. 前泵腔间隙对纸浆泵脉动特性的影响［J］. 浙江工业大学学报，2019，47(2)：158-164.

［83］WU D H，ZHU Z B，REN Y，et al. Integrated topology optimization for vibration suppression in a vertical［J］. Advances in Mechanical Engineering，2019，11(3)：1-13.

［84］ZHOU P J，WU Z X，MOU J G，et al. Effect of reflux hole on the transient flow characteristics of the self-priming sewage centrifugal pump［J］. Journal of Applied Fluid Mechanics，2019，12(3)：689-699.

［85］MOU J Q，ZHANG W Q，GU Y Q，et al. Research on the influence of elbow erosion characteristics based on bionic earthworm dorsal pore jet［J］. Science Progress，2019，103(1)：1-19.

［86］WU D H，ZHU Z B，REN Y，et al. Influence of blade profile on energy loss of sewage self-priming pump［J］. Journal of the Brazilian Society of Mechanical Sciences and Engineering，2019，41(10)：470.

［87］ZHANG Z C，DAI Y，GU Y Q，et al. Effect of bionic groove surface blade on cavitation characteristics of centrifugal pump［C］// ASME-JSME-KSME 2019 8th Joint Fluids Engineering Conference，AJKFluids 2019，San Francisco，CA，United states. New York：American Society of Mechanical Engineers，2019.

［88］牟介刚，章子成，谷云庆，等.圆形非光滑表面叶片对离心泵空化特性的影响［J］.上海交通大学学报，2020，54(6)：577-583.

［89］牟介刚，甘建军，郑水华，等.新型多隔板泵体：201220327614.7［P］.2013-01-30.

［90］牟介刚，赵锦靖，郑水华，等.轴向力平衡的单级离心泵：201110266578.8［P］.2012-01-18.

［91］牟介刚，金建波，郑水华，等.新型多级离心泵：201020255930.9［P］.2011-04-13.

［92］牟介刚，金建波，郑水华，等.一种新型多级离心泵：201010224413.X［P］.2010-10-20.

［93］牟介刚，李思，郑水华，等.新型高效节能泵：200920200281.X［P］.2010-08-11.

［94］牟介刚，李思，郑水华，等.新型高效节能泵：200910154110.2［P］.2010-05-19.

［95］牟介刚，郑水华，黄新华，等.新型石油化工流程泵：200820170933.5［P］.2009-10-14.

［96］牟介刚，郑水华，黄新华，等.新型石油化工流程泵：200810162312.7［P］.2009-04-22.

［97］余伟平，牟介刚，罗先武.立式多级筒袋泵轴向力平衡装置的改进：200810120662.7［P］.2010-04-07.

［98］余伟平，牟介刚，罗先武.一种立式多级筒袋泵：200810062855.1［P］.2008-11-12.

［99］牟介刚，郑水华，周金鑫，等.改进型多级离心泵：200810061458.2［P］.2008-09-24.

［100］牟介刚，郑水华，周金鑫，等.改进型多级离心泵：200820086562.2［P］.2009-03-11.

［101］牟介刚，张生昌，郑水华，等.一种小流量钻孔离心泵叶轮的制造方法及其离心泵叶轮：200610155218.X［P］.2008-06-18.

［102］牟介刚，张生昌，曹国纬，等.双密封面叶片式泵：200620139819.7［P］.2007-12-12.

［103］牟介刚，张生昌，胡军，等.具有偏心结构的离心泵：200620109020.3［P］.2008-01-30.

［104］牟介刚，张生昌，郑水华，等.一种离心泵标准效率的测算方法及其装置：200610050595.7［P］.2006-11-15.

［105］谷云庆，牟介刚，于凌志，等.一种水翼表面附着物多自由度切割装置：201910716787.4［P］.2020-07-30.

［106］谷云庆，牟介刚，于凌志，等.一种水翼结构表面附着物清除装置：201910716791.0［P］.2020-08-03.

［107］吴登昊，任芸，徐运嘉，等.一种离心泵机组精确选型方法：201710173985.1［P］.2020-06-02.

［108］任芸，吴登昊，牟介刚，等.一种基于旋转和曲率修正的离心泵设计方法：201510591035.1［P］.2018-06-12.

［109］周佩剑，吴振兴，牟介刚，等.一种离心泵叶轮复合式旋转抛光方法：201611257376.6 ［P］.2018-08-17.

［110］周佩剑，吴振兴，牟介刚，等.一种离心泵叶轮复合式旋转抛光装置：201611256885.7 ［P］.2018-09-07.

［111］周佩剑，吴振兴，牟介刚，等.高抗汽蚀的自吸离心泵：201610832895.4［P］.2018-08-24.

［112］谷云庆，牟介刚，施郑赞，等.一种基于仿生射流的减阻表面的测试装置：201610526081.8［P］.2018-11-13.

［113］牟介刚，谷云庆，范天星，等.一种能实现轴向力自平衡的单级离心泵：201610123521.5 ［P］.2019-01-08.

［114］周佩剑，牟介刚，吴振兴，等.一种外混式自吸离心泵：201610853890.X［P］.2019-02-01.

［115］周佩剑，吴振兴，牟介刚，等.一种设有对称回流孔的外混式自吸离心泵：201610858533.2［P］.2019-02-01.

［116］郑水华，谷云庆，牟介刚，等.一种可调式波动壁面阻力测试装置：201610633959.8［P］.2019-03-01.

［117］周佩剑，牟介刚，刘涛，等.一种抑制离心泵叶轮入口回流涡的机构：201710059384.8 ［P］.2019-04-09.

［118］谷云庆，牟介刚，施郑赞，等.基于水下的多功能仿生减阻测试装置：201610861519.8 ［P］.2019-04-12.

［119］任芸，吴登昊，牟介刚，等.一种空间导叶离心泵水力设计方法：201510593425.2［P］.2017-08-01.

［120］吴登昊，任芸，牟介刚，等.一种双叶片无堵塞离心叶轮水力设计方法：201510593811.1 ［P］.2017-09-26.

［121］牟介刚，刘剑，谷云庆，等.具有仿生结构的减振降噪离心泵：201510351784.7［P］.2017-09-26.

［122］牟介刚，钱亨，谷云庆，等.一种通用离心泵口环试验台：201710107815.3［P］.2018-01-16.

［123］谷云庆，范天星，牟介刚，等.一种旋转式非光滑表面减阻测量实验装置：201510641687.1［P］.2017-12-15.

［124］谷云庆，牟介刚，施郑赞，等.基于仿生的水下射流表面减阻测试装置：201511015655.7 ［P］.2018-02-13.

［125］谷云庆，牟介刚，范天星，等.一种可移动式摩擦阻力系数测试装置：201510740610.X ［P］.2018-03-06.

［126］张也影．流体力学［M］．2版．北京：高等教育出版社，1999.

［127］章梓雄，董曾南．粘性流体力学［M］．2版．北京：清华大学出版社，2011.

［128］袁寿其，施卫东，刘厚林．泵理论与技术［M］．北京：机械工业出版社，2014.

［129］Centrifugal pumps handling viscous liquids-performance corrections：ISO/TR 17766—2005［S］．Geneva：International Organization for Standardization (ISO)，2005.

［130］沈阳水泵研究所，全国泵标准化技术委员会．石油、重化学和天然气工业用离心泵：API 610—2004（中文版）［S］．北京：中国标准出版社，2009.

［131］尹红丽，金文胜，王旭刚．表面粗糙度标准装置不确定度分析［J］．哈尔滨轴承，2009，30(4)：43-44.

［132］李满昌，程庆柱，李东．表面粗糙度新旧国家标准差异的分析［J］．林业机械与土木设备，2005，33(7)：44-46.

［133］赵磊，李大勇，卢男．铸造表面粗糙度评价标准及检测方法评述［J］．铸造，2014，63(4)：322-327.

［134］刘品，徐晓希．机械精度设计与检测基础［M］．哈尔滨：哈尔滨工业大学出版社，2004.

［135］李勇刚，邓特，毛志幸，等．农用离心泵先进性评价研究［J］．农业机械，2020(6)：118-120.

［136］WANG W J, YUAN S Q, PEI J, et al. Optimization of the diffuser in a centrifugal pump by combining response surface method with multi-island genetic algorithm［J］. Proceedings of the Institution of Mechanical Engineers, Part E：Journal of Process Mechanical Engineering, 2017, 231(2)：191-201.

［137］凌素琴，刘莉，唐晓晨．离心泵噪声相关研究进展［J］．现代工业经济和信息化，2016，6(21)：35-36.

［138］SPENCEA R, AMARAL-TEIXEIRAB J. Investigation into pressure pulsations in a centrifugal pump using numerical methods supported by industrial tests［J］. Computers & Fluids, 2008, 37(6)：690-704.

［139］AGARWAL R, PATI A, MORRISON G. Efficiency prediction of centrifugal pump using the modified affinity laws［J］. Journal of Energy Resources Technology, 2020, 142(3)：032102.

［140］WANG C, ZHANG Y X, HOU H C, et al. Theory and application of two-dimension viscous hydraulic design of the ultra-low specific-speed centrifugal pump［J］. Proceedings of the Institution of Mechanical Engineers, Part A：Journal of Power and Energy, 2020, 234(1)：58-71.

［141］霍瑞康，潘再兵．石油化工离心泵效率水平的数据分析［J］．装备机械，2017(1)：47-51.

［142］刘厚林，吕云，王勇，等.不等间距叶片对离心泵性能及压力脉动影响分析［J］.农业工程学报，2015，31(23)：60-66.

［143］姚志峰，陆力，高忠信，等.不同叶轮形式离心泵压力脉动和空化特性试验研究［J］.水利学报，2015，46(12)：1444-1452.

［144］商延赓，金娥，可庆朋，等.仿海豚皮肤结构的功能表面提高离心泵效率［J］.农业工程学报，2016，32(7)：72-78.

［145］司乔瑞，袁寿其，袁建平.叶轮隔舌间隙对离心泵性能和流动噪声影响的试验研究［J］.振动与冲击，2016，35(3)：164-168，191.

［146］冯涛.离心泵流动噪声的测量研究［D］.北京：中国科学院声学研究所，2005.

［147］潘中永，袁寿其.泵空化基础［M］.镇江：江苏大学出版社，2013.

［148］JOHANN F G. Centrifugal pumps［M］. New York：Springer Berlin Heidelberg，2008.

［149］RZENTKOWSKI G，ZBROJA S. Experimental characterization of centrifugal pumps as an acoustic source at the blade-passing frequency［J］. Journal of Fluids and Structures，2000，14：529-558.

［150］SRIVASTAV O P，PANDU K R，GUPTA K. Effect of radial gap between impeller and diffuser on vibration and noise in a centrifugal pump［J］. Journal of the Institution of Engineers (India)：Mechanical Engineering Division，2003，84：36-39.

［151］司乔瑞，林刚，袁寿其，等.高效低噪无过载离心泵多目标水力优化设计［J］.农业工程学报，2016，32(4)：69-77.

［152］谭诗薪，郝新，胡兵，等.离心泵壳体精密铸造数值模拟研究［J］.特种铸造及有色合金，2020，40(7)：770-773.

［153］杨继伟，刘宝惜，范世超，等.离心泵壳铸造凝固过程应力场模拟［J］.中国铸造装备与技术，2018，53(4)：25-29.

［154］洪耀武，王铁军，韩大平，等.调节片熔模铸造过程的应力数值模拟［J］.中国有色金属学报，2012，22(7)：1897-1903.

［155］袁宗齐.铝合金转向泵壳体真空压铸工艺优化［J］.铸造技术，2015(7)：1893-1895.

［156］杨小宁，强魏，宋娜，等.航空离心泵中叶轮诱导轮快速铸造工艺研究［J］.铸造技术，2018(2)：312-315.

［157］岳世琦，蒋春宏，林军国，等. SYD800整体不锈钢耐蚀离心泵铸造工艺设计［J］.铸造，2017，66(7)：746-748.

［158］张艳，张霁菁，王印培.某海水泵叶片断裂失效分析［J］.金属热处理，2077，32(S1)：377-380.

［159］李峰，郑福生，王刚，等.基于 ProCAST 的叶轮熔模铸造凝固过程数值模拟［J］.热加工工艺，2013，42(7)：55-57.

［160］贺焱，刘海涛，胡博，等.纯钛离心泵石墨型铸造工艺研究［J］.热加工工艺，2013，48(17): 50-52，55.

［161］刘建勇，周林勇，刘建雄，等.浅谈铸件质量问题的分析［J］.铸造工程，2019(1): 20-23.

［162］KHMELEV Y G, KIM G P. Strengthening ceramic cores for centrifugal pump rotor castings ［J］. Chemical and Petroleum Engineering，1977，13(3): 238-241.

［163］谈明高，陆友东，吴泽瑾，等.叶片数对离心泵振动噪声性能的影响［J］.农业工程学报，2019，35(23): 73-79，320.

［164］罗兴锜，吴大转.泵技术进展与发展趋势［J］.水力发电学报，2020，39(6): 1-17.

［165］吴大转，王乐勤，胡征宇，等.离心泵快速启动过程外部特性的试验研究［J］.工程热物理学报，2006，27(1): 68-70.

［166］ZHAO R, YAN R Q, CHEN Z H, et al. Deep learning and its applications to machine health monitoring［J］. Mechanical Systems and Signal Processing，2019，115: 213-237.

［167］高波，孙鑫恺，杨敏官，等.离心泵内空化流动诱导非定常激励特性［J］.机械工程学报，2014，50(16): 199-205.

［168］黄国富，常煜，张海民，等.低振动噪声船用离心泵的水力设计［J］.船舶力学，2009，13(2): 313-318.

［169］谈明高，张景，刘厚林，等.叶片不等间距对离心泵水动力噪声的影响［J］.农业机械学报，2016，47(2): 22-27，34.

［170］黄浩钦，刘厚林，王勇，等.叶片出口边侧斜对船用离心泵振动和水动力噪声的影响［J］.振动与冲击，2015，34(12): 195-200.

［171］王春林，罗波，夏勇，等.双吸离心泵正反转工况流致振动噪声研究［J］.振动与冲击，2017，36(7): 248-254.

［172］刘桂祥，李鑫，韩超，等.船用离心泵板梁支承动力特性改造分析及实验研究［J］.核动力工程，2019(S1): 150-154.

［173］GOPALAKRISHNAN S. Pump research and development: past，present，and future-an American perspective［J］. Journal of Fluids Engineering-Transactions of the ASME，1999，121: 237-247.

［174］张露，武鹏，吴大转，等.燃油系统旋涡泵压力脉动的控制研究［J］.工程设计学报，2017，24(4): 395-402.

［175］LIU H L, REN Y, WANG K, et al. Research of inner flow in a double blades pump based on OpenFOAM［J］. Journal of Hydrodynamics，Ser. B，2012，24(2): 226-234.

［176］XIAO Y X, WANG Z W, ZHANG J, et al. Numerical predictions of pressure pulses in a Francis pump turbine with misaligned guide vanes［J］. Journal of Hydrodynamics，2014，

26(2): 250-256.

[177] WANG Y C, TAN L, ZHU B S, et al. Numerical investigation of influence of inlet guide vanes on unsteady flow in a centrifugal pump [J]. Proceedings of the Institution of Mechanical Engineers, Part C: Journal of Mechanical Engineering Science, 2015, 229(18): 3405-3416.

[178] LI Z F, WU D Z, WANG L Q, et al. Numerical simulation of the transient flow in a centrifugal pump during starting period [J]. Journal of Fluids Engineering-Transactions of the ASME, 2010, 132(8): 081102

[179] PEI J, YUAN S Q, BENRA F K, et al. Numerical prediction of unsteady pressure field within the whole flow passage of a radial single-blade pump [J]. Journal of Fluids Engineering-Transactions of the ASME, 2012, 134(10): 101103.

[180] YAN P, CHU N, WU D Z, et al. Computational fluid dynamics-based pump redesign to improve efficiency and decrease unsteady radial forces [J]. Journal of Fluids Engineering-Transactions of the ASME, 2017, 139(1): 011101.

[181] 蒋青, 刘广兵. 实用泵技术问答 [M]. 北京: 中国标准出版社, 2009.

[182] 魏龙. 泵运行与维修实用技术 [M]. 北京: 化学工业出版社, 2014.

[183] 张展, 曾剑峰, 邢淮阳. 泵的设计与应用 [M]. 北京: 机械工业出版社, 2015.

[184] 郑梦海. 泵测试实用技术 [M]. 北京: 机械工业出版社, 2006.

[185] 赵博宁. 水泵振动原因及消除措施 [J]. 城市建设理论研究 (电子版), 2017(8): 97.

[186] 韩哲峰. 给水泵振动的原因及预防 [J]. 山西电力, 2004(2): 19-20.

[187] 杨艳, 翟建锋. 泵站水泵机组振动的原因分析及处理 [J]. 水电水利, 2020, 4(3): 2.

[188] 郑梦海. 泵测试实用技术 [M]. 北京: 机械工业出版社, 2011.